高等学校地理信息科学系列教材

武汉大学地理信息科学国家一流专业建设规划教材

地理信息系统教程

Geographic Information System Tutorial

（第二版）

杜清运　胡　海　应　申　吴艳兰

翁　敏　亢孟军　苏世亮　任　福　编著

测绘出版社

·北京·

内容简介

本书全面系统地阐述了地理信息系统的原理、技术方法与应用。从地理信息系统的科学概念、学科渊源出发,重点阐述了对人类所生存地理空间的认知与建模,进而揭示了数字世界中地理信息的存在方式和底层运转逻辑;围绕地理信息系统的五个核心环节——地理信息的获取、数据处理、存储和管理、可视化表达、空间分析,覆盖了地理信息系统体系的主流技术和方法。

本书可作为高等院校地理信息科学、地理、国土空间规划、资源环境、测绘、大气、海洋、计算机等专业的本科和研究生教材,也可供地理信息和相关行业的从业人员使用。

图书在版编目(CIP)数据

地理信息系统教程 / 杜清运等编著. -- 2 版. -- 北京 : 测绘出版社,2023.11
高等学校地理信息科学系列教材
ISBN 978-7-5030-4445-8

Ⅰ. ①地… Ⅱ. ①杜… Ⅲ. ①地理信息系统－高等学校－教材 Ⅳ. ①P208.2

中国国家版本馆 CIP 数据核字(2023)第 038843 号

地理信息系统教程
Dili Xinxi Xitong Jiaocheng

责任编辑	吴 芸	执行编辑	安 扬	封面设计	李 伟	责任印制	陈姝颖

出版发行	测绘出版社	电 话	010－68580735(发行部)
			010－68531363(编辑部)
地 址	北京市西城区三里河路 50 号		
邮政编码	100045	网 址	https://chs.sinomaps.com
电子信箱	smp@sinomaps.com	经 销	新华书店
成品规格	184mm×260mm	印 刷	北京建筑工业印刷有限公司
印 张	16.5	字 数	410 千字
版 次	2023 年 11 月第 2 版	印 次	2023 年 11 月第 1 次印刷
印 数	0001－2000	定 价	49.00 元
书 号	ISBN 978-7-5030-4445-8		
审 图 号	GS 京(2022)0438 号		

本书如有印装质量问题,请与我社发行部联系调换。

丛书序

  武汉大学地理信息科学专业肇始于 1956 年创建的地图制图学专业,60 多年来,为国家培养了大批地图学、地理信息科学人才,专业获批多项国家级平台和荣誉,并于 2019 年获批教育部首批国家级一流本科专业建设点。自 20 世纪 50 年代起,历代专业教师都非常重视教学内容优化和教学经验积累,并把教材建设作为专业发展的重要目标和任务,编写出版了一大批优秀的、在国内享有盛誉的教材。

  2018 年,武汉大学重新修订了地理信息科学专业本科培养方案,根据地理信息科学专业特色和专业创新人才培养目标,设计规划了"高等学校地理信息科学专业系列教材",希冀在原教材基础上吐故纳新、优化知识体系,服务专业教学、提升学习效率,并为国内同行提供交流参考。"高等学校地理信息科学专业系列教材"涵盖了地理信息科学、地图学、遥感科学和计算机科学与技术等几大教学模块,立足面向资源环境可持续发展与新时代信息化建设需求,旨在培养具有坚实的地理信息科学基础理论知识、工程实践能力和创新、创造思维,掌握地理学、测绘科学与信息科学等基本理论与技术方法,具有坚实政治素养、国际视野、人文情怀和创新精神,能够胜任科研机构、高等院校、行业领域和政府部门等岗位的拔尖创新与高级专门人才。

  本系列教材是武汉大学地理信息科学专业教师团队多年科研实践和教学经验的积累,内容体系完备、知识点深入浅出,贴合教师教学一线,符合学生学习规律。系列教材也是地理信息科学专业教师践行"以本为本"教学理念的实际行动,希望能为全国同类专业教学贡献有限力量。

武汉大学地理信息科学国家级一流本科专业负责人

中国地理信息产业协会地图工作委员会主任委员

自然资源部数字制图与国土信息应用重点实验室常务副主任

地理信息系统教育部重点实验室常务副主任

国务院学位委员会第八届学科评议组成员

2023 年 1 月

前　言

作为 20 世纪 60 年代发展起来的新技术，地理信息系统（geographic information system，GIS）是对地球表面空间信息进行采集、存储、查询、处理、分析和显示的计算机系统，是以地图学、计算机科学与技术和现代数学研究方法为基础，集空间数据和属性数据于一体的综合型空间信息系统。地理信息系统在空间数据管理和空间分析方面表现出独特的优势，被广泛地应用于基础测绘、城市规划、自然资源、健康地理、环境监测、综合人文、历史地理、旅游管理、军事地理、数字经济等众多领域，并逐渐从一个信息系统发展为科学、技术、服务和应用等全链条的学科和专业体系。对构建人类命运共同体，实现党的二十大提出的生态文明、数字中国、智慧城市、美丽乡村、新型基础设施、数字经济和国防安全等重大战略目标具有重要的现实意义。全国现在有超过 300 所高校开设了地理信息系统相关课程，培养了大量高级专业技术人才，满足了社会日益增大的人才需求。在地理、测绘、地质、资源环境等相关专业创新型人才的系统化培养过程中，融合地理信息系统知识的教材和课程始终发挥着关键性的作用。

2012 年，教育部《普通高等学校本科专业目录》中，将地理信息系统更新为地理信息科学，将技术转化为一门科学进行培养，是适应技术发展进行专业优化的结果。本书是武汉大学地理信息科学专业主干课程的教材，在武汉大学出版社 2002 年出版的《地理信息系统教程》（胡鹏、黄杏元、华一新编著）的基础上，结合团队多年的教学经验和科研实践，在重视与大学公共基础课、地理信息科学专业其他核心专业课程衔接的基础上，遵循从理论基础到实际应用的主线，融入当前部分新的地理信息技术点，体现课程思政元素，重构地理信息系统的知识体系，为培养学生解决复杂地学问题和提升空间思维能力奠定知识基础。

全书涵盖了地理信息系统的基本原理、方法和技术，共分 9 章：第 1 章从地理信息系统的起源开始，简要介绍地理信息系统的基本概念、组成、主要功能以及应用领域；第 2 章主要从认识地理信息的基本特性出发，讨论现实地理世界到计算机数字世界的建模过程；第 3 章以地理信息的逻辑模型为基础，介绍矢量、栅格、矢栅混合、镶嵌和三维等数据结构及组织方式；第 4 章在介绍地理空间数据来源及其采集方式的基础上，重点讲解了空间数据质量、地理信息系统标准和地理信息数据更新；第 5 章介绍空间数据处理技术，重点介绍矢量、栅格数据处理，以及坐标转换和空间数据结构转换的方法；第 6 章介绍空间数据组织与管理方式和空间数据库的定义与功能;第 7 章介绍地理信息可视化的概念和机制,主要为地图和虚拟现实两类可视化;第 8 章在介绍空间分析内涵的基础上,重点介绍常用的空间数据分析方法;第 9 章介绍对地理信息系统发展具有重要引领作用的信息技术,如物联网、云计算、时空大数据、人工智能、实景三维和智慧城市等。书后附上若干幅彩色地图,有助于培育学生的全球视野、国家版图意识、地图美学和专业兴趣等。本书第 1 章由杜清运编写,第 2 章、第 3 章由胡海编写,第 4 章由应申编写,第 5 章由吴艳兰编写,第 6 章由翁敏编写,第 7 章由亢孟军编写,第 8 章由苏世亮编写,第 9 章由任福编写,全书由杜清运统稿和定稿。

本书的编辑与出版得到了武汉大学"双万计划"国家级一流本科专业建设和"双一流"学科建设等项目的大力支持。本书相应慕课已上线爱课程网站(中国大学 MOOC 网),可通过下面链接参加学习:https://www.icourse163.org/course/WHU-1449983178。本书课件可通过测绘出版社网站(https://chs.sinomaps.com)下载中心获取。

由于作者水平所限,本书中难免存在不足之处,恳请读者批评指正!

编著者
2023 年 6 月

目　录

第一章 地理信息系统概述

§1-1 基本概念

一、数据与信息

数据(data)是指对某一事件、事务、现象进行定性、定量描述的原始资料,包括文字、数字、符号、语言、图形、图像以及其他转换形式等。数据是用于载荷信息的物理符号,数据本身没有意义。狭义的信息论将信息定义为"两次不定性之差";广义的信息论认为,信息是指主体(人、生物或机器)与外部客体(环境及其他人、生物或机器)之间相互联系的一种形式,是主体与客体之间的一切有用的消息或知识。

信息(information)是使用数字、文字、符号、语言、图形、图像等介质或载体标识事件、事物、现象等的内容、数量或特征,向人们(或系统)提供关于现实世界新的事实和知识,作为生产、管理、经营、分析和决策的依据。

信息具有四方面特点:

(1)客观性。信息是客观存在的,任何信息都是与客观事物紧密联系的,这是信息的正确性和精确度的保证。

(2)适用性。信息对决策是十分重要的,可作为生产、管理、经营、分析和决策的依据,因而它具有广泛适用性,但同一信息对不同部门的重要程度不尽相同。

(3)传输性。信息可以在信息发送者和接收者之间传输,既包括系统把有用信息传送至终端设备(包括远程终端)或以一定形式提供给有关用户,也包括信息在系统内各子系统之间的传输和交换。信息在传输、使用、交换时其原始意义不变。

(4)共享性。信息与实物不同,信息可传输给多个用户,为用户共享,而其本身并无损失。共享使信息被多用户使用成为可能。

数据和信息是密切联系的,数据是信息的载体,是信息的具体表现形式。信息是数据的内容和解释,是经过加工处理获取的数据的内在含义。例如,从测量数据中可以提取出目标和物体的形状、大小和位置等信息,从遥感影像数据中可以提取出各种地物类型及其相关属性,从实地调查数据中可提取出各专题的属性信息等。

二、地理数据与地理信息

地理数据(geographic data)是各种地理特征和地理现象之间关系的符号化表示,包括空间特征、属性特征及时态特征三个基本部分。空间特征描述地理实体所处的绝对位置以及实体间的相对位置。空间位置由坐标参考系描述,空间关系由拓扑关系(邻接、关联、连通、包含、重叠等)、方位关系和距离关系等描述。属性特征又称为非空间特征,是地理实体的定性、定量指标,描述地理信息的非空间组成成分。时态特征是指地理数据采集或地理现象发生的时刻或时段。

地理信息(geographic information)是指与所研究对象的地理分布有关的信息,表示地表物体及环境所具有的数量、质量、分布特征、内在联系和运动规律等,是对表达地理特征和地理现象之间关系的地理数据的解释。地理信息具有空间分布性、多维结构、时序特征、数据量大等特性。

地理数据和地理信息是密不可分的。地理信息来源于地理数据,地理数据是地理信息的载体。只有理解了地理数据的含义,对地理数据做出解释,才能提取出地理数据中所包含的地理信息,从而使其发挥作用。

三、信息系统

信息系统(information system)是对信息进行采集、存储、处理、维护和使用的人机一体化系统,由计算机硬件、网络和通信设备、计算机软件、信息资源、信息用户和管理制度等组成。信息系统包括五个基本功能:输入、存储、处理、输出和控制。

(1)输入功能,指将通过各种途径采集的数据录入系统的能力。

(2)存储功能,指系统存储各种资料和数据的能力。

(3)处理功能,指通过各种软件处理工具对数据进行加工和转换的能力。

(4)输出功能,指将处理得到的信息以介质的形式呈现出来的能力,如打印或屏幕显示等。

(5)控制功能,指对构成系统的各种信息处理设备进行控制和管理的能力。

从适用于不同管理层次的角度出发,根据信息系统所执行的任务可将其分为事务处理系统(transaction processing system, TPS)、管理信息系统(management information system, MIS)、决策支持系统(decision support system, DSS)、人工智能系统(artificial intelligence system, AIS)和空间信息系统(spatial information system, SIS)。

事务处理系统强调对数据的记录和操作,主要支持操作层人员的日常事务处理,如图书馆情报信息系统、各种订票系统等。

管理信息系统是应用最广泛的一种信息系统,不但支持各种日常事务处理,而且适用于各种企事业单位的经营管理。企业管理信息系统、财务管理信息系统、人事档案信息系统、医院管理信息系统等都属于这一类。

决策支持系统则是用于获得辅助决策方案的交互式计算机系统,它从管理信息系统中获得信息,经过数据处理和分析推测,支持高层管理者制定决策。它由分析决策模型、管理信息系统中的信息、决策者的推测三者组合,以达到最佳的决策效果。

人工智能系统是模仿人工决策处理过程的计算机信息系统。它扩大了计算机的应用范围,将其由单纯的资料处理发展到智能处理。

空间信息系统是一种重要且与其他类型信息系统有显著区别的信息系统。由于它所要采集、管理和处理的是空间信息,因此,这类信息系统在结构上也比一般信息系统复杂得多,功能上也强得多。地理信息系统就是一种十分重要的空间信息系统。

四、地理信息系统

地理信息系统(geographic information system, GIS)是信息系统的一种,与其他信息系统的主要区别是其处理的数据是经过地理编码的空间数据。它是在计算机软硬件系统支持下,对整个或部分地球表层空间中的有关地理分布数据进行采集、存储、处理、分析和表达的技术系统。从技术和应用的角度看,地理信息系统是解决空间问题的工具、方法和技术;从功能上讲,地理信息系统具有空间数据的获取、存储、显示、编辑、处理、分析、输出和应用等功能;从系统的角度来说,地理信息系统是具有一定结构和功能的完整信息系统。

地理信息系统是一个集地理、测绘、信息、计算机、通信等学科技术为一体的新兴交叉学科,不同团体、机构和学者从不同角度给出不同定义。

1983 年美国国家咨询中心(National Referral Center,NRC)定义,地理信息系统是一种与空间参考信息或数据有关的系统。空间参考信息或数据具有与地球表面的一个特定位置相关联的特征。地理信息系统设计目的是收集、处理和提供各种各样的地理参考信息,这些信息可能与研究、管理、决策过程相关。

英国教育部定义,地理信息系统是一种获取、存储、检索、操作、分析和显示地球空间数据的计算机系统。

美国国家地理信息与分析中心(National Center for Geographic Information and Analysis,NCGIA)定义,地理信息系统是为了获取、存储、检索、分析和显示空间定位数据而建立的计算机化的数据库管理系统。

1990 年美国环境系统研究所(Environmental Systems Research Institute,ESRI)定义,地理信息系统是一种由计算机硬件、软件、地理数据和人员组成的集合,旨在有效地获取、存储、更新、操作、分析和显示各种形式的地理参考数据。

美国联邦数字制图协调委员会(Federal Interagency Coordinating Committee on Digital Cartography,FICCDC)定义,地理信息系统是由计算机硬件、软件和不同方法组成的系统,用来支持空间数据采集、管理、处理、分析、建模和显示,以便解决复杂的规划和管理问题。

陈述彭等定义,地理信息系统由计算机系统、地理数据和用户组成,通过对地理数据的集成、存储、检索、操作和分析,生成并输出各种地理信息,从而为土地利用、资源管理、环境监测、交通运输、经济建设、城市规划及政府部门行政管理提供新的知识,为工程设计和规划、管理决策服务。

从地理信息系统的定义可以看出,它具有以下基本特征:

(1)地理信息系统是以计算机系统为支撑,以信息应用为目的,建立在计算机系统架构之上的信息系统。地理信息系统由若干相互关联的子系统构成,如数据采集子系统、数据管理子系统、数据处理和分析子系统、图形图像处理子系统等。这些子系统的功能强弱直接影响其在实际应用中对地理信息系统软件和开发路径的选择。

(2)地理信息系统操作的对象是地理空间数据。空间数据最根本的特点是每一个数据都按统一的地理坐标进行编码,实现对其定位、定性和定量描述。只有在地理信息系统中,地理空间数据才能实现位置、属性和时态三种基本特征的统一描述。

(3)地理信息系统具有对地理空间数据进行空间分析、评价、可视化和模拟等综合利用的优势。地理信息系统具备对多来源、多维度、多类型和多格式的空间数据进行整合、融合和标准化管理的能力,可以通过综合数据分析,分析出一般信息系统难以得到的重要空间信息,实现对地理空间对象及过程的理解、预测、管理及决策支持。

五、地理信息科学

地理信息科学(geographic information science,GIScience)是以应用为目的,以技术为引

导,在为社会各行各业服务的过程中逐步从地理科学、测绘科学、遥感科学和信息科学中交叉形成的一门边缘学科。它以地理学理论为基础,以测绘技术为数据获取工具,以计算机数据库存储管理为核心,以图形可视化为信息呈现方法,以数学建模分析为手段,以地理现象的位置和形态特征为操作对象,通过地理现象的感知测量、获取处理、存储管理、可视化分析、插值统计、建模推理、模拟预测等方法求解地理问题,在实践应用过程中形成了独有的理论、方法和技术体系。它的形成与发展经历了计算机辅助制图(computer-aided cartography,CAC)和地理信息系统两种不同的发展思路。地理信息系统与多种信息技术集成,构建了地理信息服务(geographic information service,GIService)。随着地理信息应用与服务的广度和深度不断扩展,人们开始探索地理信息理论问题,地理信息系统从传统意义上的地理信息系统拓展为地理信息科学。

　　地理信息科学的产生受到其学科内部与外部的多种因素影响。在学科内部,为使地理信息系统可持续发展,迫切需要探讨并解决一些理论问题,如地理信息空间基准、空间数据表达、信息变化发现、空间数据采集、空间数据精度、空间数据可视化、空间数据分析、空间数据尺度和空间数据不确定性、基于地理信息的知识发现、空间数据的可交换性与安全性等问题。要解决这些问题,需要计算机科学、信息科学、通信科学、地理科学、环境科学、管理科学、测绘与遥感科学、数学和人工智能等学科和技术领域的协同合作。地理信息系统从地理科学、测绘科学和信息科学的理论视角总结出地理空间和时空基准、空间认知、地理信息传输过程、地理信息计算机表达、空间数据可视化、尺度分级规律及地理数据不确定性等理论作为地理信息科学的基础理论。在学科外部,为解决时空分布的地球表层地理现象、社会发展、外层空间整个环境及其动态变化过程在计算机中的表示问题,创造和发展了一系列理论成果。以测绘科学为基础,以数据库作为数据存储和使用的数据源,以计算机为平台逐步完善了地理信息的获取、处理、存储、管理、提取、可视化和分析等技术体系,地理信息科学不仅包含了现代测绘科学的所有内容,而且研究范围更加广泛。地理信息科学广泛吸收信息科学的精华,与计算机技术结合,形成与网络技术、移动计算技术、虚拟现实(virtual reality,VR)和增强现实(augmented reality,AR)技术等相关的新型地理信息系统,也反向推动了计算机和信息科学与技术的发展。

(一)地理信息科学的定义

　　1992年,美国加利福尼亚大学的Goodchild提出了地理信息科学的概念和科学体系,明确将其定义为"信息科学有关地理信息的一个分支学科",并列出了地理信息科学的主要研究问题,描绘了地理信息科学的学科领域与范围。地理信息科学主要研究地理学在运用计算机技术对信息进行处理、存储、提取,以及管理和分析过程中所提出的一系列基本理论和技术问题,如数据的获取和集成、分布式计算、地理信息的认知和表达、空间分析、地理信息基础设施建设、地理数据的不确定性及其对于地理信息系统操作的影响、地理信息系统的社会实践等。地理信息科学包括关于地理信息系统的研究及地理信息系统应用的研究两个方面:关于地理信息系统的研究,最终可以促进技术的改进;地理信息系统应用的研究,可以推动地理信息科学的进步与发展。因此,地理信息系统更多的是一门科学,而不仅仅是一个技术实现。Goodchild的上述观点对地理信息科学的发展产生了广泛的影响。

　　1994年,美国成立了大学地理信息科学联盟(University Consortium for Geographic Information Science,UCGIS),为新的学科组织与学科领域界定奠定了基础。该联盟致力于理解地理过程、地理关系与地理模式,研究和利用新的理论、方法、技术和数据,认为将地理数据转换成有用的信息是地理信息科学的核心。大学地理信息科学联盟于 1996 年提出了十大优先研究主题,包括地理信息认知、地理表达扩展、空间数据获取与集成、分布式与移动计算、地理信息互操作、尺度问题、不确定性、空间分析、空间信息基础设施的未来以及地理信息与社会。后来,在上述基础上又扩展了四个主题:地学空间数据挖掘与知识发现、地理信息科学本体论基础、地理可视化和远程获取的数据与信息。美国纽约州立大学的 Mark 教授认为地理信息科学主要包括三个部分,即地理概念的认知模型、地理模型的计算与实现及地理信息与社会的交互。

1999 年,美国国家自然科学基金会(National Science Foundation,NSF)的一个工作组提出了地理信息科学的完整定义:"地理信息科学是一个试图重新定义地理概念并成功应用于地理信息系统的基础研究领域。地理信息科学将深入研究以地理信息为主要研究对象的一些传统科学(如地理学、地图学、大地测量学)中的基本命题,同时结合认知与信息科学中的最新发展;它将与某些专门的研究领域(如计算机科学、统计学、数学、心理学等)互相交叠,并继续对这些领域的发展做出贡献;它将支持政治学、人类学领域的研究工作,并利用这些领域的知识研究地理信息和社会的关系。"

(二)地理信息科学与地理信息系统的区别

地理信息科学与地理信息系统存在明显的继承关系。有人将地理信息科学称为超越技术的地理信息系统,认为地理信息系统本质上是技术系统,而地理信息科学在基本原理和应用实践中隐含特定的科学问题,具有机构与社会应用属性。英国东伦敦大学地理信息研究中心将其涉及的研究领域界定为地理信息科学、地理信息系统和地理信息工程,并指出地理信息科学主要关注空间数据处理与分析中的通用问题,如数据结构、可视化、空间分析、空间数据质量与不确定性等;地理信息系统主要关注技术及其在不同领域的应用;地理信息工程则关注特定空间信息解决方案的设计。由此可见,地理信息科学是地理信息系统发展到一定阶段的必然产物,它关注地理信息的基本和普遍的科学问题,重视地理信息系统应用所涉及的社会、经济、机构和管理问题,并从信息科学的普遍规律出发,深化地理信息系统研究,推动地理信息系统不断发展。

综上所述,地理信息科学作为一门学科存在已成共识。但是关于地理信息科学的思想、概念及具体研究内容,从不同的背景与角度出发,仍然有不同的理解与看法。另外,地球信息科学、地球空间信息科学等概念的存在与发展,既说明了地理信息科学概念产生与应用的某种背景与目标,也说明了当前地理信息科学具有的复杂性、局限性与未来的发展潜力。

六、地理信息服务

地理信息服务是指基于导航定位、移动通信、数字地图等技术,建立人、事、物、地在统一时空基准下的位置与时间标签及其关联,为政府、企业、行业及公众用户提供随时获取所关注目标的位置及位置关联信息的服务。其产业链由定位信号提供商、地图提供商、内容提供商、应用服务提供商、终端制造商、位置信息集成商和各类用户组成。其中,位置信息集成商将定位信息、地图信息和位置关联信息进行综合集成处理,并发布给各类用户。

传统的地理信息服务是提供给消费者地物位置坐标和多种类型、多种比例尺的地图产品。随着信息技术的发展,传统的地理信息服务模式已不能满足消费者需求,多源地理信息综合利用和多种技术集成催生了现代地理信息服务模式。

§1-2　地理信息系统的发展

地理信息系统技术的创立、发展与空间信息的表示、处理、分析和应用技术的不断发展密切相关。地理信息系统的快速发展得益于几个因素：一是计算机技术的发展；二是空间信息技术（如遥感技术）的发展；三是海量空间数据处理、管理和综合空间决策分析的推动。地理信息系统技术的发展与计算机技术的发展紧密相连。纵观地理信息系统的发展，可将其分为五个阶段。

一、开拓阶段

20 世纪 50 年代末和 60 年代初，计算机技术开始应用于地图制作。相对于传统的地图制作方式，计算机辅助制图（机助制图）具有许多优越性，如快速、低成本、灵活多样、易于更新、操作简便，同时具有制图质量高及便于存储、量测、分类、合并和叠置等优点，因此，计算机很快就成了地图信息存储和计算处理的装置。

1963 年，加拿大测量学家 Roger F. Tomlinson 首先提出了地理信息系统这一术语，并设计开发世界上第一个地理信息系统——加拿大地理信息系统（Canada Geographic Information System，CGIS），用于处理加拿大土地调查中获取的大量数据。该系统由加拿大政府部门于 1963 年开始研制，并于 1971 年正式投入使用，它被认为是世界上最早建立的、较为完善的实用地理信息系统。当时计算机硬件系统处于发展初期，限制了地理信息系统软件技术的发展，主要表现在计算机存储能力小、磁带存取速度慢、地理分析功能比较简单等方面。

到 20 世纪 60 年代末期，针对地理信息系统一些具体功能的软件技术有了较大进展，主要表现在：①栅格—矢量转换技术、自动拓扑编码以及多边形中拓扑误差检测等方法得以发展，开辟了分别处理图形和属性数据的途径；②单张图幅可以与其他图幅在边界处自动拼接，从而构成更大的图幅，使小型计算机能够分块处理较大空间范围（或图幅）的数据文件；③使用命令语言建立空间数据管理系统，例如对属性再分类、分解线段、合并多边形、改变比例尺、测量面积、构建新的多边形、按属性搜索、输出表格和报告以及多边形的叠加处理等。

这一阶段，已经出现一些能够运行的计算机制图系统和地理信息管理系统，如哈佛大学计算机图形实验室研发的地图输出软件（SYnagraphic MAPping，SYMAP）和美国明尼苏达州土地管理信息系统（Minnesota Land Management Information System，MLMIS）等。地理信息系统发展的另一显著标志是，许多与地理信息系统有关的组织和机构纷纷建立并开展工作。例如，1966 年美国城市和区域信息系统协会（Urban and Regional Information Systems Association，URISA）成立，1968 年国际地理联合会（International Geographical Union，IGU）的地理数据收集和处理委员会（Commission on Geographical Data Sensing and Processing，CGDSP）成立，1969 年美国州信息系统全国协会（National Association for State Information Systems，NASIS）成立。这些组织和机构相继组织了一系列的地理信息系统国际讨论会，对于传播地理信息系统知识和发展地理信息系统技术起到了重要的指导作用。

二、巩固阶段

进入 20 世纪 70 年代以后，随着计算机硬件和软件技术的飞速发展，数据处理速度加快，内存容量增大，新的输入、输出设备不断出现，尤其是硬盘的使用，为空间数据的录入、存储、检索和输出提供了强有力的手段。显示器和图形卡的发展增强了人机交互和高质量图形显示功能,促使地理信息系统应用迅速发展,尤其在自然资源和环境数据处理中的应用,促使地理信息系统进一步发展。美国、德国、瑞典和日本等国家先后建立了许多不同专题、不同规模、不同类型的地理信息系统。例如,1970—1976 年,美国地质调查局(United States Geological Survey,USGS)先后建成了 50 多个信息系统,分别用于获取和处理地理、地质和水资源等领域的空间信息。

此外,基于遥感数据的地理信息系统逐渐受到重视,并做了一些有益的尝试,例如研究将遥感影像纳入地理信息系统的可能性、接口问题以及遥感影像支持的信息系统的结构和构成等问题。美国喷气推进实验室(Jet Propulsion Laboratory,JPL)在 1976 年开发了基于影像数据处理的地理信息系统,它可以处理 Landsat 影像多光谱数据。美国国家航空航天局(National Aeronautics and Space Administration,NASA)的地球资源实验室在 1979—1980 年开发了一个名为 ELAS 的地理信息系统,该系统可以接收 Landsat MSS 影像数据、数字化地图数据、机载热红外多波段扫描仪和海洋卫星合成孔径雷达的数据,用于生成国土资源专题图。

随着地理信息系统技术的发展,地理信息系统受到了政府部门、商业公司和大学的普遍重视,许多团体、机构和公司开展了地理信息系统的开发工作,推动了地理信息系统软件的发展。根据国际地理联合会地理数据遥测和处理小组委员会 1976 年的调查,当时处理空间数据的软件已有 600 多个,完整的地理信息系统有 80 多个。这一时期地图数字化输入技术有了一定的进展,开始采用人机图形交互技术,简化了数据编辑、修改工作,提高了工作效率,同时也出现了扫描输入技术。这一时期,地理信息系统在继承 20 世纪 60 年代技术的基础上,充分利用了新的计算机技术,但地理信息系统的图形功能和数据分析管理能力仍然很弱,在技术方面没有新的突破,系统的应用与开发多限于某个机构,个体影响减弱,而政府影响增强。

三、发展阶段

20 世纪 80 年代是地理信息系统发展的重要阶段。大规模和超大规模集成电路的问世,微型计算机和通信传输设备的出现,为计算技术的普及应用创造了条件,加上计算机网络的建立,地理信息传输时效性得到了极大的提高。在系统软件方面,完全面向数据管理的数据库管理系统(database management system,DBMS)通过操作系统管理数据,系统软件工具和应用软件工具得到应用,数据处理开始与数学建模、模拟分析等决策工具结合。地理信息系统软件技术在以下几个方面有了很大的突破:

(1)在栅格扫描输入的数据处理方面,尽管扫描数据的后处理要花费较长时间,但是仍可大大提高数据输入的效率。

(2)在数据存储和运算方面,随着硬件技术的发展,地理信息系统处理的数据量和复杂程度大大提高,许多软件技术已经固化到专用的处理器中。

(3)遥感影像的自动校正、实体识别、影像增强和专家系统分析软件明显增加。

(4)在数据输出方面,与硬件技术相配合,地理信息系统可支持多种形式的地图输出。

(5)在地理信息管理方面,开始采用完全面向数据管理的数据库管理系统,专门针对地理信息空间关系表达和分析的空间数据库管理系统也有了很大的发展。

(6)在地理信息理论指导下开发的地理信息系统工具具有更高的效率和更强的独立性、

通用性,更少依赖于应用领域和计算机硬件环境,为地理信息系统的建立和应用开辟了新的途径。

随着技术的发展,地理信息系统的应用领域也迅速扩大,从资源管理、环境规划到应急响应,从商业服务分析到选区划分等,涉及许多学科领域,如古人类学、景观生态规划、森林管理、土木工程等。它从比较简单、功能单一而分散的系统发展到多功能、有共享性的综合性信息系统,并向智能化发展,用于支持空间分析、预测和决策。

这个时期,许多国家制定了本国的地理信息系统发展规划,建立了一些政府性、学术性机构,如美国于 1987 年成立了国家地理信息与分析中心(National Center for Geographic Information and Analysis,NCGIA),同年英国成立了地理信息协会(Association for Geographic Information,AGI)。同时,商业性的咨询公司、软件制造商大量涌现,并提供一系列专业化服务。

地理信息系统不仅引起工业化国家的普遍兴趣,例如,英国、法国、德国、挪威、瑞典、荷兰、以色列、澳大利亚等国都在积极推动地理信息系统的发展和应用,同时地理信息技术也受到了发展中国家的重视,国际合作日益加强,开始探讨建立国际性地理信息系统的可能性。地理信息技术不再受国家界线的限制,开始用于解决全球性的问题。

四、应用普及阶段

由于计算机软硬件均得到飞速的发展,地理信息系统已成为许多机构必备的工作系统,尤其是政府决策部门在一定程度上因此改变了现有运行方式、设置与工作计划等。地理信息系统的专业软件也得到极大的发展,不仅强化了桌面系统的功能,还加强了对手持移动系统、网络系统、数据库管理系统等的支持与应用。20 世纪 90 年代万维网的发展,为地理信息系统在互联网上运行提供了必要的技术条件,国内外软件商相继推出了基于万维网的地理信息系统软件,如 Autodesk 公司的 MapGuide、ESRI 公司的 MapObjects IMS、Intergraph 公司的 GeoMedia WebMap、MapInfo 公司的 MapInfo Pro 等。

随着"信息高速公路""国家空间数据基础设施""数字地球"计划的提出,地理信息系统技术作为一种全球、国家和地区信息化、数字化的核心信息技术之一,其发展和应用已被许多国家列入国民经济发展规划中。尽管地理信息系统有着广泛的应用潜力,但是在这一时期它的应用仅仅在少数领域比较成熟,例如地图制图与数据发行、自然资源管理与评价、地籍管理、城市与区域规划以及人口普查等。地理信息系统在许多其他领域的应用才刚刚起步,包括商务应用、市政基础设施管理、公共卫生及安全、油气与其他矿产资源的勘测、交通管理、房地产开发与销售等。多数地理信息系统应用是在各级政府部门实现的,据美国联邦数字制图协调委员会的调查显示,早在 1990 年美国联邦政府已有 62 个机构使用地理信息系统,其中 18 个已用于常规作业。这个时期国际地理信息系统发展的特点是:地理信息系统逐步进入网络时代,地理信息系统技术主要在政府和公共事业等部门得到广泛应用。

五、大众化应用阶段

进入 21 世纪,随着空间理论和网络技术的飞速发展,组件式地理信息系统、嵌入式地理信息系统、网络地理信息系统、移动地理信息系统等纷纷得到应用。地理信息产业的建立和数字化信息产品的全球普及,使得地理信息系统的应用领域不再局限于国土、测绘等部门,而是扩展到人们生活的各个方面。2005 年谷歌公司发布的谷歌地图和谷歌地球,以及 2011 年我国发布的天地图等,迅速将地理信息的应用与服务普及到大众。特别是互联网和移动通信技术的发展,使结合电子地图与卫星导航技术的位置服务系统正在成为普通大众日常生活的重要工具。

地理信息系统自 20 世纪 60 年代出现以来,至今已发展得相当成熟。作为传统学科与现代技术相结合的产物,地理信息系统正逐渐发展成为一门处理空间数据的现代综合学科。其研究的重点已从原始的算法和数据结构,转移到更加复杂的数据库管理和地理信息系统技术应用,并开始涉及地理信息科学的建立及地理信息的社会化服务。它的含义已从最初的系统(system)扩展为科学(science)和服务(service)。地理信息科学的出现使人们对地理信息的关注从技术层面逐渐转移到理论层面,地理信息服务的出现又使人们对地理信息的关注从理论和技术层面转移到社会化和应用层面。

从 20 世纪 80 年代开始,以地图数据库为起点,我国地理信息技术发展迅猛,国家基础地理信息系统和国家空间数据基础设施建设顺利开展,北斗导航卫星系统逐步建成,高分辨率对地观测技术等不断发展,国产地理信息系统平台及专业软件快速崛起,地理信息战略性新兴产业不断壮大。地理信息技术在城市规划、自然资源、应急管理、交通和国防安全等众多领域得到广泛应用,以天地图等为代表的地理信息公众服务日益成熟,我国已经成为当今国际地理信息系统技术和应用创新的中坚力量。

§1-3 地理信息系统的构成

地理信息系统由硬件系统、软件系统、空间数据、应用人员和应用模型五部分组成(图 1-1)。其中,软硬件系统是地理信息系统运行的环境支撑,空间数据反映地理信息系统的地理描述内容,应用人员是系统建设和使用的关键和能动因素,应用模型为地理信息系统应用提供解决方案。

图 1-1 地理信息系统的构成

一、硬件系统

地理信息系统的建立必须有一个计算机硬件系统作为载体,用于存储、处理、传输和显示地理信息。计算机与一些外围设备及网络设备的连接构成了地理信息系统的硬件环境。

(一)一般组成部分

总体上,地理信息系统的硬件包括:计算机、网络设备、存储设备和外围设备(输入设备、输出设备)等(图 1-2)。

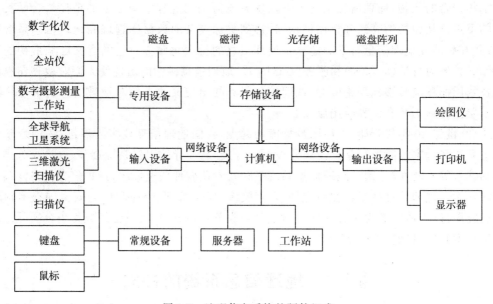

图 1-2　地理信息系统的硬件组成

1. 计算机

计算机是硬件系统的核心,用于数据的处理、管理与计算。目前运行地理信息系统的计算机包括大型机、中型机、小型机、工作站和个人计算机等。其中,各种类型的客户机-服务器(client/server,C/S)成为地理信息系统的主流。工作站对地理信息系统用户具有很大的吸引力,包括成本低、可管理、标准图形化平台和具有微型计算机的结构与效率等优势,广泛应用于地理信息系统应用领域。近几年,地理信息共享交换技术、云地理信息系统快速发展,对地理信息系统处理设备的要求越来越高,大型服务器集群也逐渐被引入地理信息系统的建设,成为地理信息系统的硬件系统的重要成员之一。

2. 网络设备

随着计算机网络的发展,网络设备也成为计算机硬件系统不可分割的一部分。网络设备包括布线系统、网桥、路由器和交换机等,具体的网络设备根据网络计算的体系结构来确定。

3. 存储设备

存储设备包括磁盘、磁带、光存储和磁盘阵列等。近几年逐渐兴起的云存储也已成为一种重要的存储设备和方式。云存储是在云计算概念上延伸和发展出来的一个新概念,是指通过集群应用、网络技术或分布式文件系统等功能,将网络中各种不同类型的存储设备通过应用软件集合起来协同工作,共同对外提供数据存储和业务访问功能的系统。

4. 外围设备

外围设备包括输入设备、输出设备和其他周边设备,输入设备又可分为常规设备和专用设备。其中,常规设备包括扫描仪、键盘、鼠标等计算机通用的设备;专用设备包括数字化仪、全站仪、数字摄影测量工作站、全球导航卫星系统和三维激光扫描仪等。

(二)配置和组合方式

根据功能、性能和服务需求的不同,地理信息系统可形成不同的硬件配置和组合方式,形成单机模式、局域网模式和广域网模式。

1. 单机模式

单机模式是一种单层的结构,在这种结构中,地理信息系统的硬件组件集中在一台独立的计算机设备中,通常为单用户提供地理信息系统资源的使用。对于单机模式下的地理信息系统,虽然可供多个用户操作该系统,但所有任务在一台计算机上完成。单机模式是早期地理信息系统的主要使用方式,时至今日单机模式仍然是一种重要的地理信息系统硬件模式。该模式适用于小型地理信息系统建设,具有简单稳定等优点,但也存在数据传输与资源共享不方便等缺点。

2. 局域网模式

局域网模式常用于由企业内部网、服务器集群、客户机群、磁盘存储系统、输入设备、输出设备等组成的客户机-服务器模式。这种局域网常用于企业内部,可以认为是一种企业内部网的地理信息系统硬件模式。这种系统的结构模式是两层结构,可将地理信息系统的资源和功能适当地分配在服务器和客户机两端,所有客户机通过企业内部网共享资源,进行信息共享和交换。通过局域网将存储系统、服务器系统、输入和输出设备、客户机终端进行网络互联,能方便地实现数据资源、软硬件设备资源、计算资源的共享等。

3. 广域网模式

当地理信息系统用户地域分布广泛时,不适合采用局域网的专线连接,此时需采用互联网连接形成广域网。广域网模式中通常由互联网、服务器集群、客户机群、磁盘存储系统、输入设备、输出设备等组成。广域网模式支持下的地理信息系统通常是三层结构,由地理信息系统服务器、网络服务器和客户端浏览器构成。此时的地理信息系统可以由企业内部网和外部网共同组成的客户机-服务器、浏览器-服务器的混合模式组成。客户端浏览器通过网络服务器访问地理信息系统服务器的资源。采用该模式的地理信息系统已得到了广泛的应用,如天地图、谷歌地图等。

二、软件系统

软件是地理信息系统的核心,用于执行地理信息系统功能的各种操作,包括数据输入、数据处理、数据管理、空间分析等。地理信息系统软件是建立在计算机系统软件基础上的专业软件,是专门解决地理空间信息存储、分析与服务的应用软件系统(图1-3)。

(一)系统软件

系统软件主要包括计算机操作系统、数据库管理系统、开发工具软件和图形软件系统等。

计算机操作系统是计算机系统软件运行的基础,包括 UNIX、Linux、Windows 和 Android、iOS 等,关系到地理信息系统软件的运行和开发环境。

数据库管理系统是一个能够提供数据录入、修改、查询的数据操作软件,具有数据定义、数据操作、数据存储与管理、数据维护、数据通信等功能。这类软件有 Oracle、Sybase、Informix、DB2、SQL Server 等。

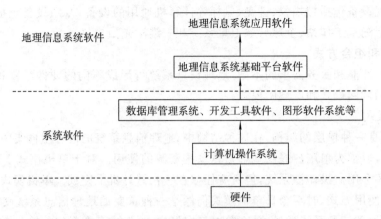

图 1-3   地理信息系统软件系统

开发工具软件主要为地理信息系统应用系统开发服务,如 Visual C++、Java、Delphi 等开发平台。

图形软件系统对地理信息系统尤为重要,通常以通用编程软件包、专用应用软件包或支持高级程序语言的图形功能扩展集(如 OpenGL)的形式提供,一般随开发工具软件提供。

(二)地理信息系统软件

地理信息系统软件是指用于完成地理信息系统所具备的各项功能的软件。它的作用是管理地理信息数据,运行地理信息系统的功能模块,为用户提供地理信息服务。地理信息系统软件可以进一步分为地理信息系统基础平台软件和地理信息系统应用软件。

地理信息系统基础平台软件包含各种通用的处理地理信息的高级功能,可作为其他地理信息系统应用系统建设的平台,一般都包含数据输入和编辑、空间数据管理、空间数据处理与分析、数据输出和系统二次开发等功能。

地理信息系统应用软件是指在地理信息系统基础平台软件基础上,利用其提供的应用开发语言,针对专业应用需求编写的各类复杂的地理信息系统软件,如城市规划系统、水资源管理系统等。

三、空间数据

空间数据是地理信息的载体,也是地理信息系统的操作对象,它具体描述地理实体的空间特征、属性特征和时间特征。空间特征指地理实体的空间位置及其相互关系,属性特征表示地理实体的名称、类型和数量等,时间特征指地理实体随时间发生的相关变化。

根据地理实体的空间图形表示形式,可将空间数据抽象为点、线、面三类元素,它们的数据表达可以采用矢量和栅格两种组织形式,分别称为矢量数据结构和栅格数据结构。

在地理信息系统中,空间数据是以结构化的形式存储在计算机中的,称为地理空间数据库。数据库由数据库实体和数据库管理系统组成。数据库实体存储数据文件及其中的数据,而数据库管理系统主要用于对数据的统一管理,包括查询、检索、修改和维护等。

由于地理信息系统数据库存储的数据包含空间数据和属性数据,它们之间具有密切的联系。因此,如何实现两者之间的连接、查询和管理,是地理信息系统数据库管理系统必须解决的重要问题。

四、应用人员

人是地理信息系统的重要构成因素。地理信息系统从其设计、建立、运行、维护到使用的整个生命周期，处处都离不开人的作用。仅有系统软硬件和数据还不能构成完整的地理信息系统，需要充足的人员进行项目的组织和管理、数据的加工和更新、系统的维护和扩展、应用程序的设计和开发及信息的分析和应用等。一个经过周密规划的地理信息系统项目应包括负责系统设计和执行的项目经理、信息管理人员、应用工程师以及最终用户。

地理信息系统开发是一项以人为本的系统工程，在其完整的生命周期中，处处离不开地理信息系统相关人员，包括用户机构的状况分析和调查、系统开发目标的确定、系统开发的可行性分析、系统开发方案的选择和总体设计书的撰写等。具体开发策略的确定、系统软硬件的选择和空间数据库的建立等则是系统开发过程中需要解决的问题。

地理信息系统应用人员包括具有专业知识的高级应用人员、具有计算机知识的软件应用人员、具有较强实际操作能力的软硬件维护人员等，他们的业务素质和专业知识是地理信息系统工程及其应用成败的关键。

在使用地理信息系统时，应用人员不仅需要对地理信息系统技术和功能有足够的了解，而且需要具备高效而周密的组织管理能力，尤其在当前地理信息系统技术发展十分迅速的情况下，需要使现行系统始终处于良好的运作状态。其组织管理和维护的任务包括：地理信息系统技术和管理能力培训、硬件设备维护和更新、软件功能扩充和升级、操作系统升级、数据更新、文档管理、系统版本管理和数据共享性建设等。

五、应用模型

应用模型是指所研究事物、过程或系统的一种抽象表达形式，可以是物理实体，也可以是图形或数学表达式。地理信息系统中的应用模型是指人们在解决实际问题的过程中所总结、归纳或推导出的能够科学地描述和解决实际问题的数学或计算模型。

地理信息系统应用模型的构建和选择是关系系统应用成败至关重要的因素。虽然地理信息系统为解决各种现实问题提供了有效的基本工具，但对于某一专门应用目标的实现，必须构建专门的应用模型，例如土地利用适宜性模型、选址模型、洪水预测模型、人口扩散模型、森林增长模型、水土流失模型、最优化模型和影响评价模型等。这些应用模型是客观世界中相应系统由认知世界到信息世界的映射，反映了人类对客观世界利用改造的能动作用，是地理信息系统技术产生社会、经济效益的关键所在，也是地理信息系统生命力的重要保证，在地理信息系统技术中占有十分重要的地位。

构建地理信息系统应用模型，首先，必须明确用地理信息系统求解问题的基本流程；其次，根据模型的研究对象和应用目的，确定模型的类别和相关的变量、参数及算法，构建模型的逻辑结构框图；再次，确定地理信息系统空间操作项目和空间分析方法；最后，确定模型运行结果的验证、调校和输出。显然，应用模型是地理信息系统与相关专业连接的纽带，它的建立绝非纯数学或技术性问题，而必须以专业知识和经验为基础，对相关问题的机理和过程进行深入研究，并从各种因素中找出其因果关系和内在规律，有时还需要采用从定性到定量的综合集成，这样才能构建出真正有效的地理信息系统应用模型。

§1-4　地理信息系统的主要功能

地理信息系统主要包括数据采集和输入、存储和管理、处理和变换、空间分析、输出和可视化、定制和扩展六项功能。

一、数据采集和输入

任何地理信息系统都不能离开数据的支撑,因此,数据采集作为地理信息系统的基本功能在整个系统中具有重大作用。据不完全统计,地理信息数据的费用占整个系统建设投资的70%以上,并且这个比例仍有上升的趋势。

数据采集和输入是指通过野外测量和调查、航空航天遥感、现有地图和文本数字化以及数据库转换等方式获得数据,并通过设备输入地理信息系统的过程。数据采集把信息和资料转换为计算机可以处理的形式,保证这些数据在内容与空间上的完整性、逻辑一致性等。

二、存储和管理

数据存储,即将数据以某种格式记录在计算机存储介质上。数据的存储和管理是建立地理信息系统的关键环节,涉及空间数据和属性数据等。在地理信息系统中,空间数据的数据量非常庞大且内容非常复杂,需要设计专门的空间数据库来管理空间数据,采用常规的关系数据库来管理属性数据,并在它们之间建立关联。

三、处理和变换

完善的地理信息系统能兼容多种图形图像及其他标准格式,这就需要地理信息系统软件能够在不同数据格式之间相互转换。地理信息系统涉及的数据来源和类型相当广泛,即便是同一类型数据,数据质量也会有所不同。因此,数据处理和变换是地理信息系统的必备功能之一。现有的地理信息系统软件都具有诸如数据转换、数据重构和数据抽取等处理和变换功能。

四、空间分析

空间分析是地理信息系统的核心功能,也是地理信息系统与其他计算机系统的根本区别。空间分析是在地理信息系统支持下,分析和解决现实世界中与空间相关的问题。它是地理信息系统应用深化的重要标志,可分为三个不同的层次。首先是空间查询分析,包括从空间位置查询空间物体和从属性条件集查询空间物体等;其次是空间几何分析,如缓冲区分析和地图叠加分析,其本质是对地理数据进行几何处理和变换,得到有用的新数据集;最后是空间模型分析,包括数据分析和统计分析等,以实现描述性或探索性分析及假说验证等。

五、输出和可视化

地理信息系统获取的各种空间数据,经过分析处理后,通常以可视化的形式呈现给用户。输出信息的形式有很多,包括图形、图像和文本信息,以及与地理对象相联系的音频、视频、动画等。为了获得较好的显示效果,除了以二维静态地图表示外,也可以用动态三维显示,还可以采用多媒体、网络地图、虚拟现实和增强现实技术等。输出显示的媒介可以是计算机屏幕,也可以是纸张、光盘、磁盘等。输出显示时,地理信息系统提供良好的、交互式的制图环境,以便地理信息系统使用者能够设计和制作高质量的地图和其他产品。

六、定制和扩展

地理信息系统与应用相结合才能发挥其生命力,因此,地理信息系统必须具备的基本功能是提供二次开发环境,包括地图控件、开发环境等。用户通过简单的开发就可以定制自己的应用系统。不同的地理信息系统软件平台均提供了相应的二次开发软件包,例如目前使用较多的 ArcEngine 为桌面版地理信息系统应用软件提供较好的支撑,ArcGIS Server 采用面向服务的体系结构(service-oriented architecture,SOA)技术为 WebGIS 应用开发提供支撑。

§1-5　相关学科

地理信息系统是结合地理学、地图学、测绘科学、计算机科学、数学、统计学等多个学科,运用遥感、卫星导航定位、计算机及网络通信等现代技术手段,对空间数据进行采集、存储、显示、管理、分析与挖掘,并从中获取信息与知识的一门交叉性、综合性学科。地理信息系统与部分相关学科和技术的关系如图 1-4 所示。地理信息系统汲取了相关学科的理论、方法和技术并逐步发展形成独立的学科,同时又被自然、人文、社会科学所运用,应用延伸至科学研究、政府管理、行业决策和公众出行等领域。

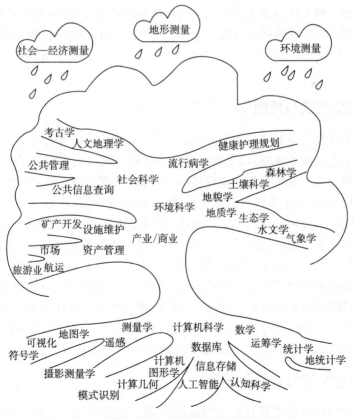

图 1-4　地理信息系统与部分相关学科和技术的关系

一、地理信息系统与地理学

地理学是一门研究人类居住空间的学科，是研究地球表面，即人类生活的或与人类活动相关的地理环境的科学。地理学的主要研究内容之一就是地球表面自然和经济地理要素的分布规律、空间关系和发展趋势。地理学在研究方法上经历了传统地理学、计量地理学和信息地理学的发展过程。

地理学理论为地理信息系统提供认识论基础（如地理系统理论、地理信息理论、地理认知理论、地理模型理论等）。地理信息系统的核心是空间分析，地理学研究中的地理分析理论和空间分析方法是地理信息系统空间分析理论的依托。

地理信息系统的应用和发展也为地理学中许多问题的认识、分析和解决提供了新的技术手段和支持。地理信息系统是地理科学第二次革命的主要工具和手段。地理信息系统为地理学的定量化、动态化研究提供了技术保障，使地理学从传统的定性描述走向定量分析，从单系统走向复杂系统，进而走向数据和信息驱动。地理信息系统与地理学二者相辅相成，共同发展。

二、地理信息系统与测绘科学

测绘是采集、量测、处理、解译、描述、分析、利用和评价与地理和空间分布有关的数据的一门科学、工艺和技术。大地测量、工程测量、矿山测量、地籍测量、航空摄影测量和遥感技术为地理信息系统中的空间实体提供各种不同比例尺和精度的定位数据；数字测量技术、卫星导航技术、解析摄影测量技术、遥感图像处理技术等现代测绘技术，可直接、快速和自动地获取空间目标的数字信息，为地理信息系统提供丰富和实时的信息源，并促使地理信息系统向更高层次发展。

三、地理信息系统与地图学

地图学与人类社会的发展有着密切的关系，它是人类记录地理信息最直接的图形语言形式。不仅地理信息系统源于地图，而且地图学的理论和方法对地理信息系统的发展也有着无可替代的重要影响。作为地图信息的新载体，地理信息系统具有存储、整理、归纳、分析、显示和传输空间信息的功能，特别是计算机制图技术，包括电子地图，为地图特征和地图语言的数字化表达、操作和显示，提供了更加丰富的方法，为地理信息系统的图形显示、图形输出提供了强有力的技术支持。作为地理信息系统的重要组成之一的数据也起着至关重要的作用。数据包括地图信息，因此，地图仍是地理信息系统目前最主要的数据源之一。

地理信息系统最初是从计算机辅助制图起步的，早期的地理信息系统往往会受地图制图中内容表达、处理和应用方面的习惯影响。但是，建立在计算机技术和空间信息技术基础上的地理信息系统数据库和空间分析方法，并不受地图纸平面的限制。地理信息系统不仅具有存取和绘制地图的功能，而且已经成为存取和处理空间实体的有效工具和手段。

四、地理信息系统与计算机科学

计算机科学的发展对地理信息系统的发展起到了重要的促进作用。随着信息时代的到来，地理信息系统在数据库、计算机图形学、计算机辅助设计（computer aided design，CAD）、管理信息系统(management information system,MIS)、计算机网络和人工智能等技术的支持下,有了长足的发展。

数据库主要用于存储、查询和管理非空间的属性数据,并且还具有一些基本的统计分析功能。虽然通用数据库对空间数据进行管理时,一般不具备空间实体定义能力,缺乏空间关系查询和分析能力,但它所具备的基本功能是不可或缺的。另外,空间数据库的概念也是建立在标准数据库基础上的。

计算机图形学是现代地理信息系统所依赖的基本技术之一,它主要是利用计算机处理图形信息,并依据图形信息完成人机通信处理,是地理信息系统算法设计的基础。计算机图形学技术不断发展进步,促进了地理信息系统显示技术向更加完善的方向发展。

计算机辅助设计主要是利用计算机代替或辅助专业技术人员进行设计。利用计算机辅助设计可以节省人力资源和设计时间,提高设计的自动化程度。计算机辅助设计处理的对象是规则的几何图形及其组合,而且它的图形处理功能很强大,如图形数据采集和编辑功能等。因此,计算机辅助设计为地理信息系统提供了数据输入、显示与表达的软件与方法,成为地理信息系统数据采集、输出的辅助工具。用于几何图形的编辑与绘制的计算机辅助制图方法也在一定程度上支持地理信息系统技术,成为地理信息系统几何图形编绘的辅助工具。

管理信息系统是在计算机软硬件支持下,能够进行信息采集、传输、加工、保存、输出、维护和使用的信息系统,它是综合管理科学和计算机科学的系统性科学。传统意义上的管理信息系统规模不同,服务对象也不同,如电话管理信息系统、财务管理信息系统、人事管理信息系统等。管理信息系统的最主要特征是只有属性数据库的管理,即使存储图形,也是以文件形式管理,不能对图形要素进行分解、查询,没有拓扑关系。目前,出现了以具有空间数据处理和空间分析功能的地理信息系统为技术支持、以管理为目标的新一类信息系统,比较典型的应用于城市管理的信息系统有土地地理信息系统、城市交通地理信息系统、城市管网地理信息系统等。地理信息系统与管理信息系统在技术上是相互促进、相互支持的。

计算机网络在现代地理信息系统技术中占有十分重要的地位,它是确保地理信息传递迅速、畅通和实现共享、共用的必要条件。目前,这种属于空间信息技术范畴的技术系统正在向宽带化、无线化、集成化迅速发展。计算机网络与地理信息系统相辅相成,密不可分。传统地理信息系统在局域网和互联网上得到扩展。与一般的地理信息系统相比,网络地理信息系统的最大特点是采用万维网技术的客户机-服务器系统,客户端只用一般的浏览器即可,客户机和服务器可以位于不同地点和不同的计算机平台上,彼此之间的通信联络则完全基于互联网远程实现。

人工智能是计算机科学的重要组成部分,包括早期的专家系统、知识工程和新兴的机器学习、深度学习等技术,还包括计算机视觉、认知科学等。人工智能的发展也为地理信息系统注入发展动力,最新的深度学习在遥感影像分类、图形数据处理、地理信息建模与预测等方面获得广泛应用,形成独特的地理人工智能(GeoAI)领域。

§1-6　应用领域

由于大约80％的人类信息与空间有关,地理信息已经成为信息时代重要的组成部分之一。数字地球、智慧城市、物联网、云计算、大数据等概念的相继提出,进一步推动了地理信息系统科学技术体系的发展。地理信息系统主要用于地理空间信息的获取、输入、存储、管理、传输和分析,为规划、管理和决策提供技术支持,已在科学研究、政府管理和商业领域得到广泛应用。

一、科学研究

地理信息系统在地理科学应用中主要解决四类基本问题:①与分布、位置有关的基本问题,即对象(地物)在哪里、哪些地方符合特定的条件;②对各因素之间的相互关系及人地关系的研究,即揭示各种地物之间的空间关系,如交通、人口密度和商业网点之间的关联关系;③对未来变化过程的预测、预报;④对自然过程的模拟,即对自然过程进行时空流场的动力学模拟。

地理信息系统在地理科学专业领域应用的核心是空间模型分析,其研究可分三类。第一类是地理信息系统外部的空间模型分析,将地理信息系统当作一个通用的空间数据库,而空间模型分析功能则借助于其他软件。第二类是地理信息系统内部的空间模型分析,试图利用地理信息系统软件来提供空间分析模块及发展适用于问题解决模型的宏语言。这种方法一般基于空间分析的复杂性与多样性,易于理解和应用,但由于地理信息系统软件所能提供的空间分析功能极为有限,在实际地理信息系统的设计中较少使用这种紧密结合的空间模型分析方法。第三类是混合型的空间模型分析,其主要目的在于尽可能利用地理信息系统所提供的功能,同时充分发挥地理信息系统使用者的能动性。

综合起来,利用地理空间分析进行地理科学研究,可以解决以下五类问题。

(一)研究各种现象的分布规律

地理位置是指地理事物在某区域的空间分布,是表示地理事物属性的重要内容。地理位置体现了地理事物在地球表面或参考物之间的空间关系,能反映其在宇宙空间、地球表面存在的具体地点或分布的准确范围,以及地理事物之间的相对性和联系性。通过空间分析,能比较准确地把握地理事物在空间距离、方位、面积等方面的空间属性。通过对地理事物地理位置的分析,可以得出该事物的地理空间特征和空间属性、空间分布规律和特点,从而为解决地理问题提供基础条件。

(二)揭示地理事物的空间关联

地理环境是一个整体,各要素间是相互关联的。这里说的关联是指地理事物之间内在的必然联系。地理事物的空间关联可分为地理位置关联、交通和通信关联等,是通过人流、物流和信息流来实现的。复杂的空间关联则需要采用多种数学手段,借助地理信息系统通过确定相关系数、建立数据模型和空间模型来进行分析。

(三)揭示地理事物的时空演变

把同一地区不同时间的地理数据放在一起进行对比,能反映地理事物的时空演变。例如,对某台风进行追踪监测,通过对台风所经过的同海域卫星遥感影像进行对比,可以预测台风的移动方向、路径、速度和暴风雨出现的范围。再如,将同一城市不同时期的地理数据放在一起进行分析,可以反映该城市的城市化进程和地域空间结构的变化。又如,森林发生火灾时,将该地区不同时期关于火灾的地理数据进行对照分析,可以揭示火灾发生的位置、演变方向和风向的关系等,从而为科学灭火提供重要依据。

(四)分析地理事物的空间结构

任何地理事物都不是孤立存在的,总是存在于一定的空间结构中,利用地理数据能分析地理事物的空间结构、相互联系和发展变化的过程。通过对政区图的空间分析，能掌握某行政单元处在什么样的地理空间结构中；通过对某城市地理图的空间分析，能把握该城市的地域空间结构。把地理事物放到空间结构中去认识，有利于人们形成地理空间"智慧"。

(五)阐释地理事物的空间效应

分析地理事物的空间位置、分布规律和空间结构，进一步阐释地理事物的空间效应。不同的空间位置和空间结构会产生不同的空间效应，不同自然、社会、经济因素在某地点的空间组合也会产生不同的空间效应。

二、政府管理

政府管理的事务通常涉及面广、综合性强，需要调动各方面力量，协调行动。为实现各类信息的有效关联，地理信息系统作为连接空间信息与专题信息的桥梁，可以保障地理信息、与地理位置相关的专业信息得到统一运用，在此基础上借助空间分析、统计分析及模型分析等功能实现多种信息快速、及时、准确的集成处理与分析，为管理人员提供科学的辅助决策信息。

(一)政府管理决策

政府管理的事务几乎没有一样不与空间位置发生联系。宏观方面，资源、环境、经济、社会、军事等活动都发生在地球上的某个地域；中观方面，政府主管的房屋、土地、环保、交通、人口、商业、税务、教育、医疗、体育、文物等都有具体位置；微观方面，城市社会服务的内容也都发生在具体地点，如金融商业网点、旅游景点、派出所、学校等。通过地理信息技术可以将各种地址相关信息关联和空间化。通过空间分析快速获取需要的信息，掌握社会、环境动态变化，为决策者分析问题、建立模型和制定方案提供依据，提高政府应对紧急事件的能力。

1. 为部门专业化管理提供科学依据

专业部门作为政府管理的主要组成部分，其内容与自身的业务特点紧密结合，形成了各具特色的地理信息应用系统。例如，地震应急辅助决策空间信息服务系统，利用国家基础地理信息数据、遥感信息、综合县情数据及国民经济统计数据，建立地震重点监视防御区；地理基础信息服务数据库，通过研究人口与经济数据在空间上的非线性分布规律，建立空间数据与人口、重要国民经济统计数据相关分析模型，获取任意区域统计数据，提高统计数据地理定位精度，为抗震救灾指挥提供空间数据集成与管理技术支持。在河流流域管理方面，充分运用现代地理信息系统技术、先进的三维虚拟仿真可视化技术、大型数据库管理技术及通信技术，对水文专题信息的空间分析模型与查询技术进行整合，实现从空间结构、时间过程、特征属性和客观规律等方面对流域进行信息化描述。

2. 为地方政府管理提供分析工具

地方政府的管理实际上是一种对区域的管理和治理，涉及区域内的自然环境、经济、人口、社会等各个方面的信息，多数与空间信息密切相关。因此，政府可能是空间信息资源潜在的最大拥有者和应用者，空间信息已成为政务信息化的重要环节。从数据库中找出必要的数据，并利用数学模型为用户生成所需信息，解决由计算机自动组织和协调多模型的运行问题及数据库中大量数据的存取和处理问题，以达到更高层次的辅助决策水平。

3. 为政府管理提供决策支持

随着社会、经济、政治的发展，政府面临的需要决策的事情越来越多，这就要求工作人员能够迅速、及时掌握充分的支持决策的信息，从而做出正确决策。地理信息系统可以为政府人员决策提供及时、准确的参考信息,为政府决策者提供一套进行宏观分析决策的辅助工具,用于解决经济建设和社会发展中所遇到的各种问题。

(二)政府应用领域

地理信息系统的政府应用领域主要包括:资源管理、资源配置、城市规划和管理、土地信息系统和地籍管理系统、生态环境管理与模拟、应急响应、基础设施管理等。

1. 资源管理

资源管理主要应用于农业和林业领域,解决农业和林业领域各种资源(如土地、森林、草场)分布、分级、统计和制图等问题。

2. 资源配置

资源配置主要应用于各种公用设施配置、救灾减灾物资分配、能源保障、粮食供应等。地理信息系统在这类应用中的目标是保证资源的最合理配置和实现最大效益。

3. 城市规划和管理

城市规划和管理是地理信息系统的一个重要应用领域。例如,在大规模城市基础设施建设中如何保证绿地的比例和合理分布,如何保证公共设施、运动场所、服务设施等能够有最大的服务面等。

4. 土地信息系统和地籍管理系统

土地信息系统和地籍管理系统涉及土地使用性质变化、地块轮廓变化、地籍权属关系变化等内容,借助地理信息系统技术可以高效、高质量地完成这些工作。

5. 生态环境管理与模拟

生态环境管理与模拟主要应用于区域生态规划、环境现状评价、环境影响评价、污染物削减分配的决策支持,环境与区域可持续发展的决策支持,环保设施的管理和环境规划等。

6. 应急响应

应急响应用于解决在发生洪水、战争、核事故等重大自然或人为灾害时,如何安排最佳的人员撤离路线并配备相应的运输和保障设施的问题。

7. 基础设施管理

城市的地上地下基础设施(如电信设施、自来水管线、道路、天然气管线、排污设施、电力设施等)广泛分布于城市的各个角落,且这些设施具有明显的地理参考特征,其管理、统计、汇总都可以借助地理信息系统完成,大大提高了工作效率。

(三)电子政务应用

电子政务中信息服务的主要目的是加强政府与企业、政府与公众之间的联系与沟通。在电子政务中,往往需要提供各级政府所管辖的行政区域范围,所管辖范围内的企业、事业单位甚至个人家庭的空间分布,以及所管辖范围内的城市基础设施、功能设施的空间分布等信息。另外,各政府职能部门也需要提供其部门独特的行业信息,如城市规划、交通管理等。

地理信息系统可为政府和企业提供有力的管理、规划和决策工具,用于企业生产经营管理、税收管理、地籍管理、宏观规划、开发评价管理、交通工程、公共设施使用、道路维护、市区设计、公共卫生管理、经济发展、赈灾服务等。

三、商业应用

随着市场经济的快速发展,社会需求的复杂性和多样性使得企业的市场决策变得尤为重要。地理空间分析成为现代商业决策分析不可或缺的利器。利用空间信息可以优化资源配置,降低商业运行成本,规划、监测、改善区域商业环境。地理空间分析提供了认识空间经济学现象的思维方式和解决空间经济学问题的方法,可用于表现和分析复杂的空间经济现象,其在商业领域的价值也越来越受到人们的关注。

(一)商业地理分析

地理信息系统在商业上的应用是近年来应用研究的新热点。地理空间分析正在直接或间接地渗透到包括商业和经济在内的各种社会活动中,主要有市场交易收入预测、市场共享、商店业务分割、商品组合分析、零售店效益监测、促销效果分析、收购及兼并计划、新产品的市场分析、销售网络优化等。目前,地理空间分析已经成为制定商业战略的有力工具,并且正在形成一个新的分支——商业地理分析技术。商业地理分析技术具有广阔的应用前景,主要用于:①零售业,如分析消费者分布与特征、城区及邻区特点、广告布置、消费者目标区等;②路线选择,如为垃圾回收、送货服务、出租、公共汽车、救护与消防车等选择路线;③银行业,如根据地理位置及人口设置广告、选择银行地址、设置自动取款机等;④商业建筑地点,如进行用户接近度分析、竞争情况分析、环境和交通情况分析等;⑤房地产业,如地价评估,以及区域经济、自然环境、城市设施、房地产交易情况分析等;⑥保险业,如客户与市场分析、险情的地理分析与评估等;⑦饭店区位选择与促销,如快餐销售覆盖、交通与人流量分析等。部分应用还有待于研究和开发,但某些应用已经发展成熟,并在经济生活中被广泛使用。

(二)市场营销辅助决策

信息是决策的宝贵资源,决策离不开信息。地理信息系统拥有的高质量信息,再辅以强大的空间分析功能,使其在市场营销决策中的应用显示出巨大的优越性和潜力。地理空间分析在市场营销辅助决策的应用主要表现在:①在目标市场确定中的应用;②在竞争状况分析中的应用;③在销售网络和销售渠道选取中的应用;④在商品供应调控及销售情况空间模拟方面的应用。其基本的模式是:确定目标市场的评价体系后,建立适当的评价模型,以各待选市场的地理位置为信息中心,从空间数据库中提取与该地的自然条件、社会经济条件等有关的属性信息;根据建立的模型,在对资料进行空间查询的基础上,进行空间分析,对各区域进行综合评价;通过空间分析功能,对各区域进行比较,按照统一的标准,输出该市场各方面的信息,供进一步的决策使用。

(三)商业选址分析

商业选址要宏观、中观、微观分析相结合,从不同尺度的视角对不同来源的数据进行整合分析。对于大的方向性问题要注重宏观分析,与城市的总体经济发展水平保持一致;从中观的角度探讨商业选址与城镇体系发展的紧密性;从微观的角度分析消费者的需求、网点的布局等细节问题。从中观和微观分析中抓住商业地址规划的实质。

商业选址的最大特点是空间性。空间分析功能可以直接用于商业与经济管理活动中,解决一些实际问题。例如,应用缓冲区分析进行商业区影响区间、竞争对象分布统计,应用叠加分析进行多因素综合评价与预测,应用网络分析进行最佳路径分析、商业网点优化布设与选址和市场配置与优化等。

(四)电子商务

在电子商务中,企业往往需要向客户(企业或个人)提供销售、配送或服务网点的空间分布等空间信息,同时允许客户在电子地图上标注自己的位置或输入门牌号等信息,这样可以准确定位客户的位置。为了使电子商务得以高效实施,企业往往还配备了相应的信息管理系统,对客户、销售点、配送中心、服务网点等信息加以管理,并实现最近配送点搜索、路径规划、配送车辆监控等功能。电子商务中的地理信息服务以提高电子商务的效率、增加销售额和降低成本为主要目的。

四、公众应用

面向公众的综合地理信息服务正在迅猛发展,地理空间分析已逐步融入大众的日常生活中,如车辆导航、行车安全驾驶、智能出行服务等。

(一)车辆导航

车载导航仪内装导航电子地图和导航软件,通过匹配卫星信号确定位置坐标,实现路况和交通服务设施查询、路径规划、路径引导等功能。路径规划是车载导航仪的核心功能,在导航电子地图支撑下,找出从节点到节点累积权值最小的路径,是地理信息系统中网络分析的基本功能。路径规划能帮助驾驶员在旅行前或旅途中选择合适的行车路线。如有可能,在进行路径规划时还应考虑从无线通信网络中获取实时交通信息,以便对道路交通状况的变化及时做出反应。路径引导是指挥驾驶员沿着由路径规划模块计算出的路线行驶的过程,该引导过程可以在旅行前或旅途中以实时的方式进行,确定车辆当前的位置和发出适当的实时引导指令,如路口转向、街道名称、行驶距离等。

(二)行车安全驾驶

智能交通是实现车与车之间、车与路之间信息交换的智能化车辆控制系统。例如,如果离前车太近,控制系统会自动调节与前车的安全距离;前车紧急刹车时,控制系统会自动通知周边的车辆,以尽可能避免追尾;道路上出现交通事故时,事故车辆会发出警告,通过车与车或者车与路之间的高速通信,使其他车辆几乎在发生事故的同时就得到信息,便于其他车辆及时采取措施或选择另外的路线;当车辆处于非安全状态时,即使驾驶员实施并线或超车操作,汽车也可以自动启动安全保护功能,使并线和加速不能实现。这些行车安全驾驶的实现需要空间分析算法支撑。

(三)智能出行服务

智能出行查询服务解决了公交车、地铁、出租车等交通工具的当前位置、状态和到达时间等问题。市民可以通过电脑及手机移动网络随时随地查询。智能出行服务向公众提供与衣食住行密切相关的各类地理信息,如购物商场、旅游景点、公共交通、休闲娱乐、宾馆、饭店、住房、医院、学校等的空间查询服务。

思考题

1. 什么是地理信息系统? 与地理信息的关系是什么? 与其他信息系统有什么异同?
2. 地理信息系统(GIS)中"S"的含义是什么?
3. 简述地理信息系统的发展历程。
4. 地理信息系统的基本构成与主要功能有哪些?
5. 简述地理信息系统与相关学科的关系。
6. 试举例说明地理信息系统的应用领域。

第二章　地理信息模型

§2-1　地理空间认知和抽象

地理信息系统建设的目标,一方面是使用计算机庞大的存储能力来记录对现实地理世界的事物和现象的"表达";另一方面,是使用计算机强大的计算能力来处理、分析以及预测现实世界的事物和现象。在这个过程中"表达"是第一步,也是最关键的一步,是实现存储、处理、分析等功能的基础。将复杂的现实世界的地理问题简化、抽象,用计算机数字世界的语言来表达,是地理信息建模的起点。

然而现实世界中的地理现象非常复杂,不利于人们全局性的直观理解;现实世界的信息量也过于庞杂,计算机无法进行事无巨细的描绘,人们也没有精力去关注现实中的每一个细节。因此人们创造了基于现实的模型去近似表达真实世界的某一特定侧面。模型的本质就是对研究目标特征的抽象表达。

地理信息系统研究的对象就是存在于地理空间中的事物、现象以及它们背后所隐含的规律,所以先从认识地理信息的基本特性出发,讨论从现实地理世界到计算机数字世界的建模过程。

一、地理信息的特殊性

相较于其他信息科学,地理空间中的信息(现象),一般认为主要有以下两个方面的特殊性。

第一个方面是 Tobler 提出的被称为"地理学第一定律"(Tobler's first law,TFL)的规律,即所有地理事物是相关的,并且地理事物在空间上相距越近其相关性越大,空间距离越远则其相关性越小。地理学第一定律概括性地陈述了地理现象的空间相关性,即相近的事物相关性更高,距离越远的事物相关性越低,因此也被称为"距离衰减"特性。第二个方面称为空间异质性,指空间的多样性,即不同的地方,其地理数据的变化趋势是不同的。空间异质性反映了地理现象变化的差异性和空间变化规律的不确定性,这些差异同样是与邻近研究对象的空间环境紧密相关的。

地理学第一定律和空间异质性揭示了地理空间中的重要规律,即位置以及距离的远近关系是描绘地理空间现象的重要特性。在对地理空间现象建模时,需要遵循这些规律以易于反映和表达这些空间特性。

(一)地理信息的特征

地理空间现象应包含的主要特征有空间特征、属性特征和时间特征。

1. 空间特征

空间特征指地理现象的空间位置、形态以及地理现象之间的相互关系。这也是地理信息区别于其他类型信息的关键所在。地理信息可以进一步细化为如下特征:

(1)几何位置。地理现象必然在空间的某个位置发生,具有一定的分布和形态,因此需要用一个表示位置的数学框架来描述。比如,在二维欧氏空间中一个点的位置可以用笛卡儿坐标 (x,y) 表示;用经纬度序列来表示地球椭球面上一条曲线的位置和形状;用等温线表示某个地区整体的温度等。

(2)空间关系。空间关系指多个地理现象在空间位置上存在的重叠、相邻、远近、方位等相互关系,如武汉市位于长江之畔、冷空气向淮河流域移动等。空间关系广泛存在于任意地理现象之间,它们依赖于空间现象的几何位置,在表达空间现象和解决空间问题时,空间关系起到非常关键的作用。

(3)多尺度与多态性。多尺度与多态性指同一空间现象在不同的观察尺度下会产生不同的表达形式。例如,长江在武汉市这个观察尺度下更多地表现为一个多边形,而在中国这个观察尺度下更多地表现为一条曲线。

2. 属性特征

属性特征表示地理现象的名称、类型、数量和质量等,在计算机中适合用字符(串)、数值的形式来表示。例如北京市,除了描述其行政区划的空间特征外,还需要表述其名称、人口数量、地区生产总值、平均收入等属性特征信息。

3. 时间特征

时间特征指地理现象随着时间发生相关变化的特性。例如鄱阳湖,其空间形态和属性信息都会随着季节降雨的变化而发生较大的变化。

(二)地理信息的特点

从数据特征上看,地理信息具有非结构化、海量及多源异构的特点。

1. 非结构化

非结构化指同类别的空间对象在计算机中的存储结构有可能会不一样。例如,长江和某条小河的类型相同,但是存储的数据量差别巨大,因此在数据结构上存在较大差异。非结构化使得空间数据无法满足通用的关系数据库中第一范式的要求,即同类型实体对应的每条记录必须是定长的,实体的属性不允许嵌套。因此,空间数据很难用通用的关系数据库来存储和管理,在地理信息系统的数据存储中需要对非结构化数据进行特定的设计。

2. 海量

地理信息类型多样,数据量巨大。一个城市的基础地理数据的数据量就达到几十 GB 量级,如果将整个地球纳入考虑,数据量会更大。地理信息的实时数据的更新数据量也非常大,以谷歌地图使用的 Landsat TM 影像为例,其空间分辨率为 30 m,则单一时相完整覆盖全球的整体数据量约为 2 TB,当遥感技术达到 1 m 分辨率的门槛后,全球单次扫描的遥感影像数据量将超过 1 800 TB。随着移动互联网和物联网的快速发展,来自车辆、风力、雨量、温度、湿度等各种传感器以及个人网络活动的高频空间关联信息的数据也会大量涌入。因此在地理信息建模过程中,需要考虑海量数据带来的存储和检索响应问题。

3. 多源异构

地理信息本身就具有分布式、多来源的特性。人们关注的区域、关注的地理问题不同,因此对地理信息建模时采用的空间数学基础、存储格式、编码规则、数据质量及操作标准等都不一致,这同时也形成了地理信息数据的异构性。然而,地理空间是统一的,随着信息时代、智能时代的到来,人们对统一的地球空间进行数字化表达和模拟的需求也越来越强烈。这也对多源异构的地理信息在建模过程中如何进行信息交互提出了新的要求;更进一步来说,多源异构是整个地球空间信息进行统一表达和应用建模的关键难点之一。

二、空间认知和抽象的三个层次

现实地理世界是非常复杂的,要将其中庞杂的现象准确高效地在计算机数字世界中表达出来,需要一个去芜存菁的过程。在此过程中,需要对各种地理现象进行观察,通过归类、简化、抽象和综合取舍获取地理现象的重要特征并加以定型,然后对这些特征进行定义、编码结构化和模型化,以数据形式存入计算机内。如图 2-1 所示,空间现象建模涉及三个层次,即现实世界、概念世界和数字世界。数据模型是对现实世界部分现象的抽象,它描述了数据的基本结构、数据之间的相互关系和在数据上的各种操作。数据模型是计算机中关于数据内容和数据间联系的逻辑组织的形式化表达,以抽象的形式化表达反映一个系统的业务活动和信息流程。通过对现实世界进行抽象、描述和表达,逐步得到概念模型,进而转换为逻辑模型和物理模型,三个模型统称为数据模型。

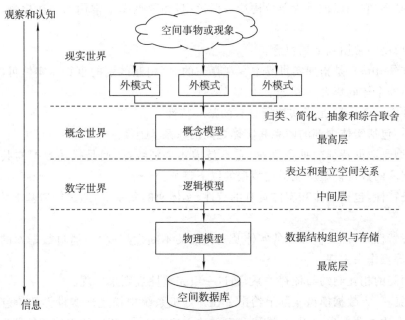

图 2-1　空间现象建模的三个层次

概念模型(conceptual model)是地理空间中地理事物与现象的抽象概念集,是地理数据的语义解释,从计算机系统的角度来看,它是系统抽象的最高层。构造概念模型应该遵循的基本原则是:语义表达能力强,作为用户与地理信息系统软件之间交流的形式化语言,应易于用户理解;可独立于具体计算机实现;尽量与系统的逻辑模型保持统一的表达形式,不需要任何转换,或者容易向逻辑模型转换。在传统计算机数据管理中,实体关系(entity relationship,E-R)模型常用来描述问题域的概念模型。

逻辑模型(logical model)是地理信息系统描述概念模型中实体及其关系的逻辑结构,是系统抽象的中间层。它是用户通过地理信息系统(计算机系统)看到的现实世界的地理空间。逻辑模型的建立既要考虑易于用户理解,又要考虑易于物理实现,以及易于转换成物理模型。经典的逻辑模型包括线性模型、层次模型、网状模型及关系模型。

物理模型（physical model）是概念模型在计算机内部具体的存储形式和操作机制，即在物理磁盘上如何存放和存取，是系统抽象的最底层。在逻辑模型和物理模型之间，空间数据结构用于对逻辑模型描述的数据进行合理的组织，是逻辑模型映射为物理模型的中间媒介。

数据模型的三要素包括数据结构、数据操作和数据的约束条件。在数据库管理系统中，现实世界中的事物及联系是用数据模型来描述的，数据库中各种操作功能的实现是基于不同的数据模型的，因而数据库的核心问题是模型问题。数据模型是对数据库中数据的逻辑组织形式的描述。选择与建立数据模型的目的是用最佳的方式反映本部门的业务对象及信息流程和为用户提供访问数据库的逻辑接口。

三、经典概念模型在空间表达上的局限性

数据模型大体可以分为两种类型：一种是独立于计算机之外的，如实体关系模型、语义数据模型等，它们不涉及信息在计算机中如何表示，常称为概念模型；另一种模型是直接面向计算机的逻辑模型，它们以记录为单位构造数据模型，如数据库中常用的层次模型、网状模型和关系模型等。

在概念模型中常用到下列概念：

（1）实体（entity），是指现实世界中客观存在的、可相互区别的事物。实体可以指个体，也可以指总体，即个体的集合。

（2）属性（attribute），是指实体所具有的某一特性。

（3）联系，包括实体内部的联系和实体之间的联系（$1:1$、$1:n$、$m:n$）。

数据模型是数据特征的抽象表达，它不是描述个别数据，而是描述数据的共性。严格地说，一个数据库的数据模型应能描述数据的以下特征：

（1）静态特性，包括实体和实体具有的特性、实体间的联系等，通过构造基本数据结构类型来实现。

（2）动态特性，即现实世界中的实体及实体间的不断发展变化，通过数据库的检索、插入、删除和修改等操作来实现。

（3）数据间的相互制约与依存关系，通过一组完整性规则来实现。

由此可见，一个数据模型实际上给出了在计算机系统中描述现实世界的信息结构及变化的一种抽象方法。数据模型不同，描述和实现的方法也不同，相应的支持软件即数据库管理系统也就不同。数据模型反映了现实世界中实体之间的各种联系。实体间的联系有两类：一类是实体内部属性间的联系，另一类是实体与实体之间的联系。实体与实体之间的联系是错综复杂的，如图 2-2 所示，可以分为以下三种：

（1）一对一的联系。这是最简单的实体之间的一种联系，它表示两个实体集中的个体间存在的一对一的联系。记为 $1:1$。

（2）一对多的联系。这是实体间存在的较普遍的一种联系，表示一个实体集 A 中的每个实体与另一个实体集 B 中的多个实体间存在的联系；反之，B 中的每个实体都至多与 A 中的一个实体发生联系。记为 $1:n$。

（3）多对多的联系。这是实体间存在的更为普遍的一种联系，表示多个实体集之间的多对多的联系。其中，一个实体集中的任何一个实体与另一个实体集中的实体间存在一对多的联系；反之亦然。记为 $m:n$。

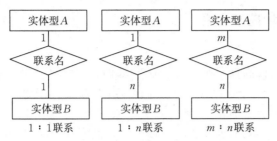

图 2-2　经典实体关系模型中的三类关系

从地理现象的特征来看,实体关系模型是基于离散对象集合建立的,其中没有包含隐藏的联系;地理信息是从无穷的连续集合(空间)中建立起来的,任意两对地理现象之间都隐含了多种空间关系,如距离关系、方向关系、拓扑关系等,实体关系模型对地理现象的空间关系的表达相对比较薄弱。地理现象在建模中也可以被识别为实体及其属性,但是实体关系模型中的属性多以字符、数字形式表达,对空间位置、分布和形态等的表达多有制约,如空间对象的几何属性很难像数字属性那样进行排序;实体关系模型中的联系种类仅限于 $1:1$、$1:n$、$m:n$ 三类,且两类实体之间的联系数量基本只有一种,对复杂多变的空间关系的表达能力比较弱。

经典计算机数据管理中的概念模型(如实体关系模型)在表达地理现象的特征和数据特点上存在较大的局限性,因此在地理信息的建模过程中出现了新的需求。

地理现象的几何位置特征决定了某一地理问题域关注的地理现象往往存在于一个统一的地理空间框架下,空间现象的多尺度、多态性也决定了对地理现象不能完全用固定、单一的方式去表达。一个具有相对统一的地理空间框架的数学模型的建立有助于多尺度表达地理现象的几何位置及形态。

传统实体关系模型中"联系"的语义无法充分表达任意两个地理现象之间繁复的空间关系。在地理信息的建模过程中可以引入面向对象的概念,使空间关系映射到地理实体空间对象的内部自定义操作上,可以更灵活有效地表达和计算空间关系。

从数据特点上看,空间数据的海量性决定了其必须使用针对大规模数据的数据库管理模式,但是传统数据库的数据模型对数据的结构化要求限制了空间数据的管理,使其无法照搬经典的关系数据库管理系统,而引入对象—关系数据库将是一种有效的解决方法。

§2-2　地理信息系统的空间参考

鉴于地理信息的空间特征,特别是地理对象和现象的几何位置特征需要在一个统一的地理空间框架下表达和计算,地理信息建模需要先建立地理空间框架的数学模型,以容纳地理现象的表达和存储。地理信息系统的空间参考系(spatial reference system)的作用是确定一个地理信息系统的地理空间框架及度量基准,在其基础上确定空间现象在地球表面的位置,并为空间计算提供基础数学工具。目前,世界各国、各地区已建立了各种规模和类型的地理信息系统,这些系统为经济、国防等各个领域的科学决策提供了依据,发挥了重要的作用。但是不论每个应用型地理信息系统的服务目的是什么,每个地理信息系统自身的数据必须在统一的地理空间框架下,因此需要有统一的坐标系和高程系。

一、空间数据的地理参考系

(一)地球的形状

地球近似球体,其表面高低不平,极其复杂,如图 2-3 所示。假想将静止的平均海水面延伸到大陆内部,可以形成一个连续不断的、与地球比较接近的形体。把该形体视为地球的形体,其表面处处与地球重力方向正交,就称为大地水准面。但是,由于地球内部物质分布不均匀和地球表面高低起伏不平,各处的重力方向发生局部变异,处处与重力方向垂直的大地水准面显然不可能是一个十分规则的表面,且不能用简单的数学公式来表达,因此,大地水准面不能作为测量成果的计算面。

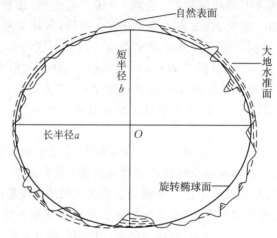

图 2-3　地球表面的三个"面"

为了测量成果计算的需要,选用一个同地球相近的、可以用数学方法来表达的旋转椭球来代替地球,且这个旋转椭球是由一个椭圆绕其短轴旋转而成的,如图 2-4 所示。决定旋转椭球大小、形状的椭球参数一般有以下几项:

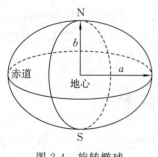

图 2-4　旋转椭球

椭球长轴 a

椭球短轴 b

扁率 $\alpha=(a-b)/a$

第一偏心率 $e=\sqrt{a^2-b^2}/a$

第二偏心率 $e'=\sqrt{a^2-b^2}/b$

与局部区域(一个或几个国家、地区)的大地水准面符合得最好的旋转椭球,称为参考椭球。经过长期的观测、分析和计算,世界上许多学者和机构计算出了参考椭球的长、短轴的数值。

(二)坐标系

坐标系是为确定地面点或空间目标位置所采用的参考系。与测量相关的坐标系主要有地理坐标系和平面坐标系。

1. 地理坐标系

地理坐标系用经纬度来表示地面点的位置。地面上任一点 M 的位置可由经度 λ 和纬度 φ 来决定,记为 $M(\lambda,\varphi)$。

经纬度具有深刻的地理意义,它标示物体在地面上的位置,显示其地理方位(经线与南北相应,纬线与东西相应),表示时差。此外,经纬线还标示许多地理现象所处的地理带,如气象、土地等部门都要利用经纬度来推断地理规律。

经纬度的测定方法主要有两种,即天文测量和大地测量。

以大地水准面和铅垂线为依据,用天文测量的方法,可获得地面点的天文经纬度。带有天文经纬度坐标(λ,φ)的地面点,称为天文点。

以旋转椭球和法线为基准,用大地测量的方法,根据大地原点和大地基准数据,由大地控制网逐点推算的各控制点的坐标(L,B),称为大地经纬度。

新中国成立前,我国实际上没有统一的大地坐标系。新中国成立初期,将苏联1942年坐标系经联测和平差计算延伸到我国,建立了1954北京坐标系。该坐标系的坐标原点在苏联境内,椭球面与我国大地水准面不能很好地符合,产生的误差较大,不能满足我国空间技术、国防尖端技术、经济建设的要求。

我国在积累了30年测绘资料的基础上,通过国家天文大地网整体平差建立了我国的大地坐标系。该坐标系采用1975年国际椭球参数,将国家大地原点设在陕西省泾阳县。该坐标系坐标统一、精度优良,可直接满足1∶5 000甚至更大比例尺测图的需要。我国从20世纪80年代开始使用该坐标系,并取代了1954北京坐标系。20世纪80年代初,大地测量学界和美国国防部等机构基于卫星雷达测高等数据,结合地球重力异常、偏转、多普勒效应等影响因素建立了一套新坐标系。新坐标系原点位于地心,地心空间直角坐标系的Z轴指向国际时间局(Bureau International de l'Heure,BIH)1984.0定义的协议地球极(conventional terrestrial pole,CTP)方向,X轴指向BIH 1984.0的零子午面和CTP赤道的交点,X轴、Y轴与Z轴相互垂直构成右手正交坐标系,该坐标系称为1984年世界大地坐标系(world geodetic system 1984,WGS84)。2008年7月1日,我国启用2000国家大地坐标系(China geodetic coordinate system 2000,CGCS2000),如表2-1所示。

表2-1　我国常用坐标系对应椭球参数

椭球名称	创立年代	长半径a/m	短半径b/m	扁率α
海福德(Hayford)椭球 (1953年以前采用)	1910	6 378 388	6 356 912	1∶297
克拉索夫斯基(Krasovsky)椭球 (1954北京坐标系采用)	1940	6 378 245	6 356 863	1∶298.3
1975年国际椭球 (1980西安坐标系采用)	1975	6 378 140	6 356 755	1∶298.257
WGS84椭球	1984	6 378 137	6 356 752	1∶298.26
CGCS2000椭球	2000	6 378 137	6 356 752	1∶298.257

2. 平面坐标系

将椭球面上的点通过投影的方法投影到平面上时,通常使用平面坐标系。平面坐标系分为平面极坐标系和平面直角坐标系。

平面极坐标系采用极坐标法,通过用某点至极点的距离和方向来表示该点的位置。主要用于地图投影理论的研究。

平面直角坐标系采用直角坐标(笛卡儿坐标)来确定地面点的平面位置。可以通过投影将地理坐标转换成平面坐标。

(三)高程系

高程是由高程基准面起算的地面点的高度。高程基准面是根据多年观测的平均海水面来确定的。也就是说,高程(也称海拔高程、绝对高程)是指地面点至平均海水面的垂直高度。地面点之间的高程差,称为相对高程,简称高差。由于不同地点的验潮站测得的平均海水面之间存在差异,所以,选用不同的基准面就有不同的高程系统。

一个国家一般只能采用一个平均海水面作为统一的高程基准面。我国的高程基准原来采用 1956 黄海高程系,由于观测数据的积累,黄海平均海水面发生了微小的变化,因此于 1987 年启用了新的高程系,即 1985 国家高程基准。新的高程基准对已有地图的等高线高程的影响可忽略不计。

二、地理信息系统中常用的空间参考方法

地理位置是地理信息系统产生作用的基础。依靠地理位置能够绘制地图,能够将不同类型但处于同一位置的信息联系在一起,也能够测量距离和面积等。如果没有位置信息,数据将会被认为是非空间的或无空间的,那么这样的数据在地理信息系统中的价值将大打折扣,因为地理信息系统通常用空间参考作为描述位置的基本框架。

空间参考的确定需要有以下几个要求:首先,空间参考在一个系统中应该是唯一的,以便只有一个位置与给定的地理参考相关联,不会混淆所参考的位置,这样,空间参考可以在所有希望使用信息的人之间共享;其次,空间参考需使位置的定位具有区别于其他位置的独特性;最后,空间参考必须具备较强的稳定性,这样定位过程中的结果才是稳定的。

实际上常用的地名地址体系、邮政编码体系以及经纬度坐标体系都可以看作一种空间参考。使用地名地址作为空间参考的优点是地名地址符合当地人们的使用习惯,缺点在于难以精确定位、具有二义性、容易变化、稳定性不高等,更多用在人们日常生活的位置确定上。邮政编码体系解决了空间参考的唯一性问题,同时也具备一定的稳定性,但是其定位精度不高且无法支持最基础的距离度量,同时邮政编码体系主要针对人类活动的区域,对于自然中地理现象的表达比较无力。依托旋转椭球面的经纬度坐标的空间参考体系具备唯一性、独特性、高精度及稳定性,也能够支持基本的距离和面积度量,但是旋转椭球面具备各点异性、各向异性的空间特点,在进行稍复杂的空间计算如缓冲区、等距离线时方法复杂、效率低,精度也很难得到保障,因此更多用于表达定位,以及作为不同参考系转换的中间载体,目前并不适合空间计算和空间分析的需求。

在地理信息系统中,常被用作空间对象表达、计算和空间分析的空间参考方法主要有:依托欧氏几何的地图投影、依托离散格网计算的地理空间格网及其编码系统,以及面向网状地理现象的线性参考系等。

(一)地图投影

1. 地图投影的含义及分类

不规则的地球表面可以用地球椭球面来替代。地球椭球面是不可展曲面,而地图是一个平面,将地球椭球面上的点映射到平面的方法,称为地图投影。

科学的投影方法是建立在地球椭球面上的经纬线网与平面上相应的经纬线网相对应的基础上的,其实质就是建立地球椭球面上点的坐标 (λ, φ) 与平面上对应的坐标 (x, y) 之间的函数关系,用数学表达式表示为

$$x = f_1(\lambda, \varphi)$$
$$y = f_2(\lambda, \varphi)$$

对于较小区域范围,可以视地表为平面,这样就可以认为投影没有变形。但对于较大区域范围,甚至是半球、全球,这种投影方法就不合适了。这时,可以考虑另外的投影方法,例如假设将地球按比例尺缩小成一个透明的球体,在其球心、球面或球外安放一个发光点,将经纬线(连同控制点及地形、地物图形)投影到球外的一个平面上,即成为地图。图 2-5 是地球表面的透视投影示意图。

在地图投影中,先将不可展的地球椭球面投影到一个可展曲面上,然后将该曲面展开成为一个平面,得到所需要的投影。通常采用的可展曲面有圆锥面、圆柱面、平面(曲率为零的曲面),相应地可以得到圆锥投影、圆柱投影、方位投影。同时还可以根据投影面与地球轴向的相对位置将投影区分为正轴投影(投影面的中心轴与地轴重合)、斜轴投影

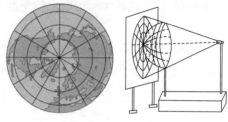

图 2-5　透视投影

(投影面的中心轴与地轴斜向相交)、横轴投影(投影面的中心轴与地轴相互垂直)。各种投影都具有一定的局限性,一般地说,距投影面越近,变形就越小。为了控制投影的变形分布,可以调整投影面与椭球的相交位置,根据这个相交位置,又可以进一步得到各种投影相应的切投影(投影面与椭球相切)和割投影(投影面与椭球相割)。该体系的分类如图 2-6 所示,其中 P 为北极点,P_1 为南极点。

此外,还有伪方位、伪圆锥、伪圆柱等许多类型投影。

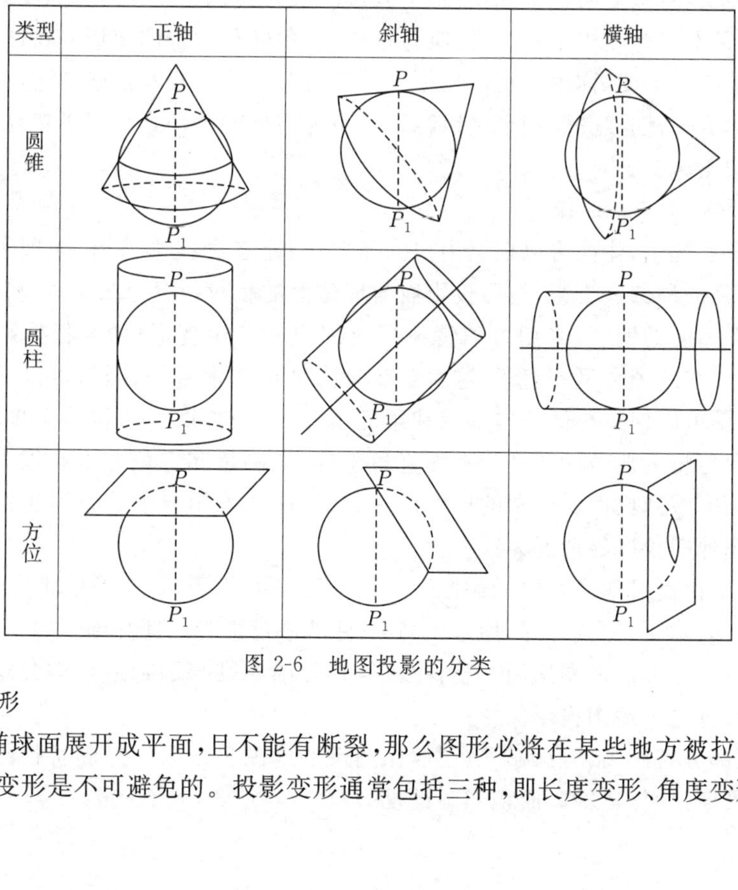

类型	正轴	斜轴	横轴
圆锥			
圆柱			
方位			

图 2-6　地图投影的分类

2. 投影变形

要将地球椭球面展开成平面,且不能有断裂,那么图形必将在某些地方被拉伸,某些地方被压缩,因而投影变形是不可避免的。投影变形通常包括三种,即长度变形、角度变形和面积变形。

长度变形 ν_μ 是长度比 μ 与 1 的差值,即

$$\nu_\mu = \mu - 1$$

式中,长度比 μ 是地面上微分线段投影后长度 $\mathrm{d}s'$ 与其固有长度 $\mathrm{d}s$ 之比,即

$$\mu = \frac{\mathrm{d}s'}{\mathrm{d}s}$$

长度比是一个变量,不仅随点位不同而变化,而且同一点上随方向不同也有大小的差异。

角度变形 ν_α 是指实际地面上的角度 α 和投影后角度 α' 的差值,即

$$\nu_\alpha = \alpha - \alpha'$$

角度变形可以在许多地图中清晰地看到。本来经纬线在实地上是成直角相交的,但经过投影之后,很多情况下经纬线变成了非直角相交的图形。

面积变形 ν_p 是面积比 P 与 1 的差值,即

$$\nu_p = P - 1$$

式中,面积比 P 是地球表面上微分面积投影后的面积 $\mathrm{d}F'$ 与其固有面积 $\mathrm{d}F$ 之比,即

$$P = \frac{\mathrm{d}F'}{\mathrm{d}F}$$

面积比也是一个变量,随点位不同而变化。因此,面积变形在许多投影中经常出现。

根据地图投影中可能引入的变形的性质,可以对投影进行分类,即等角投影、等面积投影和任意投影三种。等角投影保证了投影后任意点由任意两条微分线段构成的角度不产生变形,这种投影可以使投影前后的形状保持不变,因而也称为正形投影。等面积投影保证了投影前后面积保持不变,对微分面积如此,对整个区域的较大面积也如此。任意投影在投影后既不保持角度不变,又不保持面积不变,它同时存在长度、角度和面积的变形。在任意投影中,如果存在某一方向上长度不变,称为等距离投影。等角与等面积是相互抵触的,也就是说等角是以牺牲等面积为代价的;同样等面积也是以牺牲等角为前提的。任意投影虽然存在各种变形,但各种变形比较均衡。

3. 常用投影的特点及选择

在地理信息系统中,往往可以根据用户的需要,指定各种投影,进行地理数据的显示。例如,兰伯特投影是一种圆锥投影,按照投影面与地球面的相对位置分为正轴、横轴和斜轴三种,在我国横跨中低纬度的地区,采用兰伯特投影能够有效减小变形;墨卡托投影是一种等角投影,可以使航向线在地图上呈现直线,这对于航海图来说非常有用,因为可以方便地测量和绘制航线;高斯投影可以保持小区域内形状和角度不变,并使长度和面积的失真较小,同时高斯投影还可以方便地将大地坐标转换为平面直角坐标,在测量和定位方面有很大优势。但当所显示的地图与国家系列比例尺地图的比例尺一致时,往往采用与国家系列比例尺地图所用的投影。我国常用地图投影的情况为:

(1)我国基本比例尺地形图(1∶100 万、1∶50 万、1∶25 万、1∶10 万、1∶5 万、1∶2.5 万、1∶1 万、1∶5 000)除 1∶100 万外,均采用高斯-克吕格投影为地理基础。

(2)我国 1∶100 万地形图采用兰勃特投影,其分幅原则与国际地理学会规定的全球统一使用的国际百万分之一地图投影保持一致。

(3)我国大部分省区图以及大多数同样比例尺的地图也多采用兰勃特投影和属于同一投影系统的阿尔贝斯投影(正轴等面积割圆锥投影)。

兰勃特投影中,地球表面上两点间的最短距离(即大圆航线)表现为近似直线,这有利于地理信息系统中空间分析量度的正确实施。

高斯-克吕格投影也称为高斯投影,是一种横轴等角切椭圆柱投影。它是将椭圆柱横切于地球椭球上,该椭圆柱面与地球椭球面的切线为经线,投影中将其称为中央经线,然后根据一定的约束条件即投影条件,将中央经线两侧规定范围内的点投影到椭圆柱面上,从而得到点的高斯投影(图2-7)。

高斯投影变形具有以下特点:

(1)中央经线上无变形。

(2)同一条纬线上,离中央经线越远,变形越大。

(3)同一条经线上,纬度越低,变形越大。

(4)等变形线为平行于中央经线的直线。

由此可见,高斯投影的最大变形处为各投影带的赤道边缘

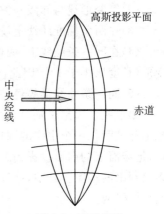

图2-7 高斯投影

处,为了控制变形,我国地形图采用分带方法,即将地球按一定间隔的经差(6°或3°)划分为若干相互不重叠的投影带,各带分别投影(图2-8)。

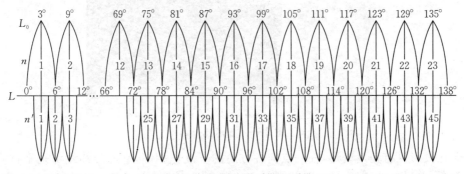

图2-8 高斯投影的3°带和6°带

兰勃特投影是一种正轴等角割圆锥投影,是假想圆锥轴与地球椭球旋转轴重合并套在地球椭球上,圆锥面与地球椭球相割,将经纬网投影于圆锥面上展开而成的。其经线表现为辐射的直线束,纬线投影成同心圆弧(图2-9)。圆锥面与椭球相割的两条纬线圈,称为标准纬线$(\varphi 1,\varphi 2)$。 与采用单标准纬线的相切相比,采用双标准纬线的相割投影变形小而均匀。

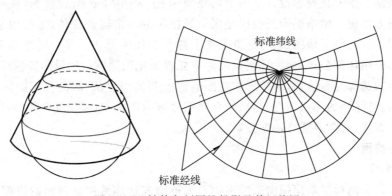

图2-9 正轴等角割圆锥投影及其经纬网

兰勃特投影变形的分布规律为:

(1)角度没有变形,即投影前后对应的微分面保持图形相似,故又可称为正形投影。

(2)等变形线与纬线一致,同一条纬线上的变形处处相等。

(3)在两条标准纬线上没有任何变形。

(4)在同一条经线上,两标准纬线外侧为正变形(长度比大于1),而两标准纬线之间为负变形(长度比小于1)。因此,变形比较均匀,绝对值也较小。

(5)同一条纬线上等经差的线段长度相等,两条纬线间的经线线段长度处处相等。

墨卡托投影是正轴等角圆柱投影,是地图投影方法中影响最大的投影之一(图 2-10)。假想地球被围在一个中空的圆柱里,其基准纬线(赤道)与圆柱相切,然后再假想地球中心有一盏灯,把球面上的图形投影到圆柱面上,再把圆柱面展开,这就是一幅选定基准纬线的墨卡托投影绘制出的地图。其中,按等角条件将经纬网投影到圆柱面上,将圆柱面展为平面后,得到平面经纬线网。

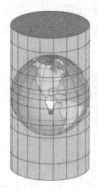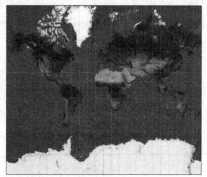

图 2-10　墨卡托投影

墨卡托投影没有角度变形,任一点向各方向的长度比相等,它的经纬线都是平行直线,且相交成直角,经线间隔相等,纬线间隔从基准纬线处向两极逐渐增大。墨卡托投影地图上的长度和面积变形明显,但基准纬线处无变形,从基准纬线处向两极变形逐渐增大。因为它具有各个方向均等扩大的特性,保证了方向和相互位置关系正确,使墨卡托投影下的等角航线均表现为直线,因此墨卡托投影在航海领域应用较广。

经纬度正交也使墨卡托投影下的空间计算与平面直角坐标系的几何计算方式相似,计算效率高。谷歌基于墨卡托投影设计了一个网络墨卡托(web Mercator)投影,使全世界可以正好放在一个正方形里。网络墨卡托投影是墨卡托投影的一个轻微变体,主要用于基于网络的地图程序。对于小比例尺地图,它与标准的墨卡托投影用的公式一样。网络墨卡托投影在所有比例尺下都使用球面公式,但大比例尺的墨卡托投影地图通常使用投影的椭球面形式。

地图投影的选择是否恰当,直接影响地图的精度和实用价值,因此在编图以前,要根据各种投影的性质、经纬网的形状特点,然后结合制图区域的形状、地理位置和范围,地图的内容和用途以及出版方式,科学地选择地图投影。

(二)空间格网

1. 地理格网

广义的地理格网模型是指用离散的多边形来近似表达连续地球曲面的模型,以正方形为基本格网单元的地理格网模型称为狭义地理格网模型。基于欧氏平面几何空间,并以正方形为基本格网单元的地理格网模型称为栅格模型,它是狭义地理格网模型的一个特例。

地理格网系统是由一系列离散而规则的单元按照一定规则组合而形成的对地理实体进行表达的体系,是地理格网模型的具体应用实例。

在传统的制图学中,地理格网多作为一种坐标参考系得到广泛的应用,例如我国1:5万地形图上的公里格网就是一种辅助的平面直角坐标系。在地理信息系统研究中,地理格网首先被看作一种与矢量数据模型相对应的空间数据表达模型。国内外学者对地理信息系统的这两种基本空间数据模型及其相互转换开展了大量的研究,一致认为,矢量数据模型在地理现象的精确表达、有限数据存储等方面,较栅格数据模型优越。然而,栅格数据模型实现了数据的空间定位(隐含式)、属性表征、表达精度等的融合,这是矢量数据模型所不具备的特征,特别是在椭球空间下,传统地理信息系统的矢量数据模型存在明显的缺点。

地理格网的概念在我国最早应用于农耕文明的井田制度,是一种按一定地面距离划分的规则格网,最早用于统计、规划和管理,后来用于地图制图。西方地理格网起源于古老的经纬格网,并基于经纬坐标系将球面展开为平面,用于地图制图。

随着中西方文化交流的深入,中西方两种不同起源的格网体系相互交流与融合,取长补短,兼收并容。法国炮兵为了快速量测方位和距离,在地形图上建立了方里网,从而派生出针对相对地势、坡度、森林样方、沟谷道路密度等的计算制图。这种方法后来逐步形成了计量地理学派,同时也把定位、定量的空间分析提高到一个相当高的理论水平,但是由于当时的技术条件有限,其推广和应用受到制约。

随着世界经济和计算机技术及相关学科的迅猛发展,地理格网的应用进入高速发展时期。统一划分的多层次格网,实现了多源、多尺度海量空间信息和社会经济信息的统一定位和融合,保证了各类数据采集、存储、统计、分析和交换的一致性,实现了各类信息的可比性,地理格网开始成为空间统计分析的共同基本单元,并在信息统计分析中得到了广泛应用。

我国的格网系统国家标准《地理格网》(GB/T 12409—2009)规定了我国采用的格网系统的分级标准。

(1)经纬格网系统。基于经纬坐标的格网按照经、纬差分级,以1°经、纬差格网作为分级和赋予格网代码的基本单元。代码由五类元素组成,即象限代码、格网间隔代码、间隔单位代码、经纬度代码和格网代码。经纬格网的分级规则为,各层级的格网间隔为整数倍数关系,同级格网单元的经、纬差间隔相同。经纬格网系统的基本层级分为五级,如表2-2所示。

表2-2　经纬格网五级格网系统的分级

格网间隔	1°	10′	1′	10″	1″
格网名称	一度格网	十分格网	分格网	十秒格网	秒格网

(2)直角坐标格网系统。这是将地球表面按数学法则投影到平面上,再按一定的纵横坐标间距和统一的坐标原点对其进行划分而构成的多级地理格网系统,主要适用于表示陆地和近海地区规划、设计、施工等应用需要的地理信息。直角坐标格网系统采用高斯-克吕格投影,基本层级分为六级,如表2-3所示。

表2-3　直角坐标格网系统的分级

格网间隔/m	100 000	10 000	1 000	100	10	1
格网名称	百公里格网	十公里格网	公里格网	百米格网	十米格网	米格网

2. 全球离散格网

地理信息系统在表达和分析地理空间时,深受地图学理论影响。无论是早期的栅格数据模型、矢量数据模型,还是现代矢栅混合数据模型与面向对象数据模型,均以欧氏几何学和笛卡儿直角坐标系为基础,并建立起相应的空间数据模型和分析体系。然而,地球是一个近似椭球,地球椭球面属于非欧氏空间。当地理信息系统应用于处理较大尺度的空间问题,尤其是处理全球尺度的问题时,这种建立在欧氏几何学基础上的地理信息系统,在基础的长度、面积等几何量的量算上,出现明显的偏差,从而使地理信息系统的有效性和准确性受到质疑。因此,需要研究和发展基于非欧氏几何的空间数据模型,从根本上解决这种对立性的矛盾。

当前全球离散格网(discrete global grid,DGG)系统主要是经纬格网和球面剖分格网。经纬格网的格网单元变异性较大,特别是在两极地区;而基于球内切正多面体的离散格网系统,剖分格网系统多为三角形系统,难以符合地球椭球的要求,与现代空间测量所采集的像元数据不吻合,格网系统的实用性较差。全球离散格网是基于球面(椭球面)的一种可以无限细分但又不改变其形状的地球体拟合格网,当细分到一定程度时,可以达到模拟地球表面的目的。全球离散格网具有层次性和全球连续性等特征,既避免了投影带来的角度、长度和面积变形及空间数据的不连续性,又克服了许多限制地理信息系统应用的约束和不确定性,使在地球上任何位置获取的任何分辨率(不同精度)的空间数据都可以规范地表达和分析,并能用确定的精度进行多尺度操作。

一般按格网剖分方式的不同将格网剖分归纳为三种类型,即经纬格网剖分、自适应格网剖分和正多面体格网剖分。

1)经纬格网剖分

经纬格网剖分是应用最早的科学查询和空间剖分方法之一,《地理格网》(GB/T 12409—2009)就是以经纬格网剖分为基础的。经纬格网剖分可分为椭球(面、体)上的剖分和球(面、体)上的剖分两种。它们各自又可分为等经纬间隔格网剖分、变经纬间隔格网剖分两类,如图 2-11 所示。主流地图的分带分幅及众多算法和软件是以等经纬间隔格网剖分地球面为基础的,而近年来剖分方案大都采取了变经纬间隔格网剖分方法,并逐渐形成一定趋势。

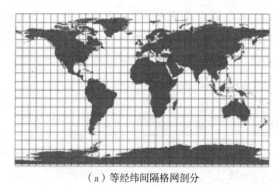
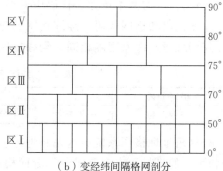

（a）等经纬间隔格网剖分　　　　　　　（b）变经纬间隔格网剖分

图 2-11　经纬格网剖分

2)自适应格网剖分

球面自适应格网是以球面上的实体要素为基础,按照实体的某种特征[主要是沃罗诺伊(Voronoi)多边形或不规则三角网(triangulated irregular network,TIN)结构]剖分球面单元的方法。Voronoi 多边形是基于实体最邻近特征将空间剖分成的连续多边形。图 2-12 是以全球 Voronoi 多边形为单元进行格网剖分的示例。

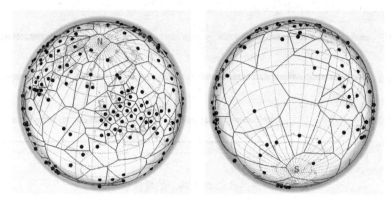

图 2-12　全球 Voronoi 格网剖分

3）正多面体格网剖分

20 世纪 80 年代末，国内外许多学者开始研究球面正多面体格网模型。其基本方法是把理想多面体（如正四面体、正六面体、正八面体、正十二面体、正二十面体）的边投影到球面上作为大圆弧段，形成球面多边形（如三角形、四边形、五边形、六边形）的边并覆盖整个球面（图 2-13）作为全球剖分的基础，然后对球面多边形进行递归剖分，形成有众多研究方法、方案的剖分途径。

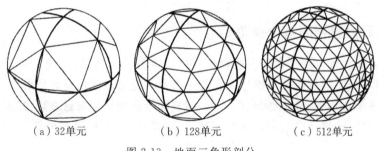

（a）32单元　　　　　（b）128单元　　　　　（c）512单元

图 2-13　地面三角形剖分

（三）线性参考系

地理信息系统中较为特殊的呈线状分布的网络对象，因其关注的问题集中在网络节点以及连接这些节点的边上，很少受到周遭空间的影响。在网络对象空间中，空间位置都是沿着网络定位的，因此确定空间参考时可以选择适合描述线状空间的线性参考系。许多位置以沿线状要素参考事件的方式记录，如使用"沿 66 号高速公路参考某高速收费站以东 3 568 米处"记录交通事故的位置。许多传感器使用沿线（如管线、道路、河流等）的距离测量值或时间测量值来记录沿线状要素的位置。

线性参考系还用于将多个属性集与线状要素部分关联，不需要每次更改属性值时分割（分段）基本线。例如，大多数道路中心线要素类会在三个或更多路段相交以及路段名称发生改变时分段。

用户通常想要记录有关道路的许多其他属性，如果不使用线性参考系，可能需要在属性值更改的每个位置将道路分割成很多小段，这时可供选择的方法是将这些情况处理为沿道路的线性参考事件（图 2-14）。

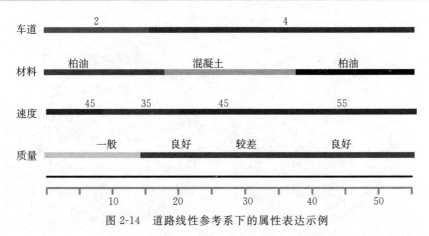

图 2-14　道路线性参考系下的属性表达示例

线性参考系通过沿网络中的定义路径测量与定义参考点的距离来识别网络上的位置,广泛应用于依赖线性网络的应用中,包括公路、铁路、输电线、管道和运河等。例如,公路机构使用线性参考系定义桥梁、标志、坑洞和事故的位置,并记录路面状况。线性参考系广泛应用于管理交通基础设施和处理紧急情况,并为这类应用的地理参考提供了充分的基础。另外,能够在线性参考系和其他形式(如纬度和经度)之间进行转换非常重要。

§2-3　对象和场

一、空间数据建模的两个视角

概念模型通常用来对现实世界中的物理或社会事物进行抽象,是由一组概念组成的系统性表达,用来帮助人们理解或模拟模型所表达的现象。建立地理信息的概念模型,第一步就是从真实地理世界中认知和识别空间现象,以一组抽象概念的集合对这些现象进行描述,并描述每个抽象概念的特征(属性)、它们之间的相互关系(联系)以及对这些概念行为和运算的描述(操作)。

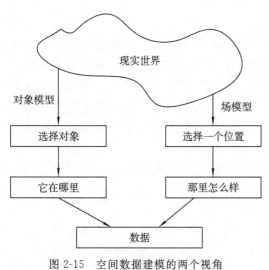

图 2-15　空间数据建模的两个视角

从认知角度,对空间现象通常有以下两种识别方式:

(1)从空间某位置的特性,即面向空间位置的角度。先确定待研究的空间,再考虑空间中任一位置的特性以及这些特性与其他位置上的相关性等。在这个角度下对现实地理世界抽象得到的模型一般称为场模型(field model),也称为域模型(图 2-15)。

(2)从关注的事物本身,即面向对象的角度。先识别空间对象,再考虑该对象在空间中的位置及空间对象之间的关系、运算等。在这个角度下对现实地理世界抽象得到的模型一般称为对象模型(object model),也称为要素模型(图 2-15)。

可以引入一个森林公园的例子来说明空间数据建模中的两种视角。森林公园由多个森林组成,不同树种将森林划分为同构区域,即每个区域只有一个树种,本例中有三个树种,分别为冷杉、橡树和松树。从场模型的角度看,森林可建模成一个函数。该函数的定义域是森林占据的地理空间,而值域是三个元素(树种的名称)的集合。设这个函数为 f,它将森林所占据空间的每个点映射到值域的一个具体元素上。函数 f 是个分段函数,它在树种相同的地方取值恒定,而在树种发生变化处才改变取值。在地理信息系统中,这个函数模型称为场模型。图 2-16 所示的场模型在这里是用分段函数来表示的。场模型还可以用格网表示,格网中的每个单元格标注占主导地位的树种的名称,这种表示方法更适合各种林区边界不规则的情况。场模型还可以用等值线表达,它显示了在某个物理参数(如温度、气压)上具有固定值的轮廓线。

现在考虑函数 f 的值发生变化的地方。在明确规定树种之间界限的理想情况下,就可以得到多边形的边界,每个多边形都有一个唯一的标识符和一个非空间属性(树种的名称)。这样,可以把森林建模成多边形的一个集合,每个多边形对应一个树种。这就是对象模型的观点,如图 2-16(b)所示。

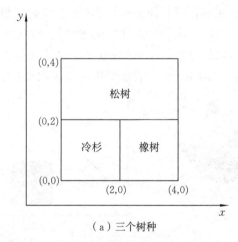

图 2-16 对象和场的不同建模视角

二、对象模型

基于对象的模型强调离散对象,可以采用独立的方式或者与其他现象之间相关联的方式来研究。任何现象,无论大小,只要它可以从概念上与其他邻域现象相分离,都可以被确定为一个对象(object)。例如,行政区划这一地理对象可表达为一个多边形,行政区划的边界线与行政区划的多边形之间存在关联。

　　对象模型从空间表达上来看,可归结为点、线、多边线、多边形(面)、体等图形对象。对象模型一般适合对具有明确边界的地理现象进行抽象建模,因为明确边界易于将地理现象从其所在空间中分离出来,如建筑物、河流、行政区划等。

　　一个空间对象必须符合三个条件:①可被识别;②重要(与问题相关);③可被描述(有特征)。

　　有一类比较特殊的对象模型称为网络模型,可以将其视为对象模型的一种特例。网络模型表示特殊对象之间的交互,如水、交通流。网络模型的特殊之处在于可以建立在图这种经典逻辑结构上,在应用中用边的权这个数值化的量来代替其余空间信息,因此部分网络模型表达的空间现象可以不依赖于地理空间参考框架存在。

三、场模型

　　场模型描绘的对象即空间本身,空间对象在场中被视为某些特定位置上的特征值,与没有被空间对象所占据的位置地位等同,仅仅是特征值不一样。这个空间可以是二维、三维乃至更高维的,一个二维场就是在二维空间中任何已知的地点上,都有一个表现这一现象的值,而一个三维场就是在三维空间中对于任何位置来说都有一个值。

　　场模型可以表示为 $z:s \rightarrow z(s)$。式中,z 为可度量的函数,s 表示某空间框架下的一个位置。因此该式表示从空间域(甚至包括时间坐标)到某个值域的映射。其中定义域即空间域,其基本元素即位置是一个在二维、三维乃至高维空间连续的量,空间域是一个无穷集合。而场模型的值域由问题域来定义,取值可以是连续的,也可以是不连续的。因此,场模型具备对连续空间现象和离散空间现象的表达能力,可表示为连续场函数和离散场函数(图 2-17)。

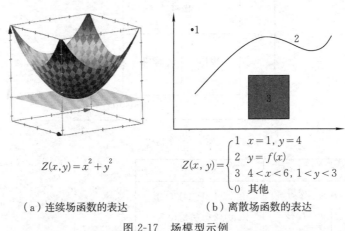

$$Z(x,y) = x^2 + y^2$$

$$Z(x,y) = \begin{cases} 1 & x=1, y=4 \\ 2 & y=f(x) \\ 3 & 4<x<6, 1<y<3 \\ 0 & 其他 \end{cases}$$

（a）连续场函数的表达　　　　（b）离散场函数的表达

图 2-17　场模型示例

四、场模型和对象模型的选择

　　对象模型的信息描述集中在独立于周围空间的地理现象本身,描述精确度较高,占用空间存储小。但另一方面,在对象识别的初期,空间对象就是与周围空间割裂的,空间关系在这个过程中会有很大的损失,因而在很多基于对象模型的空间问题计算过程中需要借助一些冗余的辅助数据结构来帮助恢复空间关系,如拓扑数据、空间索引等。

　　场模型对空间任何位置一视同仁,空间现象所在的位置或空白位置均使用同等方式描述。但是地理现象的复杂性决定了几乎不可能找到一组简洁的数学函数来对其进行表达;位置元素在场中是一个连续无穷集合,数据量极其庞大,计算机离散、有穷的表达能力也不足以直接表达场模型,因此在向逻辑模型的转化中会采用损失精度的格网剖分来表达。另一方面,场的基本形式决定了对空间中任一位置的邻域的查找、取值效率非常高,对地理学第一定律中邻近关系的表达更简洁。因此,进行依赖空间关系的复杂空间计算时会有更高的效率,并且在计算过程中不需要对象模型中空间关系的冗余数据(如拓扑数据、空间索引等)的辅助。

对于空间应用的建模来说,到底采用场模型还是对象模型,主要取决于应用要求和习惯。对于形状不定的现象,如火灾、洪水和危险物泄漏,更适合采用边界不固定的场模型进行建模。场模型也适用于具有连续的空间变化趋势的情况的建模,如海拔、温度及土壤变化。在遥感领域,主要利用卫星或飞机上的传感器收集地表数据,此时场模型是占主导地位的;而对象模型更多地用于运输网络(如道路)、地块征税和合法所有权应用等方面的建模。

§2-4　空间关系

空间关系是指空间对象之间,或者某个空间位置与空间对象之间,与空间特性相关的关系。空间关系是联系空间对象的黏合剂,地理世界除了有这些独立存在的空间对象外,更重要的是空间对象之间存在各种类型的空间关系,正是由于这些空间关系的普遍存在,世界上的事物联系在一起,构成了复杂的地理世界。空间关系在其中发挥了联系地理事物,甚至促进地理信息过程产生的作用。

实体空间关系的基础是空间对象的几何位置信息即空间定位数据,通过对空间位置数据的运算,可以获取空间对象之间的空间关系。但是海量空间对象之间位置计算的效率非常低,同时也难以被人们直观地表达和理解。在日常生活中,人们很少用空间坐标来表达某个空间对象的位置,更多是以空间对象之间的相互关系的形式来表达。例如,"体育馆在操场的东面""世界最高峰珠穆朗玛峰位于中国与尼泊尔边界上""胡夫金字塔位于埃及首都开罗西南方向约 10 千米处"等。

基础空间关系主要分为四种:

(1)拓扑关系,指图形保持连续状态下变形,但图形关系不变的性质。

(2)距离关系,主要指空间中的距离关系,用于距离远近及空间邻近的度量。

(3)方位关系,用上下、左右、前后、东南西北等方向性名称或其他定性、定量方法来描述空间对象的方向。

(4)顺序关系,主要指空间对象在地理空间中的某种排序关系,如在一条线中的节点对象顺序、地理分层顺序等。方位关系通常也被认为是广义顺序关系的一种,表示方向上的顺序。

一、拓扑关系

为了直观地理解拓扑空间,设想在一块橡胶片上画两个相接的多边形,然后进行拉伸或扭曲(但不能切割或折叠)来改变橡胶片的形状,这时两个多边形的邻接性维持不变。相接是拓扑属性的一个例子。对于带有国家行政边界的世界地图,无论地图是画在球面上还是平面空间上,相邻国家总是彼此相接。而多边形的面积显然不具有拓扑属性。事实上,不同国家的相对面积在不同地图上通常会有所变化。在很多平面地图上,靠近赤道的国家相对于靠近两极的国家面积减少了。表 2-4 中列出了常见的非拓扑属性和拓扑属性。

表 2-4　常见的非拓扑属性和拓扑属性

类型	非拓扑	拓扑
属性	两点间距离 一点指向另一点的方向 弧段长度、区域周长、区域面积等	一个点在一条弧段的端点 一条弧是一条简单弧段(自身不相交) 一个点在一个区域的边界上 一个点在一个区域的内部或外部 一个点在一个环的内部或外部 一个面是一个简单面 在一个面的连通性面内,任两点从一点可走向另一点

地理信息系统中拓扑关系的表达通常有两种方式:一是基于矢量点、线、面的空间对象之间显式拓扑表达的组合拓扑方式,这种方式比较直观;二是基于空间点集描述的点集拓扑方式,这种方式更具数学完备性。

(一)基于组合拓扑的拓扑关系描述

(1)关联性。拓扑关联主要定义点、线、面不同类型要素之间的关系,比如点和线的关系,如果一个点正好是另外一条线的端点,或者一个节点是一个弧段的端点,那么称这个节点与这个弧段是关联的。同样如果弧段围成一个多边形,那么这个多边形和围成它的弧段之间是关联的。如图 2-18 所示,节点 V_2 与弧段 L_5、L_6、L_3 是关联的,多边形 P_2 与弧段 L_3、L_5、L_2 是关联的。

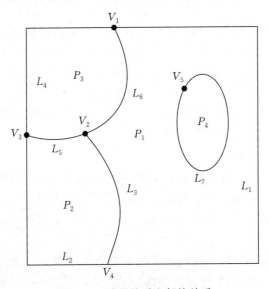

图 2-18　关联关系和邻接关系

(2)邻接性。邻接关系是指点、线、面同类要素之间的关系,也就是点和点、线和线、面和面之间的关系。如果两个多边形共享一条边界线(如湖北省和河南省),那么称这两个多边形是邻接的;同样的,如果两个弧段共享一个节点,那么这两个弧段是邻接的;两个节点如果是同一个弧段的两个端点,也称这两个节点是邻接关系。如图 2-18 所示,节点 V_2 和 V_3、V_2 和 V_4,弧段 L_5 和 L_6、L_5 和 L_3,多边形 P_1 与 P_3、P_1 与 P_4,它们之间都属于拓扑邻接关系。

(3)连通性。与邻接性相类似,连通性指对弧段连接的判别,如用于网络分析中确定路径、街道是否相通。

（4）方向性。一条弧段的起点、终点确定了弧段的方向。方向性用于表达现实中的有向弧段，如城市道路单向、河流的流向等。

（5）包含性。指面状实体包含了哪些点、线或面状实体。

（6）区域定义。指多边形由一组封闭的线来定义。

（7）层次关系。指相同元素之间的等级关系，如武汉市由各个区组成。

组合拓扑是以点、线、面等与现实世界地理实体紧密相关的概念来表达拓扑关系的一个方面，更适合表达地理信息中的现实意义，如道路网络的连通性、不同区域之间的相邻关系等。在地理信息的数据结构中常用组合拓扑的方式显式表达拓扑关系。但是组合拓扑的描述方法不具备数学意义上的完备性，任意两个空间对象之间有确定的拓扑关系描述，对于构建空间对象的拓扑运算体系有着重要意义。下面介绍基于点集拓扑学的二元拓扑关系九交模型。

（二）基于点集拓扑的九交模型描述

在一个平面 R_2 上，两个对象 A 和 B 之间的二元拓扑关系基于以下相交情况：A 的内部（$A°$）、边界（∂A）和外部（A^-）与 B 的内部（$B°$）、边界（∂B）和外部（B^-）之间的交。其中，点的内部是点本身，边界是空集，外部是除了点本身以外的空间其他部分；线的边界是线首尾节点，内部是线上除了首尾节点以外的部分，外部是空间除了内部与边界的部分；面的内部是多边形的外环和内环围起来的面部分，边界由内环和外环构成，外部是除内部和边界以外的空间其他所有部分（图 2-19）。

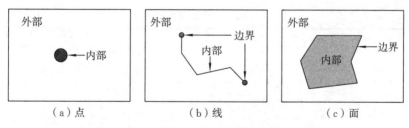

图 2-19　点、线、面实体的内部、边界和外部

两个对象的这六个部分构成九交（nine-intersection）矩阵，它定义了一个拓扑关系，用矩阵表示为

$$\boldsymbol{\Gamma}_9 = \begin{bmatrix} A° \cap B° & A° \cap \partial B & A° \cap B^- \\ \partial A \cap B° & \partial A \cap \partial B & \partial A \cap B^- \\ A^- \cap B° & A^- \cap \partial B & A^- \cap B^- \end{bmatrix}$$

考虑取值有空（0）和非空（1），可以确定有 2^9 即 512 种二元拓扑关系。对于嵌在 R_2 中的二维区域，有八个关系是可实现的，并且它们彼此互斥且完全覆盖。这些关系为相离（disjoint）、相接（meet）、叠置（overlap）、相等（equal）、包含（contain）、在内部（inside）、覆盖（cover）和被覆盖（covered by），如图 2-20 所示。

图 2-20 显示了如何使用九交矩阵来表示拓扑关系。例如，在九交模型中，相离关系可以用图 2-20 左上角的布尔矩阵表示。四个取 0 的值说明在相离关系中，$A°$、$B°$ 及 ∂B 没有公共点。类似地，$B°$ 与 ∂A 没有公共点，∂A 与 ∂B 也没有公共点。对于其他空间数据类型对，如点和面、点和弧段的拓扑关系可以用类似方式定义。

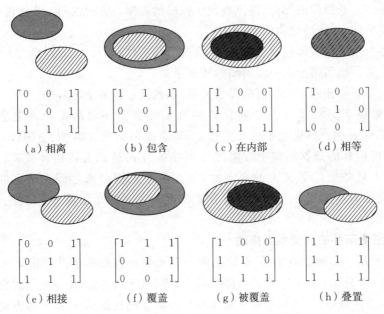

图 2-20   九交模型的八种有现实意义的描述

　　任意两个空间对象之间的拓扑关系在九交模型的支持下可以被唯一定义,在此基础上可以定义出地理对象之间的拓扑空间关系判断函数和几何运算函数,见表 2-5 和表 2-6。

表 2-5   拓扑空间关系判断函数

拓扑空间关系判断函数	中文名	备注
Disjoint()	相离	北京市和广州市是相离
Touches()	相接	湖北省和湖南省是相接的
Crosses()	交叉	长江穿过四川省
Within()	在内部	泰山在山东省境内
Overlaps()	叠置	土地覆盖和土地利用相互叠置
Contains()	包含	湖北省完全包含了武汉市
Intersects()	相交	黄河穿过郑州市
Equals()	相等	—

表 2-6   几何运算函数

几何运算函数	说明	备注
Intersection()	计算两个几何对象相交的部分	求太湖流域与江苏省的交集
Difference()	返回表示两个源对象之差的几何对象	城市工程师需要知道未被建筑物覆盖的城市地块的总面积
Union()	返回两个源对象组合而成的几何对象	计算两个医院的服务区域
SymDifference()	返回由源对象的非公共部分组成的几何对象	确定不相交流域和危险污染源半径区域
Buffer()	返回表示围绕源对象的缓冲区的几何对象	计算某医院的服务范围

续表

几何运算函数	说明	备注
Distance()	返回两个几何对象之间的距离,是两个几何对象的最近折点之间的距离	计算武汉市和南京市的距离
Length()	返回线串或多线串的长度	计算某条溪流或河流的长度
Area()	返回一个面或多个面的面积	计算某个建筑物覆盖区域的面积
Perimeter()	返回形成闭合面或多个面要素边界的连续的长度	计算某个湖泊的海岸线长度

(三)拓扑关系的意义

拓扑关系对于数据处理和空间分析具有重要的意义,表现在以下三个方面:

(1)拓扑关系能清楚地反映实体之间的逻辑结构关系,它比几何关系具有更大的稳定性,不随地图投影而变化。

(2)拓扑关系有助于空间要素的查询,利用拓扑关系可以解决许多实际问题。例如,某县的邻接县有哪些,是面面相邻问题;供水管网系统中某段水管破裂,要找到并关闭它的阀门,就需要查询该线(管道)与哪些点(阀门)关联。

(3)根据拓扑关系可重建地理实体。

二、距离关系

用数学术语讲,集合 X 在满足以下条件时,就称为一个度量空间。

设 X 为一非空集合,X 上的度量函数 d 为 $X \times X \rightarrow \mathbb{R}[0,\infty)$,它把 X 中的每一对元素 a、b 映射到一个非负实数,并且满足如下三个性质:

(1)非负性:$d(a,b) \geqslant 0$,当且仅当 $a=b$ 时,$d(a,b)=0$。

(2)自反性:$d(a,b)=d(b,a)$。

(3)三角不等式:$d(a,z) \leqslant d(a,b)+d(b,z)$,$a,b,z \in X$。

这时称有序对 (X,d) 为以 d 为距离的距离空间,也称度量空间;$d(a,b)$ 为从集合元素 a 到集合元素 b 的距离。

下面以点 $a(x_a,y_a)$、点 $b(x_b,y_b)$ 为例,讨论二维平面内点与点的距离情况,即笛卡儿坐标系下的距离,多维情况可仿照扩展。地理世界中广泛应用以下几种类型的距离。

(一)曼哈顿距离

曼哈顿距离是指两点(平面上)x 方向距离加 y 方向距离,即

$$d_M(a,b) = |x_b - x_a| + |y_b - y_a|$$

这类距离适用于城市的矩形街区结构,因而也称出租车距离。这类距离具有坐标轴平移不变性,不具有坐标轴旋转不变性。

(二)棋盘距离

棋盘距离是指在两点(平面上)x 方向距离与 y 方向距离中取较大值作为距离,即

$$d_C(a,b) = \max(|x_b - x_a|, |y_b - y_a|)$$

这类距离由棋盘上任一点的八方向均算同样的一步而来,它具有坐标轴平移不变性,不具有坐标轴旋转不变性。

(三)欧氏距离

在空间笛卡儿平面上,任意两点 $a(x_a,y_a)$、$b(x_b,y_b)$ 间的欧氏距离定义为

$$d_E(a,b)=[(x_b-x_a)^2+(y_b-y_a)^2]^{1/2}$$

欧氏距离具有坐标轴平移不变性和旋转不变性。

(四)闵可夫斯基距离

闵可夫斯基距离的数学表达式为

$$d(a,b)=[(x_b-x_a)^p+(y_b-y_a)^p]^{1/p}$$

显然,以上提到的三种距离都是闵可夫斯基距离的特例。当 $p=1$ 时,表现为曼哈顿距离;当 $p=2$ 时,表现为欧氏距离;当 $p\to\infty$ 时,表现为棋盘距离。棋盘距离和曼哈顿距离都是对欧氏距离的近似表达。

(五)大地线距离

前述距离均是定义在笛卡儿坐标系下的,而实际的地理空间应是定义在旋转椭球上的。旋转椭球一般采用几何常数长半轴 a 和扁率 α 予以描述。在旋转椭球上,可统一采用大地经度 L、大地纬度 B 及大地高 H 表示空间实体的空间位置,具体内容参见本章§2-2地理信息系统的空间参考部分。

大地线距离是地球椭球面上两点之间的最短距离线,是地球椭球面上的一条三维曲线,具有过每点的密切面都垂直于地球椭球面,即包含过该点法线的性质。

考察大地线距离,可知在集合 $\{B,L\}$ 上,距离 d_G 是把 $\{B,L\}\times\{B,L\}$ 变换进实数域的函数,对于任意点 a、b、c,有:

(1) $d_G(a,b)\geqslant 0$,仅当 a、b 相同时,$d_G(a,b)=0$ 成立。

(2) $d_G(a,b)=d_G(b,a)$。

(3) $d_G(a,b)+d_G(b,c)\geqslant d_G(a,c)$。

满足前述三个性质,因此 $\{B,L\}$ 是一个度量空间,距离 d_G 是一个度量尺度。

大地线距离只能定义在以经纬度为坐标的地球椭球面上,而不能定义在基于其他地图投影的直角坐标 (x,y) 下。这是因为后者只有在相对小的地理空间中,才能用平面代替地球椭球面以保证必需的精度。

对大地线距离要避免两个误解:一是不要把顾及高程的实际通路曲折性的三维欧氏距离当作大地线距离,因为两者在概念上有很大差别(顾及高程的实际通路是一条三维空间上的曲线,大地线是地球椭球二维空间上的曲线);二是不要把大地线途经的栅格路径距离当作大地线距离,两者概念不同,数值相差也较大。

(六)时间距离

时间距离是指两点(平面上) x 方向距离或 y 方向距离,即

$$d_T(a,b)=|x_b-x_a|$$

或

$$d_T(a,b)=|y_b-y_a|$$

因此,当 x 或 y 为经度时,上式表示两点间的经差,即时差,故称时间距离。

在时间距离中,即使两点不相等,距离也可为0,而对称性和两边之和不小于第三边的结论均成立,因此,时间距离是一种拟尺度。它具有平移不变性及旋转可变性。

在度量空间中,对距离进行了定义。距离函数可以导出对应空间上的一个拓扑结构,因此

每个度量空间也是一个拓扑空间。在网络或图环境中,度量空间扮演着重要的角色。优化距离和最短行程时间的查询在度量空间的环境中得到了很好的解决。

三、方位关系

方位关系也称为方向关系,可分为三类,即绝对的、相对目标的和基于观察者的方位关系。

(1)绝对的方位关系通常是在全球参考系的背景下定义的。定量描述规定一个方向为起算位置,以到这个方向的偏转角度来定量描述绝对的方位关系。最典型的如在大地主题解算中,将沿正北子午线按顺时针方向旋转到目标点方向的角度定义为大地方位角;而在空间推理、空间查询、空间分析中往往要用定性表达,需要将方位角转换为方向(如东、西、南、北、东北等)来定义(图 2-21)。

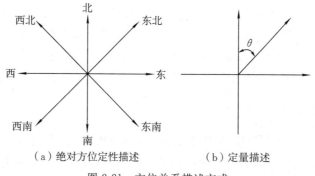

(a)绝对方位定性描述　　　(b)定量描述

图 2-21　方位关系描述方式

(2)相对目标的方位关系是根据其与所给目标的方向来定义的,如左、右、前、后、上、下等。

(3)基于观察者的方位关系是按照专门指定的称为观察者的参考对象来定义的。例如在增强现实的应用中,通常需要考虑虚拟场景和真实世界之间的相对方位关系。

空间对象之间的距离和方向本质上都是由空间对象本身的位置信息决定的。两个对象的空间几何位置一旦被确定,它们之间的距离和方向关系也可以用一个矢量表示。其中矢量的模表示距离,矢量的方向表示方向,因此空间距离、方向关系也经常被放在一起讨论。

四、顺序关系

地理信息系统中,顺序关系所涵盖的语义范围比较广,上述方位关系有时也被称为顺序关系的一种,如前、后、左、右的顺序等。

顺序关系在地理信息系统中还可以用来表达空间地物依照层次进行组织时的层序关系。例如,在制图过程中通常将面状图层放置在最底层,线状图层放置于中间层,点状图层放置于最上层,这样的层序关系能够减少有效信息的压盖。

图论中关于遍历顺序的问题也属于地理信息顺序关系的范畴,如哥尼斯堡七桥问题、旅行商问题等。

§2-5　空间尺度

尺度的基本含义为大小、范围、级别、等级、标度等,是度量的基本指标。有关研究总结了尺度的量表系统,包括定名量、等级量、差异量和比率量。四种指标反映了尺度度量的不同量化能力,按照以上顺序定量描述的能力逐渐加强。

地理信息科学涉及的度量问题差异大,需要用不同视角的尺度概念描述。地理信息科学相关的学科与技术赋予尺度具体的定义:

(1)在地图制图学上确立为比例尺,即地图上的距离与实际距离的比值。

(2)在地理学上确立为研究对象的相对大小,即地理环境(研究范围)和细节等。

(3)遥感科学则包含空间、时间、光谱三个尺度概念,分别对应三个特征上的分辨率。

尺度是地理空间分析的基本工具,也是空间数据的主要属性,是空间分析和管理的主要因素之一。尺度几乎影响着地理信息系统应用的每个方面。地理信息科学中,尺度是描述地理现象、过程、变化信息学机理的重要度量指标。地理现象、过程或目标的研究也需要在特定的尺度下进行,并显示不同尺度下特有的属性。

地理信息系统可以表达多尺度现象,随着数字世界的发展,尺度以及尺度变换方面的研究愈加重要。许多尺度问题都包含人的认知,空间尺度是整个地理信息科学中不可或缺的内容。缺少对空间尺度理论的深刻研究,就不能更好地认识地理空间,不能准确地对地理空间(目标、现象或过程)进行描述。同样的,空间尺度是地理数据处理分析的前提,是空间分析与决策的基础。

一、地图比例尺

地图上的比例尺,表示图上距离相比实际距离缩小的程度,用公式表示为:比例尺=图上距离÷实际距离。比例尺通常有三种表示方法,其中图示式地图比例尺如图 2-22 所示。

(1)数字式,用数字的比例式或分数式表示比例尺的大小。例如,地图上 1 cm 代表实际距离 500 km,可写成 1∶50 000 000 或五千万分之一。

(2)图示式,在地图上画一条线段,并注明地图上 1 cm 所代表的实际距离。

(3)文字式,在地图上用文字直接写出地图上 1 cm 代表的实际距离,如图上 1 cm 相当于地面距离 10 km。

地图比例尺的分子通常为 1,分母越大,比例尺就越小。在同样图幅上,比例尺越大,地图所表示的范围越小,地图上表示的内容越详细,精度越高;比例尺越小,地图所表示的范围越大,反映的内容越简略,精度越低。

通常比例尺大于十万分之一的地图称为大比例尺地图;比例尺介于十万分之一和一百万分之一之间的地图,称为中比例尺地图;比例尺小于一百万分之一的地图,称为小比例尺地图。

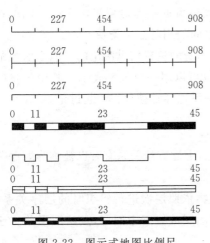

图 2-22　图示式地图比例尺

二、空间粒度

空间粒度又称空间分辨率,是描述地理现象、事件、过程的空间特征的最小几何尺寸,反映空间特征显著性的层次水准。受表达能力、认知能力、用途目的的限制,低于空间粒度的小尺寸空间实体、几何特征被忽略。

空间粒度确立的依据是地理场景构成的层次性规则,即地理现象构筑中的整体一部分原则。依据一定规则可以将空间划分成不同的格局,形成多层次的金字塔结构,选取不同层次的空间粒度表达反映了地理场景的不同抽象化概括。

空间粒度在地理信息分析中可看作像元的大小、地理目标的分辨率、空间数据的认知层次等。人类能从不同的粒度世界中观察和分析同一主题,在地理信息处理中也可从不同层次上分析地理数据,通过尺度变化来得到不同层次的知识,满足不同的需要。精度是空间数据尺度影响分析的一个主要因素。定量分析中寻求的尺度就是优化精度。在地形图表达中,粒度指最小可表达的地物大小(对象模型)或最小矩形单位(场模型),是该尺度认知下的最小观测粒度,是该比例尺下的地理目标的最小度量单位。

另一方面,空间目标的间隔也是空间精度的一种表达,它指地理目标间的间隔。地图目标两点间的间隔可以是质心间的距离、定位点间的距离和图形间的距离。

三、地理信息系统中的尺度效应

尺度效应(scale effect)是目前自然科学最为关注的前沿研究之一,在流体力学、材料力学、光学、水文学、土壤学、农学、景观生态学、纳米技术、信息技术等领域有着广泛应用。在地理信息科学中,尺度效应是指地球表面空间作为一个巨系统的复杂性,在某一尺度上人们对其观察到的性质、总结出的原理或规律,在另一尺度上可能有效、可能相似,也可能需要修正。

不同的地理现象有不同的最佳观测距离和尺度,因此需要适当的距离和比例尺,才能进行有效完整的观察。对海岸线长度的测量问题是地学描述中尺度效应最典型的例子,并在20世纪70年代中期启发形成了分形理论和分数维的数学概念,进而发展成为分形几何。

尺度效应的问题一直被研究人类活动的空间特征、地球表面物理过程的科学家们所重视。近年来,人类活动对全球环境变化的影响越来越深刻,全球尺度和区域尺度的研究越来越受重视。空间数据的尺度转换,特别是实现环境粗化的数据聚合,广泛地应用在从局部到区域甚至全球尺度的环境分析和建模。

对于地球科学,研究尺度效应需要解答的问题包括:①在哪种尺度上,可以正确地表达特定地理现象;②如何有效地将数据和信息从一种尺度转换为另一种尺度;③原始数据和信息经过尺度转换后,会出现何种信息损失或效应(即对相同地物和现象,利用不同尺度数据进行再现的效应问题)。在地理信息系统的建模及应用过程中,需要充分考虑尺度效应的影响。

思考题

1. 地理信息的主要特征有哪些?

2. 主要的地理信息概念模型有哪些,它们各自具备哪些特点?

3. 从空间关系的角度谈谈使用传统事务数据的概念模型如实体关系模型表达地理现象的局限性有哪些?

4. 在我国基础比例尺地图采用了兰勃特投影和高斯-克吕格投影,请谈谈这两种投影用来表达我国不同比例尺地图时有哪些优点?

5. 针对对象(要素)模型的基本操作有哪些?

6. 针对场模型的基本操作有哪些?

7. 试用九交模型表达多边形对象包含线状对象的拓扑关系。

8. 请举一个生活中地理尺度效应的例子。

第三章　空间数据结构

§3-1　地理信息的逻辑模型

从地理信息系统的概念模型的两个认知角度(对象和场)出发,选用特定的数学模型来表达地理信息,就形成了地理信息的逻辑模型。空间数据逻辑模型是概念模型向计算机中地理信息物理模型转换的桥梁。在逻辑模型的描述中,需明确地理信息在概念模型中的空间特征、属性特征及时间特征的表达,尤其是空间特征中的几何位置信息、空间关系信息及其相关运算的逻辑表达;同时也需要顾及这些逻辑模型能够有效地在计算机物理模型中得到实现。

在常见的二维、三维地理空间中,最基础的表达地理信息几何位置特征的逻辑模型是矢量模型和栅格模型。

一、矢量模型

从面向空间对象的角度出发,具有比较清晰的几何边界的地理实体或地理现象更加容易从问题域所在空间中被识别出来,使用不具备面积的矢量点、线和不具备体积的面等基本几何元素,可以高效精确地描绘空间对象与所在空间的边界,从而将空间对象从所在空间中分离出来。地理信息系统中的矢量模型是使用点、线、面、体等基本矢量(几何元素)和它们的组合来抽象表达地理实体或地理现象空间特征的一种模型。由以上矢量的特点可知,矢量模型在描绘对象(要素)的概念模型时比较简洁,因而更多地与对象(要素)模型联系在一起。

(一)矢量模型表达地理实体的空间特征

1. 矢量模型下几何位置特征表达

矢量模型下,地理现象空间特征中的几何位置特征由点、线、面、体等表达。

(1)点表示单个位置的零维对象(图 3-1)。

(2)线表示一维对象,表示一系列点和连接这些点的线段。

(3)面表现为由一系列线封闭而成的二维表面,线上的点定义一个外部边界环和零个或多个内部环。

(4)体表现为由一系列具有邻接关系的平面片包围而成的三维封闭空间。

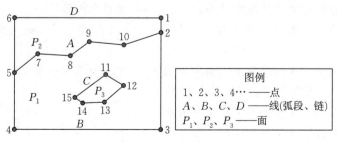

图 3-1　点、线、面的逻辑表达

点是矢量模型下的最基本几何元素,线、面、体等其他几何元素均由点及点序列的组合构成,表现为无序或有序的点坐标序列,因此这些几何要素本身适合使用简洁的线性数据结构来表达。

矢量模型对空间对象几何位置特征的表达特点是:点元素没有长度也没有面积,线元素没有宽度,面元素没有体积,它们在位置的表达上是精确的;几何元素用来描述地理现象边界的形态特征,结构紧凑,几乎不会产生冗余和浪费;同类型几何元素的信息量随着空间对象本身的形态复杂度以及描绘的精细度不同,相互之间存在很大的差异。

2. 矢量模型下地理现象之间的空间关系的表达

矢量模型在处理空间关系时通常采用以下方式。

1)拓扑关系

在数据采集的同时,人工判定空间对象之间的组合拓扑关系,将对象的几何位置数据和相关的拓扑关系数据作为显式数据同时入库;或者在几何位置数据采集完成后,一次性计算全局的拓扑关系数据,将其存储到与相关的实体几何位置数据对应的位置。这种将衍生的空间关系数据预先计算并保存在库中,使用时不再通过计算获取而是直接从库中读取的方式,大大提高了空间关系检索的效率。

2)距离和方向关系

在矢量模型中通过实时计算,获取一对空间对象之间的距离方向关系容易,但是获取全局距离关系的计算效率较低。例如,搜索某一空间对象的邻近区域时,需进行全空间扫描计算整个空间中其余每一个对象到该对象的距离,这样的计算效率在交互型的地理信息系统应用中是很难被接受的。

地理信息系统中常用一类具有一定空间聚集性的数据结构——空间索引,来辅助距离关系(邻近)的计算。没有建立空间索引的空间对象集合是难以计算空间邻近性的,对邻近关系的计算只能通过对空间对象集合的遍历计算获得。空间索引借助结构之间的邻近关系,在有限的步数内可以遍历特定位置邻近范围内的空间对象,只需要遍历局部数据而非全局数据,可以有效提高邻近计算的效率。

3)对象之外的空间位置与对象之间的空间关系

矢量模型对空间的表达集中在空间实体本身上,对广阔的实体外部空间范围没有显式表达,对于如空间内插这类关心外部空间和对象之间的全空间关系的需求来说,计算比较困难。

地理信息系统中常用的处理方式是利用与空间邻近相关联的几种几何结构来辅助计算和表达。例如,缓冲区表达距离上的直接邻近区,凸壳表达空间聚集的范围,泰森多边形表达最邻近的空间划分,德洛奈(Delaunay)三角网表达离散空间对象之间的全局邻近关系等。

(二)矢量模型下的属性特征

矢量模型下的属性数据相对于空间数据比较独立,通常使用传统的字符、数字的表示形式,同一类空间对象的属性数据的字长差异相对较小,因而更适合用结构化的形式来记录和保存。关系数据库是一种常见的存储海量属性数据的方式。

(三)矢量模型下的数据运算

(1)集合运算,计算两个空间对象的集合运算,如并、交、差等。在矢量模型下,可以将矢量点、线、面视作矢量点集(对于线、面对象是无穷集合)集合的并、交、差运算。

(2)拓扑运算,计算两个空间对象之间的拓扑关系。

(3)方向运算,计算一个空间对象相对于另一个空间对象的方向。

(4)度量运算,计算一个空间对象相对于另一个空间对象的距离。

(5)几何运算,计算空间对象的重心、凸壳、缓冲区、Voronoi多边形等。

可以看出,这五类运算中的前四类在矢量模型下都表现为两个空间对象之间的基于坐标的几何运算。

二、栅格模型

不同于用矢量描述的对象模型中问题域的空间对象集合是一个有穷集合,且几何对象本身就是独立的、离散化的,场模型描绘的地理空间本身被视为一个连续的无穷点集。然而,现代计算机的冯诺依曼体系结构决定了计算机无法处理无穷的连续数据,因此场模型的数据模型往往需要先对空间进行离散化。从面向空间位置的场模型角度出发,地理信息系统中的栅格模型表现为二维(或 n 维)空间中地理数据的离散化数值。这种全空间的离散化通常通过将研究区域的空间进行规则的网格划分来实现,其基本元素是网格单元。

(一)栅格模型表达地理实体的空间特征

1. 栅格模型下几何位置特征表达

栅格模型下,地理现象空间特征中的几何位置特征由点集(网格集合)来表达。

(1)点在栅格中通常表示为一个具备特定值的网格,如图3-2所示。

(2)线表示为在一定方向上连接成串的具备相同值或相关值的相邻网格集合。

(3)面由聚集在一起的具备相同值或相关值的相邻网格集合表示。

(4)体由三维网格中聚集在一起的具备相同值或相关值的相邻网格集合表示。

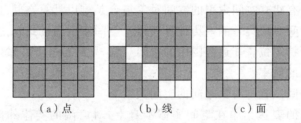

(a)点　　　　　　(b)线　　　　　　(c)面

图3-2　栅格下点、线、面的逻辑表达

网格单元是栅格模型下的最基本元素,考虑到单个网格也是网格单元集合的特例,可以说点、线、面、体等几何元素在栅格模型下都表现为网格单元的集合。栅格模型采用整体性存储方式,不论空间中对象数量多么庞大、形态如何复杂,栅格存储的容量是不变的,改变的只是网格的值。正因为这样的特点,栅格模型也适合表达边界并不清晰或者连续性强的空间现象,如地表高程、空间温度、降雨分布等。

栅格模型的网格单元往往是规则排列且覆盖整个研究空间的。以矩形栅格单元为例,规则的矩形栅格矩阵以高维矩阵的形式存在,可以高效转换为一维线性结构,非常适合计算机的存储,并且对任意网格单元的寻址都只要花费常数级时间。

栅格模型对空间现象几何位置特征的表达特点是:最小的表达单元网格是有宽度、有面积的,因此在位置的表达精度上是受栅格分辨率直接影响的;栅格模型的存储空间既被用来描述地理现象本身,同时也用于存储空间现象之外的大范围空域,因此对存储空间的利用效率比较低。

2. 栅格模型下地理现象之间空间关系的表达

栅格数据利用规则网格对地理现象进行表达,其空间关系是隐藏在像元的位置和排列方式中的。栅格模型在处理空间关系时通常采用如下方式。

1)拓扑关系

因为栅格单元本身就表达栅格模型下的最小单元——点,栅格模型中的地理现象都以点集形式表示,栅格模型下各空间实体之间的拓扑关系可以通过栅格的位置数据和点集拓扑理论中的九交模型计算得到。另一方面,由于栅格模型中实际上并不存在点、线、面等实体的概念,代之以点集。因此基于组合拓扑的显式拓扑关系表达方式完全不适合栅格模型。

2)距离和方向关系

栅格模型中空间对象均表达为点集,所以栅格模型下的距离可以被简化为点集到点集之间的距离;又因为栅格模型中,无论是否存在空间对象,任意一个位置都表达为一个栅格单元(也可视作点集的特例),因此全空间与某个特定空间对象之间的距离关系可以通过遍历所有栅格单元,并计算栅格单元到空间对象所代表的点集之间的距离计算得到,方向关系也类似。栅格模型下对距离和方向关系的表达不是实体之间 1 对 1 的表达,而是以整个空间作为计算对象,表达每个位置与空间特征之间的距离与方向关系,一般也称为距离场、方向场等。

(二)栅格模型下的属性特征

与矢量模型不同,栅格模型下的属性特征由网格单元中存储的单元值来确定,如果某栅格数据存在多个属性值,则可以表示为相同栅格坐标框架下的多个栅格图层。由于栅格数据中通常存在大量连续聚集的相同属性,包括地理现象的连续聚集以及大量的空白区域网格聚集等,因此栅格属性往往采用无损压缩的方法存储。

(三)栅格模型下的数据操作

不同场之间的联系和交互由场操作(field operation)来指定,场操作把场的一个子集映射到其他的场。场的操作可以分成四类,即局部的(local)、聚焦的(focal)、区域的(zonal)、全局的(global)。

(1)局部操作。对于一个局部操作,空间框架内一个指定位置的新场的值只依赖于同一位置的输入场的值。

(2)聚焦操作。对于一个聚焦操作,指定位置的结果场的值依赖于同一位置的一个假定小邻域上输入场的值。

(3)区域操作。区域操作的结果场的值依赖于某个指定区域范围内所有输入场的值。

(4)全局操作。全局操作的结果场的值依赖于整个区域内所有输入场的值。

三、矢量模型和栅格模型的比较

在精度表达上,矢量模型详细记录了每一个地理对象的几何位置,无论点、线、面都是用精确的坐标点来表示的,而栅格模型的精度则取决于栅格的大小,也就是栅格所对应的地面实际距离的长度。从空间关系来讲,矢量模型割裂了对象间的空间关系,也就是说,矢量数据并没有铺满整个地理空间,在点、线、面没有出现的地方是空域,所以点、线、面之间的空间关系,需要借助辅助的拓扑关系和索引文件来记录和获取;而栅格模型是通过规则的栅格等邻近关系来表达的,所以栅格之间的空间关系可以通过代数运算更简洁地获取(表3-1)。

表 3-1　矢量模型和栅格模型的特点对比

模型	优点	缺点
矢量	便于面向现象(如土壤类、土地利用单元等); 结构紧凑,冗余度低,便于描述线或边界; 利于网络、检索分析,提供有效的拓扑编码,对需要拓扑信息的操作更有效; 图形显示质量好,精度高	数据结构复杂,各自定义,不便于数据标准化和规范化,数据交换困难; 多边形叠置分析困难,没有栅格模型有效,表达空间变化能力差; 不能像数字图像那样进行增强处理; 软硬件技术要求高,显示与绘图成本较高
栅格	结构简单,容易数据交换; 叠置分析和地理现象(能有效表达空间可变性)模拟较容易; 有利于与遥感数据的匹配应用和分析,便于图像处理; 输出快速,成本低廉	现象识别效果不如矢量方法,难以表达拓扑结构; 图形数据量大,数据结构不严密不紧凑,需用压缩技术解决该问题; 投影转换困难; 图形质量较低,图形输出不美观,线条有锯齿,需用增加栅格数量来克服,但会增加数据文件

§3-2　矢量数据结构

矢量数据结构是通过坐标值来精确地表示点、线、面等地理实体几何位置特征的一种数据结构。点由一对 x,y 坐标组成,形如 (x_0,y_0),且 x_0,y_0 值的物理意义由坐标系的定义决定。线由一串有序的 x,y 坐标对组成,形如 $(x_0,y_0),(x_1,y_1),\cdots,(x_n,y_n)$ 表示。面由一串有序且首尾坐标相同的 x,y 坐标对组成,形如 $(x_0,y_0),(x_1,y_1),\cdots,(x_n,y_n)$,$(x_0,y_0)$ 表示。

矢量数据结构可以表示现实世界中各种复杂的实体,当问题可描述成线和边界时,使用矢量数据结构特别有效。矢量数据冗余度低、结构紧凑,并具有空间实体的拓扑信息,便于深层次分析。矢量数据的输出质量好、精度高。

矢量数据的获取方式通常有如下几种:

(1)由外业测量获得。可利用测量仪器自动记录测量成果(常称为电子手簿),然后转到地理数据库中。

(2)由栅格数据转换获得。利用栅格数据矢量化技术,把栅格数据转换为矢量数据。

(3)跟踪数字化。用跟踪数字化的方法,把地图变成离散的矢量数据。

(4)地理影像的识别提取。对遥感影像或其他地理影像中的地理现象进行自动化识别与提取,转换为矢量数据。

(5)通过位置传感设备获得。通过移动位置服务设备的轨迹采集,进行数据处理获取矢量数据。

在地理信息系统中,矢量数据表示应考虑以下问题:

(1)矢量数据自身的存储和处理。

(2)与属性数据的联系。

(3)矢量数据之间的空间关系(拓扑关系、距离关系)。

下面分别介绍矢量数据的基础的实体数据结构、拓扑数据结构及空间索引结构。

一、实体数据结构

(一)面条模型

矢量数据的简单数据结构没有拓扑关系,主要用于矢量数据的显示、输出,以及一般的查询和检索。可分别按点、线、面三种基本形式来描述。最著名的简单矢量数据结构是面条模型(Spaghetti),其特点是以实体为单位记录其坐标。

1. 点的矢量数据结构

点的矢量数据结构可表示为

标识符	X,Y 坐标

标识符按一定的原则编码,在简单情况下可顺序编号。标识符具有唯一性,是联系矢量数据和与其对应的属性数据的关键字。属性数据单独存放在数据库中。

在点的矢量数据结构中也可包含属性码,这时其数据结构为

标识符	属性码	X,Y 坐标

通常把与实体有关的基本属性(如等级、类型、大小等)作为属性码。属性码可以有一个或多个。X,Y 坐标是点实体的定位点,如果是有向点,则可以有两个坐标对。

2. 线(链)的矢量数据结构

线(链)的矢量数据结构可表示为

标识符	坐标对数 n	X,Y 坐标序列

标识符的含义与点的矢量数据结构相同。同样的,在线的矢量数据结构中也可包含属性码,如线的类型、等级及是否要加密、光滑等。坐标对数 n 为构成该线(链)的坐标对的个数。X,Y 坐标序列是构成线(链)的矢量坐标,共有 n 对。也可把所有线(链)的 X,Y 坐标序列单独存放,这时只要给出指向该线(链)坐标序列的首地址指针即可。

3. 面(多边形)的矢量数据结构

面的矢量数据结构可以像线的数据结构一样表示,只是坐标序列的首尾坐标相同。这里介绍链索引编码的面(多边形)的矢量数据结构,可表示为

标识符	链数 n	链标识符集

矢量图形的面条模型表达如图 3-3 所示。

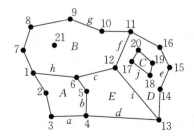

要素	标识	位置
点	21	(X_{21},Y_{21})
线	b	$(X_4,Y_4),(X_5,Y_5),(X_6,Y_6)$
面	E	$(X_4,Y_4),(X_5,Y_5),(X_6,Y_6),$ $(X_{12},Y_{12}),(X_{13},Y_{13}),(X_4,Y_4)$

图 3-3　矢量图形的面条模型表达示例

面条模型的优点是结构简单、直观,容易实现以实体为单位的计算和显示;另外,由于面条

模型中实体的数据是完全独立存储的,与其他实体没有数据共享,因此对其进行修改和互操作(共享)比较方便。它的缺点有四项:第一,数据冗余,浪费空间。其公共边界在两个多边形的坐标序列中被记录了两次,在一个多边形中除了最外围的边界,中间的每一条边界都是公共边界,都会被重复记录两次。第二,由于公共边界通常是分开数字化和记录的,同一条边界会被数字化和记录两次,导致它们在几何上不能够精确地匹配,会产生裂隙。第三,即使是拥有公共边界的两个多边形,它们也是分开独立记录的,导致多边形之间的关系并没有被记录。第四,其他的空间关系也没有在面条模型中得到表达,在空间分析和空间查询等功能中,没有空间关系的支持,就必须进行大量的坐标计算才能提取点、线、面之间的相互关系,导致计算的时间和成本增加。

(二)矢量图形的索引式编码

相比简单的矢量数据结构,索引式编码的改进是先建立点的坐标文件,然后根据点来建立点和线之间的构成关系,进而建立线和多边形之间的构成关系(图3-4)。

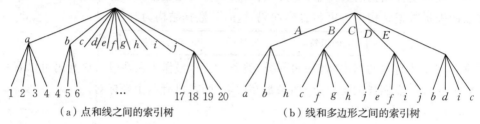

(a)点和线之间的索引树　　　　　　(b)线和多边形之间的索引树

图3-4　索引式编码的索引树逻辑结构

典型的索引式编码方案的数据文件如表3-2至表3-4所示。

表3-2　索引式编码方案的点文件

点号	坐标
1	x_1, y_1
2	x_2, y_2
⋮	⋮

表3-3　索引式编码方案的线文件

弧段号	起点	终点	点号
a	4	1	3, 2
b	6	4	5
⋮	⋮	⋮	⋮

表3-4　索引式编码方案的多边形文件

面号	弧段号
E	b, d, i, c
A	a, b, h
⋮	⋮

与实体式相比,索引式编码可以通过共享几何特征点坐标的方式消除冗余的坐标存储,同时也消除了因坐标不一致或数据误差导致的多边形相邻边界裂隙的现象;另一方面索引式编码实质上记录了点和线、线和面的关联拓扑关系,可以进行拓扑查询,如多边形 E 和 A,可以通过共有的弧段号 b 判定两者是相邻关系。

索引式编码的主要缺点是需要人工来构建,工作量大,同时还容易出错。另外,索引式编码主要是为存储空间实体本身的几何位置数据设计的,其索引式的拓扑数据虽然存在,但是用作拓扑查询比较烦琐。

二、拓扑数据结构

拓扑关系将空间对象两两之间存在的关联关系记录下来,一定程度上反映了空间邻近的特性,带拓扑的数据结构能够提高基于拓扑关系的查询和运算的速度。例如,基于网络连通性进行计算时,以及在道路网中要快速计算从街道的一个交叉口到另外一个交叉口之间的通道时,由于拓扑关系的存在,不需要再通过复杂的坐标计算来判断道路节点之间的关系,而是直接读取拓扑数据来判断道路与道路之间的连接关系。

鉴于拓扑关系的重要性,在存储空间对象位置数据的同时,将冗余的拓扑关系以组合拓扑的表达模式记录下来,这样的数据结构称为拓扑数据结构。

（一）双重独立式编码

拓扑数据结构经历了两个发展阶段,第一个出现的拓扑数据结构是双重独立式编码(dual independent map encoding,DIME),它最早出现在美国人口统计系统中。双重独立式编码是由点文件、线文件和面文件所构成的,其中线文件是最核心的,它记录的是每一条线段(segment)的起点、终点以及左多边形和右多边形,如图 3-5 所示。

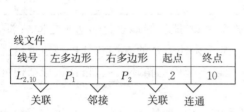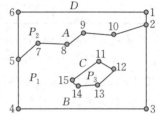

图 3-5　双重独立式编码带拓扑关系的线文件

在双重独立式编码中,边或者链为两点之间的直线段。链由多条线段构成,每一条线段都有起点和终点,以及左多边形和右多边形。双重独立式编码的线文件编码对线段和与其相关联的点、多边形的关系进行了直接记录,同时也表达了点与点之间的连通关系以及多边形之间的邻接关系,这几类关系在拓扑关系的查询使用中最常用。使用双重独立式编码进行拓扑查询非常简单,比如进行多边形 P_1 的邻接多边形的查询时,只需将所有"左多边形"或"右多边形"包含 P_1 的记录筛选出来,对应的"右多边形"或"左多边形"集合即为 P_1 的拓扑邻接多边形。典型双重独立式编码方案的数据文件如表 3-5 至表 3-7 所示。

表 3-5　双重独立式编码方案的点文件

点号	坐标
1	x_1 , y_1
2	x_2 , y_2
⋮	⋮

表 3-6　双重独立式编码方案的线文件

线号	左多边形	右多边形	起点	终点
$L_{2,10}$	P_1	P_2	2	10
$L_{10,9}$	P_1	P_2	10	9
⋮	⋮	⋮	⋮	⋮
$L_{11,15}$	P_3	P_1	11	15
⋮	⋮	⋮	⋮	⋮

表 3-7　双重独立式编码方案的面文件

面号	线号
P_1	$L_{2,10}$, $L_{10,9}$, …
P_2	$L_{2,10}$, $L_{10,9}$, …
⋮	⋮

（二）链状双重独立式编码

拓扑数据结构发展到第二阶段的典型结构是链状双重独立式编码,是由美国计算机图形研究所对双重独立式编码进行改进而完成的。链状双重独立式编码相对于双重独立式编码而言,结构更简洁,因此成为当今地理信息系统中矢量数据拓扑结构最常用的一种方法。

相对于双重独立式编码,链状双重独立式编码主要的一个改进是将双重独立式编码中的线段连接起来形成链的概念,也称为弧段。一条弧段由多个有序的直线段连接构成,每条弧段上可以存在多个几何特征点,使得弧段表达的是一条折线。

链状双重独立式编码中,主要有四个文件,分别为点文件、线文件、弧段文件和面文件,如表 3-8 至表 3-11 所示。

表 3-8　　链状双重独立式编码方案的点文件

点号	坐标
1	x_1, y_1
2	x_2, y_2
⋮	⋮

表 3-9　　链状双重独立式编码方案的线文件

线号	点编号
A	2,10,9,8,7,5
B	2,3,4,5
C	15,14,13,12,11,15
⋮	⋮

表 3-10　　链状双重独立式编码方案的弧段文件

弧段号	左多边形	右多边形	起点	终点
A	P_1	P_2	2	10
C	P_3	P_1	15	15
⋮	⋮	⋮	⋮	⋮

表 3-11　　链状双重独立式编码方案的面文件

面号	线号
P_2	$A, D\cdots$
⋮	⋮

　　链状双重独立式编码的优点是拓扑关系明确,能较好地表达多边形之间的邻接关系,并且以链或弧段为单位进行拓扑关系的记录。基于拓扑关系的查询和分析是地理信息系统最重要的运算之一,往往需要进行海量的坐标匹配运算来确定拓扑关系,拓扑数据结构可以极大地提高拓扑查询和分析的效率。

　　拓扑数据结构的缺点是当图形数据发生变化,如修改、删除或增加点、线、面要素后,其拓扑关系也会随之改变,因此需要重新建立拓扑关系。毕竟拓扑数据究其根本还是一种冗余数据,在拓扑计算的过程中理论上需要对任意两个空间对象进行坐标匹配计算和存储,在海量空间数据环境下维护几何位置数据和拓扑数据的一致性将会是一个巨大的挑战。

三、空间索引结构

　　地理学第一定律揭示了空间邻近在地理信息中的关键作用(见§2-1)。拓扑数据的冗余记录,通过牺牲存储空间换取拓扑相邻空间现象查询效率的提高;而对于距离关系中的距离远近问题,在地理信息系统中则可以通过空间索引来辅助表达。

　　空间索引结构是用来提高空间查询效率的一种辅助数据结构。在传统数据类型如字符、数字的数据集合中,数据之间呈一维线性关系,可以排列为一个有序序列,每一个数据元素与其前驱、后继,无论从逻辑关系还是物理联系上都有明显的邻近关系。而空间数据至少存在于二维空间中,其邻近性无法通过前驱、后继的方式表达,因此需要设计特定的数据结构来表达空间邻近性以加速空间检索。

(一)最小外接矩形和筛选—细化机制

　　空间查询处理涉及复杂的数据表示。例如,一个湖泊的边界可能需要数千个矢量来精确表示,一次基于几何形态坐标运算的操作就会有很大的计算量。由于空间数据的海量性,这样的复杂运算在空间查询、处理和分析过程中会高频次地出现,严重影响空间查询处理过程的响应速度。因此,一种简化计算的机制就变得非常重要。在空间操作中通常采用筛选—细化两步算法来高效地处理复杂的空间对象。最小外接矩形(minimum bounding rectangle,MBR)是指在二维空间中能够将目标空间对象(集)包含在内的最小矩形,该矩形的边要和坐标轴平行。最小外接矩形是空间对象的一种近似结构,它同时也使原本形态各异、复杂程度不一的空间对象在空间数据集合中有一个统一的表达形式,最小外接矩形是实现筛选—细化机制的基础结构。

第一步,筛选过程中,形态复杂的空间对象表现为相对简单的近似图形,最常见的即为最小外接矩形,如图 3-6 所示。通过最小外接矩形之间的简单几何计算可以快速筛选掉大量无须进一步计算的对象。

第二步,细化过程中,使用筛选过的少量空间对象的初始几何形态数据来进行进一步的精细几何运算。

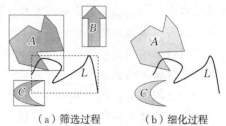

（a）筛选过程　　　　（b）细化过程

图 3-6　最小外接矩形的筛选和细化

最小外接矩形是在许多空间索引中用来代替原有空间对象的一种近似结构,与筛选—细化机制一同被广泛运用在空间数据的查询和分析过程中。

（二）网格索引

网格索引是最基本的一种索引形式,将待研究的二维空间划分为规则网格,在索引构造过程中记录每个网格所包含的空间对象编码。在后续的查询过程中,对某个区域的空间检索可以用该区域对应的网格编号作为索引去查询,更进一步可以利用网格的邻域关系进行邻近查询。这样在建立网格索引后,空间查询就不需要进行全空间扫描,而是只计算与待查询网格及其邻域网格相关的数据,计算空间从全局减小到局部,因此在海量空间数据库中采取网格索引可以极大提高空间查询的效率(图 3-7)。

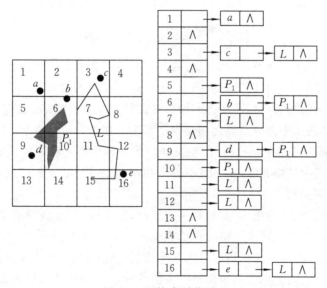

图 3-7　网格索引的原理

网格索引中,网格的划分方式是一个关键问题。首先网格数不能太多,其次每个网格中的实体个数不能太多,否则都会使网格索引本身的结构过于庞大,从而降低查询的效率。但是,很明显这两个需求是相反的。因此网格索引更适用于空间分布均匀的数据,这样才能更有效地利用网格的存储空间。但是在实际应用中,空间现象的分布并不会那么理想化,因而网格索引的效率通常都会受到较大的影响。网格索引在本书中更多的是作为一种理解空间索引的入门工具。

网格索引的基础结构实际上与栅格的形式非常接近。从本质上讲,网格索引也是利用规则网格之间的快速邻近计算能力对空间现象之间的邻近关系进行判断的。因此带有网格索引的矢量数据在一定意义上也可以看作一种矢栅结合的数据组织形式。

(三)空间填充曲线

空间填充曲线是一种降维方法。将二维空间划分为规则网格后,用一条一维曲线将所有的网格连接起来构成一个一维序列,在这条曲线上,空间中相邻近的空间位置在一维曲线中也表现出一定的聚集特性。从而可以用经典的一维数据组织及查询方法(如 B 树索引等)处理,利用这种方式就可以将空间数据存储在经典的关系数据库管理系统中,使用关系数据库的管理和检索技术来提高空间查询和计算的效率。

常见的空间填充曲线有 Z 曲线和 Hilbert 曲线,如图 3-8 所示。

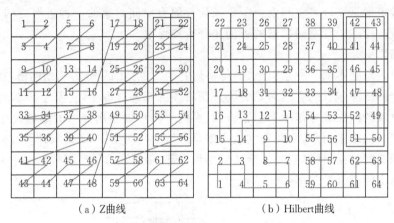

(a)Z曲线　　　　　　　　　　(b)Hilbert曲线

图 3-8　两种常用的空间填充曲线

如图 3-8(a)所示,通过交叉点的坐标值的二进制表示简单地计算多维度中的点的 Z 值(Z 值的求解详见第三章第三节的四叉树编码中 Morton 码的求解方法),再按照 Z 值顺序连接每一个网格所构造出来的曲线就是 Z 曲线。Z 曲线的优点是算法简洁,精确的入口点及出口点的计算简单,但是 Z 曲线中部分节点之间会发生跳变。如图 3-8(a)所示,32、33 两个网格处于大 Z 字的两端,实际的二维距离比较远,但是在一维逻辑上却是相邻的;32、54 这两个网格单元在实际的二维空间中是相邻的,在一维序列中相距却很远($54-32=22$)。这在一定程度上也影响了 Z 曲线的聚类特性。

Hilbert 曲线相比于 Z 曲线,聚类性有一定提高,如 Hilbert 曲线没有 Z 曲线中的大斜线,在一维曲线中相邻的两个网格在二维中也是相邻的关系。从图 3-8(a)、(b)对比来看,如图中右侧方框部分,该矩形区域在 Z 曲线中分为 3 个聚类,而在 Hilbert 曲线中仅 1 个聚类。

空间填充曲线将空间距离关系转化为一维线性序列上的线性邻近关系,适用于将记录按照关键字(编码)顺序存储的数据管理体系,但是任何一种空间排列都不能完全保证对二维数据空间关系的完整维护。对象—关系数据库逐渐成熟后,空间对象的内存索引组织形式逐渐转变为以四叉树、R 树为代表的树形索引为主。但是在面向时空大数据的大规模分布式数据库管理系统中,其数据管理的主要形式还是以关键字的线性序列为主,因此空间填充曲线编码索引在大数据时代的数字地球领域又焕发了新的活力,比较典型的如 GeoHash、Google S2 等都是采用基于地球经纬度的空间填充曲线编码方式。

(四)四叉树索引

四叉树索引的基本思想是将地理空间递归划分为不同层次的树结构。它将已知范围的空间等分成四个相等的子空间,依次递归下去,直至树的层次达到一定深度或者满足某种要求后停止分割。四叉树的结构比较简单,并且当空间对象分布比较均匀时,具有比较高的空间数据插入和查询效率,因此四叉树是地理信息系统中常用的空间索引之一。常规四叉树的结构如图 3-9 所示,地理空间对象都存储在叶节点上,中间节点和根节点不存储地理空间对象。四叉树是一种树状数据结构,在每个节点上会有四个子区块。

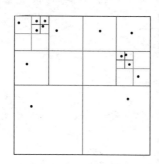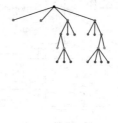

图 3-9　四叉树索引结构

四叉树的结构简单,对于空间对象分布比较均匀的区域查询效率比较高。但如果空间对象分布不均匀,随着地理空间对象不断插入,四叉树某些分支上的层次会不断加深,最终形成一棵严重不平衡的四叉树,那么每次查询的深度将大大增加,导致查询效率急剧下降。

四叉树不仅可以用作一种索引树的数据结构,而且四叉树对空间的递归划分性质,使四叉树各级节点之间存在严格的包含关系,并且同级划分是完全无缝无叠覆盖整个空间的。这些性质使四叉树这种逻辑结构在空间网格编码和多分辨率空间表达上也有着广泛的应用。

(五)R 树和 R＋树

由 Guttman 提出的 R 树是最早支持扩展对象的一种存取方法。R 树是一个高度平衡树,是 B 树在 k 维上的自然扩展。R 树用对象的最小外接矩形来表示对象。R 树有以下几种特性:

(1)每个叶节点包含 m 至 M 条索引记录(其中 $m \leqslant M/2$),除非它是根节点。

(2)一个叶节点上的每条索引记录 $(I,$空间对象记录的标识符$)$,I 是最小外接矩形,在空间上包含所指元组表达的 k 维数据对象。

(3)每个非叶节点都有 m 至 M 个子节点,除非它是根节点。

(4)对于非叶节点中的每个条目 $(I,$子节点指针$)$,I 是在空间上包含其子节点中矩形的最小外接矩形。

(5)根节点至少有两个子节点,除非它是叶节点。

(6)所有叶节点出现在同一层。

(7)所有最小外接矩形的边与一个全局坐标系的轴平行。

图 3-10 是二维空间中的一组空间对象。图 3-11 是对应图 3-10 中一组最小外接矩形的 R树,树的每个节点最多有三个项。

点查询和范围查询在 R 树中可以用自顶向下递归的方法进行处理。首先将查询点(或区域)与根节点中每个项 $(I,$子节点指针$)$进行比较。如果查询点在 I 中或查询区域与其交叠,则将查找算法递归地应用在子节点指针指向的 R 树节点上。该过程直至 R 树的叶节点为止。使用叶节点中选出的项检索与选中的空间主码关联的记录。例如,考虑搜索图 3-10 中矩形 5

所在对象,先对根节点中的项 R 与该对象点位(或矩形)作交叠运算,如果相交,则表明该对象在 R 范围内;然后分别将该对象与其子节点中的 a、b、c、d 矩形作交叠计算,得到 a 矩形所在的分支与对象交叠,沿着 a 的分支继续搜索;最后搜索到矩形 5 叶节点项。

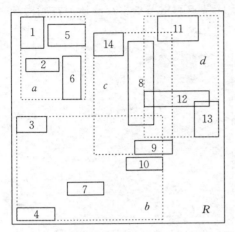

图 3-10　空间对象的最小外接矩形及 R 树分块

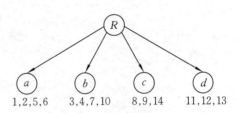

图 3-11　R 树的层次结构

由于 R 树是一棵平衡树,在与插入对象对应的叶节点已满的情况下,插入操作可能导致该节点向根部分裂。节点分裂算法是非常复杂的,不过,R 树已经在许多商用数据库管理系统中实现了,它们支持通用的存取方法和合理大小的磁盘页面。

R 树的最大深度是 $\log_m N - 1$,其中 N 是 R 树中项的总数。在最坏的情况下,除根之外,节点空间的利用率是 m/M。如果 m 大于设定的阈值(一般是 3 或 4),树将水平扩展,那么几乎所有的空间都用于存储包含索引记录的叶节点。m 值增大通常意味着 R 树的深度相对变浅。例如,一棵索引 1 亿个矩形的 R 树,当 $m = 100$ 时深度是 5。

R 树搜索的性能取决于两个参数,分别为覆盖(coverage)和交叠(overlap)。树中某一层的覆盖是指这一层所有节点的最小外接矩形所覆盖的全部区域。树中某一层的交叠是指在该层上被多个与节点关联的矩形所重叠的全部空间区域。交叠使得查找一个对象时必须访问树的多个节点。R 树的这个问题意味着,即使尽量减少交叠,搜索操作的最差性能也是无法估量的。

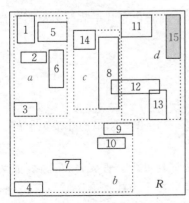

图 3-12　空间对象的最小外接矩形及 R+树分块

可以看出,若要得到一个高效的 R 树,覆盖和交叠都应该最小,而且交叠的最小化比覆盖的最小化更加关键。为解决这个问题,产生了其他基于 R 树的变种和备选结构,其中最典型的是 R+树,如图 3-12 所示。

在 R+树中,空间对象的最小外接矩形可能被树中非叶节点的矩形分割。R+树有如下特点:

(1)R+树的每个非叶节点在 R+树中表示空间区域,因此至少需要包含一个子节点来表示该空间区域,叶节点包含实际的数据对象。

(2)对于中间节点的任何两个项 $(I_1$,子节点指针 1)和 $(I_2$,子节点指针 2),I_1 与 I_2 之间的交叠是零。

(3)根至少有两个子节点,除非它是叶节点。

(4)所有的叶节点都在同一层。

中间节点的所有矩形都是不相交的,因而中间节点项之间产生零交叠。如果一个对象的最小外接矩形被两个或多个 R＋树高层节点中的矩形分割,那么与这些非叶节点中矩形相联系的每个项都有指向这个对象的一个后继的叶节点。这样,树的高度增加(虽然只是轻微的),但搜索操作的性能会有很大提高。

对于高度动态的数据来说,R＋树比 R 树更适用,因为它们确保操作能持续高效。算法也可以应用于 R＋树,以便对树中的数据进行初始的有效安排。同 R 树相反,由于 R＋树的第一个特点,所以它可能会向下分裂。因此,分裂节点的选择是很重要的。

当一个节点溢出时,各自的矩形就被一个超平面分割。这个超平面与 k(在 k 维空间中)中一个方向平行,而且还会有不同的位置。超平面的选择可以基于几个标准,如减少树的覆盖或高度。对于后者,必须选择能使矩形分割数量最小的超平面。

§3-3　栅格数据结构

栅格数据结构是以规则的像元阵列表示空间地物或现象的分布的数据结构,其阵列中的每个数据表示地物或现象的属性特征。换句话说,栅格数据结构就是像元阵列,用每个像元的行列号确定位置,用每个像元的值表示实体的类型、等级等属性编码。

在栅格数据结构中:

(1)点实体表示为一个像元,如图 3-13(a)所示。

(2)线实体表示为在一定方向上连接成串的相邻像元的集合,如图 3-13(b)所示。

(3)面实体表示为聚集在一起的相邻像元的集合,如图 3-13(c)所示。

```
0 0 0 0 0 0 0 0     0 0 0 0 0 0 0 0     0 0 0 0 4 4 0
0 0 0 1 0 0 0 0     0 3 3 0 0 0 0 0     0 0 0 4 4 4 0
0 0 0 0 0 0 0 0     0 0 0 3 0 0 0 0     0 0 0 4 4 0 0
0 0 0 0 0 2 0 0     0 0 0 0 3 0 0 0     0 0 0 4 5 5 0
0 0 3 0 0 0 0 0     0 0 0 0 3 3 0 0     0 0 0 0 5 5 5 0
0 0 0 0 0 0 0 0     0 0 0 0 0 3 0 0     0 0 0 5 5 5 0 0
```
　　　　(a)点　　　　　　　　　(b)线　　　　　　　　　(c)面

图 3-13　栅格数据点、线、面的表达

栅格数据表示的是二维表面上地理数据的离散化数值。在栅格数据中,地表被分割为相互邻接、规则排列的矩形地块(有时也可以是三角形、六边形等),每个地块与一个像元相对应。因此,栅格数据的比例尺就是栅格(像元)的面积与地表相应单元的面积之比,当像元所表示的面积较大时,长度、面积等的量测会受到较大影响。每个像元的属性是地表相应区域内地理数据的近似值,因而有可能产生属性方面的偏差。例如 Landsat MSS 卫星影像的单个像元对应地表 79 m×79 m 的矩形区域,影像记录的光谱数据是每个像元所对应的地表区域内所有地物光谱辐射的总和。

栅格数据记录的是属性数据本身,而位置数据是由属性数据对应的行列号转换得到的相应的坐标。栅格数据的阵列方式很容易为计算机存储和操作,不仅很直观,而且易于维护和修改。由于栅格数据的数据结构简单,定位存取性能好,因而在地理信息系统中可与影像数据和数字高程模型(digital elevation model,DEM)数据进行联合空间分析。

栅格数据的获取方式通常有:

(1)来自遥感数据。通过遥感手段获得的数字图像就是一种栅格数据。它是遥感传感器在某个特定的时间对一个区域地面景象的辐射和反射能量的扫描抽样,并按不同的光谱段分光并量化后,以数字形式记录下来的像元值序列。

(2)来自对图片的扫描。通过扫描仪对地图或其他图件的扫描,可把资料转换为栅格形式的数据。

(3)由矢量数据转换而来。通过运用矢量数据栅格化技术,把矢量数据转换成栅格数据。这种情况通常是为了有利于地理信息系统中的某些操作,如叠加分析等,或者是为了有利于输出。

(4)由手工方法获取。在专题图上均匀划分网格,逐个网格地确定其属性代码的值,最后形成栅格数据文件。

为了保证数据的质量,确定栅格数据中某一像元的代码时,通常采用的方法有:

(1)中心归属法,每个栅格单元的值由该栅格的中心点所在的面域的属性来确定。

(2)长度占优法,每个栅格单元的值由该栅格中线段最长的实体的属性来确定。

(3)面积占优法,每个栅格单元的值由该栅格中单元面积最大的实体的属性来确定。

(4)重要性法,根据栅格内不同地物的重要性,选取最重要的地物的类型作为栅格单元的属性值。这种方法适用于具有特殊意义而面积较小的实体要素。

栅格数据在通常情况下是要压缩存储的。压缩可以分为两种,一种是有损压缩,另一种是无损压缩。无损压缩是指压缩以后的文件可以完全复原成原始文件,在压缩的过程中,栅格数据的属性没有任何损失;有损压缩则相反,在压缩的过程中会产生信息的损失,压缩后无法完全恢复到原始状态。地理信息系统中主要使用无损压缩方法。

一、直接栅格编码

```
A    A    A    A

A    B    B    B

A    A    B    B

A    A    A    B
```

图 3-14　栅格数据示例

将栅格数据看作一个数据矩阵,逐行(或逐列)记录代码,可以每行都从左到右记录,也可以奇数行从左到右,偶数行从右到左记录。如图 3-14 所示的栅格数据可存储记录为 AAAAABBBAABBAABB。

这种记录栅格数据的文件通常称为栅格文件,且在文件头中存有该栅格数据的长和宽,即行数和列数。这样,具体的像元值就可连续存储了。其特点是处理方便,但没有压缩。

二、游程长度编码

地理数据往往有较强的相关性,也就是说相邻像元的值往往是相同的。游程长度编码的基本思想是,按行扫描,将相邻等值的像元合并,并记录代码的重复个数。对于图 3-14,其编码为 A4 A1 B3 A2 B2 A2 B2。若行与行之间不间断地连续编码,则为 A5 B3 A2 B2 A2 B2。

对于游程长度编码,区域越大,数据的相关性越强,则压缩越大。其特点是,压缩效率较高,叠加、合并等运算简单,编码和解码运算快。

三、块状编码

块状编码是游程长度编码向二维扩展的一种栅格数据压缩编码形式。块状编码中采用方形区域作为记录单元,每个记录单元包括相邻的若干栅格。块状编码的数据结构通常由初始位置的行号、列号、半径和记录单元的属性代码四个元素组成,如图 3-15 所示。

正方形半径越大,多边形的边界越简单,块状编码的效率就越高。块状编码对大而简单的多边形更为有效,而对那些破碎的、形态复杂的多边形效果并不好。块状编码在进行合并、插入、检查延伸性、计算面积等操作时有明显的优势。

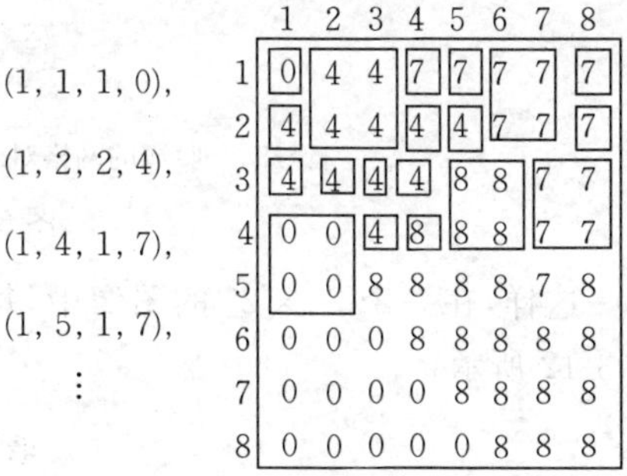

$(1, 1, 1, 0),$
$(1, 2, 2, 4),$
$(1, 4, 1, 7),$
$(1, 5, 1, 7),$
$\vdots$

```
    1 2 3 4 5 6 7 8
1   0 4 4 7 7 7 7 7
2   4 4 4 4 7 7 7 7
3   4 4 4 4 8 8 7 7
4   0 0 4 8 8 8 7 7
5   0 0 8 8 8 8 7 8
6   0 0 0 8 8 8 8 8
7   0 0 0 0 8 8 8 8
8   0 0 0 0 0 8 8 8
```

图 3-15 块状编码

四、四叉树编码

四叉树编码是最有效的栅格数据压缩编码方法之一,在地理信息系统中有广泛的应用。其基本思想为,将由 $2^n \times 2^n$ 个像元组成的图像(不足的用背景补上)所构成的二维平面按四个象限进行递归分割,直到子象限的数值单调为止,最后得到一棵四分叉的倒向树,该树最高级为 $n+1$ 级。 对于图 3-14 所构成的图像,可用四叉树编码得到如图 3-16 所示的四叉树。

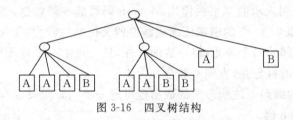

图 3-16 四叉树结构

常规四叉树除了要记录叶节点外,还要记录中间节点,节点之间的联系靠指针。因此,为了记录常规四叉树,通常每个节点需要六个变量,即父节点指针、四个子节点的指针和本节点的属性值。

节点所代表的图像块的大小可由节点所在的层次决定,层次数由从父节点移到根节点的次数来确定。节点所代表的图像块的位置需要从根节点开始逐步推算下来,因而常规四叉树是比较复杂的。为了解决四叉树的推算问题,提出了一些不同的编码方法。下面介绍最常用的线性四叉树编码。

线性四叉树编码的基本思想是,不需要记录中间节点和使用指针,仅记录叶节点,并用地址码表示叶节点的位置。线性四叉树有四进制和十进制两种,下面介绍通常使用的十进制四叉树。十进制四叉树的地址码又称 Morton 码。为了得到线性四叉树的地址码,先将二维栅格数据的行号、列号转化为二进制数,然后交叉放入 Morton 码中,就得到线性四叉树的地址码。

例如,行号 5、列号 7 对应的栅格的 Morton 码如图 3-17 所示。

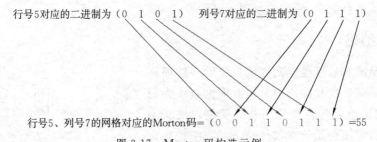

行号5、列号7的网格对应的Morton码=（0 0 1 1 0 1 1 1）=55

图 3-17　Morton 码构造示例

这样,在一个 $2^n \times 2^n$ 的图像中,每个像元都给出一个 Morton 码,当 $n=3$ 时 Morton 码如表 3-12 所示。

表 3-12　十进制 Morton 码

序号	0	1	2	3	4	5	6	7
0	0	1	4	5	16	17	20	21
1	2	3	6	7	18	19	22	23
2	8	9	12	13	24	25	28	29
3	10	11	14	15	26	27	30	31
4	32	33	36	37	48	49	52	53
5	34	35	38	39	50	51	54	55
6	40	41	44	45	56	57	60	61
7	42	43	46	47	58	59	62	63

这样就可将由行、列表示的二维图像用 Morton 码写成一维数据,通过 Morton 码就可知道像元的位置。把一幅 $2^n \times 2^n$ 的图像压缩成线性四叉树的过程为:①按 Morton 码把图像读入一维数组;②比较相邻的四个像元,将一致的合并,只记录第一个像元的 Morton 码;③比较所形成的大块,将相同的再合并,直到不能合并为止。

上述线性四叉树的编码方法所形成的数据还可进一步用游程长度编码压缩。压缩时只记录第一个像元的 Morton 码。

如图 3-14 所示的图像的 Morton 为

A0　　A1　　A4　　A5

A2　　B3　　B6　　B7

A8　　A9　　B12　B13

A10　A11　B14　B15

该图中,像元值右边的数字为该网格所对应的 Morton 码,则压缩处理过程表示如下:

(1)按 Morton 码顺序读入一维数组,逻辑上按照四个像元一组。

Morton 码:0 1 2 3　　4 5 6 7　　8 9 10 11　　12 13 14 15

像元值:　　AAAB　　AABB　　A A A A　　B B B B

(2)如果一组中四个相邻像元值相同则进行合并,只记录第一个像元的 Morton 码,此步操作可以递归进行。

Morton 码:0 1 2 3　　4 5 6 7　8　12

像元值:　　AAAB　　AABB　A　B

(3)在步骤(2)的基础上用游程长度编码进一步压缩。

Morton 码：0　3　4　6　8　12
像元值：　　A　B　A　B　A　B

解码时，根据 Morton 码就可知道像元在图像中的位置，本 Morton 码和下一个 Morton 码之差即为像元个数。根据像元的个数和像元的位置就可恢复出图像。

线性四叉树编码的优点是：压缩效率高，压缩和解压缩比较方便，阵列各部分的分辨率可不同，既可精确地表示图形结构，又可减少存储量，易于进行大部分图形操作和运算。缺点是：不利于形状分析和模式识别，即具有变换不定性，如同一形状和大小的多边形可得出完全不同的四叉树结构。

§3-4　矢栅混合数据结构

在地理信息系统建立过程中，应根据应用目的和应用特点、可能获得的数据精度以及地理信息系统软硬件配置情况，选择合适的数据结构。一般来讲，栅格数据结构可用于大范围小比例尺的自然资源、环境、农林业等区域问题的研究，矢量数据结构用于城市分区或详细规划、土地管理、公用事业管理等方面的应用。

对于面状地物，矢量数据可用边界表达的方法将其定义为多边形的边界和一内部点，多边形的中间区域是空洞。而在基于栅格的地理信息系统中，一般用元子空间充填表达的方法将多边形内任一点直接与某一个或某一类地物联系。显然，后者是一种用数据直接表达目标的理想方式。对线状目标，以往人们仅用矢量方法表示。

事实上，如果将用矢量方法表示的线状地物也用元子空间充填表达的方法表示，就能将矢量和栅格的概念辩证统一起来，进而发展矢栅混合数据结构。假设对一个线状目标数字化采集，恰好在路径所经过的栅格内部获得了取样点，这样的取样数据就具有矢量和栅格双重性质。一方面，它保留了矢量的全部性质，以目标为单元直接聚集所有的位置信息，并能建立拓扑关系；另一方面，它建立了栅格与地物的关系，即路径上的任一点都直接与目标建立了联系。

因此，可将填满线状目标路径和填充面状目标空间的表达方法作为矢栅混合数据结构的基础。每个线状目标除记录原始取样点外，还记录路径通过的栅格；每个面状地物除记录它的多边形边界以外，还包括中间的面域栅格。无论是点状地物、线状地物还是面状地物，均采用面向目标的描述方法，因而它可以完全保持矢量的特性，而元子空间充填表达建立了位置与地物的联系，使其具有栅格的性质，如图 3-18 所示。这就是矢栅混合数据结构的基本概念。从原理上说，这是一种以矢量的方式来组织栅格数据的数据结构。

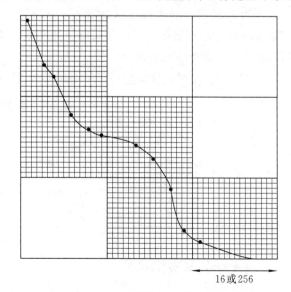

16或256

图 3-18　一种细分网格的矢栅混合数据结构

§3-5　镶嵌数据结构

矢量数据主要表达离散空间对象,对于空间对象所占据区域之外的空白区域并未加以表达。把多边形拼接起来覆盖整个区域的镶嵌数据结构,可以被视作使用矢量逻辑模型表达场概念模型的一种数据结构。

镶嵌数据结构是将地理空间划分为互不重叠的网格单元所形成的结构。这种网格单元主要分为规则网格和不规则网格两种。规则的镶嵌数据结构包括基于等边三角形、正方形、正六边形等规则网格的镶嵌结构。而不规则的镶嵌数据结构包括基于离散点、离散线、Voronoi多边形、不规则三角形或者任意多边形的镶嵌数据结构。

规则的镶嵌数据结构的数据组织形式与栅格结构基本一致。比较典型的不规则的镶嵌数据结构有两种,为不规则三角网和Voronoi多边形,需采用专门的数据结构进行数据组织。

一、不规则三角网结构

在数据结构上,不规则三角网可以采用类似于多边形的矢量拓扑结构,但不必描述一般多边形中"岛屿"或"洞"的拓扑关系。可以采用多种方式来组织不规则三角网数据模型,对图3-19所示的不规则三角网,可以以三角形为基本的空间对象进行数据组织,见表3-13。不规则三角网数据组织需要两个文件:

(1)点文件。每个样点对应一个记录,给出该点的x、y坐标,以及属性值。

(2)三角形拓扑文件。组织三角形与样点以及三角形与相邻三角形的邻接关系,逐个记

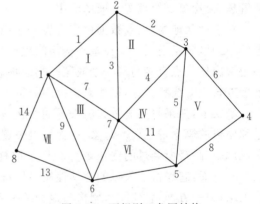

图3-19　不规则三角网结构

录。依顺时针方向列出三个顶点号及三个相邻的三角形号,其中相邻三角形的顺序按每个顶点对应边的顺序给定邻接三角形。

这种数据结构能够很好地描述三角形及其邻接关系,适用于需要面相邻关系的操作和分析。

表3-13　不规则三角网的数据表达

(a)不规则三角网顶点表

点ID	x	y	属性
1	x_1	y_1	z_1
2	x_2	y_2	z_2
⋮	⋮	⋮	⋮
8	x_8	y_8	z_8

(b)不规则三角网邻接表

三角形ID	三角形顶点			邻接三角形		
	1	2	3	1	2	3
I	1	2	7	II	III	×
II	2	3	7	IV	I	×
⋮	⋮	⋮	⋮	⋮	⋮	⋮
VII	1	6	8	×	×	III

二、Voronoi多边形结构

以Voronoi单元来组织Voronoi多边形数据。如图3-20所示,节点将平面凸多边形$A \sim I$

区域划分为 9 个 Voronoi 单元,定义相邻 Voronoi 单元之间的垂直平分线的交点为顶点,且对各顶点分别赋予 ID 号。每个样点及其 Voronoi 单元的数据结构包括一组文件,在这些文件中分别记录以下内容:

(1)样点序号(与 Voronoi 单元的 ID 号相同)、样点的坐标及其属性。

(2)各样点所对应的相邻样点的序号。

(3)生成的 Voronoi 单元的顶点坐标。

(4)Voronoi 单元的顶点组成。

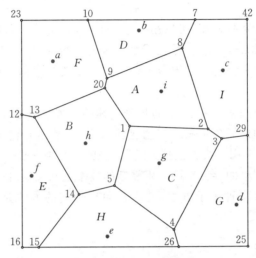

图 3-20 Voronoi 多边形

数据结构如表 3-14 至表 3-17 所示。记录相邻 Voronoi 单元序号时,统一采用逆时针方向。当某样点的 Voronoi 单元的边界就是地理区域的边界时,将 Voronoi 边与地理区域边界的交点也作为顶点,但使用特殊标识符予以区分。这种数据结构对 Voronoi 多边形的生成过程以及基于 Voronoi 多边形的空间分析将起到重要的作用。

表 3-14 Voronoi 多边形邻接关系

Voronoi 单元 ID	相邻 Voronoi 单元序号
A	D,F,B,C,I
B	F,E,H,C,A
C	A,B,H,G,I
D	F,A,I
⋮	⋮

表 3-15 Voronoi 多边形生成元属性表

生成样点 ID	样点坐标	生成元属性值
a	x_a,y_a	A_1
b	x_b,y_b	A_2
⋮	⋮	⋮

表 3-16 Voronoi 顶点坐标

Voronoi 顶点 ID	Voronoi 顶点坐标	Voronoi 顶点标识
1	x_1,y_1	
2	x_2,y_2	
⋮	⋮	
25	x_{25},y_{25}	边界点
⋮	⋮	

表 3-17 Voronoi 单元几何信息

Voronoi 单元 ID	顶点 ID
A	1,2,8,9,20
B	1,20,13,14,5
C	1,5,4,3,2
⋮	⋮

§3-6　三维数据结构

对于一个二维系统,可以用表达式 $V=f(x,y)$ 来表达。其中,(x,y) 是二维平面的坐标,V 是对应于该点的属性值。当 V 表示高程时,就产生了数字高程模型。所以,从本质上讲,数字高程模型是二维的,只能表示地表的信息,不能对地表内部进行有效的表示。由于视觉上的原因,人们常把数字高程模型误认为三维模型。目前,人们常把数字高程模型称为 2.5 维数据模型。

对于一个真正的三维数据模型,可以用表达式 $V=f(x,y,z)$ 来描述。其中,z 是自变量,不受 x,y 变化的影响,即 (x,y,z) 是在三维空间连续变化的。三维数据模型可以有效地表达地表上下的各种关系和信息。三维数据结构与二维数据结构一样,也存在栅格和矢量两种形式。

栅格数据结构使用空间索引系统,它将地理实体的三维空间分成细小的单元,称为体元或体元素。存储这种数据的最简单形式是二值栅格数据,若某体元包含在实体内,则赋值 1,否则赋值 0。另一种形式是采用三维游程长度编码,它是二维游程长度编码在三维空间的扩充。这种编码方法可能需要大量的存储空间。更复杂的技术是八叉树,它是二维四叉树的延伸。

三维矢量数据结构有多种表示方法,其中运用最普遍的方法是具有拓扑关系的八叉树表示法和三维边界表示法。

一、八叉树表示法

用八叉树来表示三维形体,并研究这种表示下的各种操作及应用是在进入 20 世纪 80 年代后才比较全面地发展起来的。这种方法,既可以看成是四叉树方法在三维空间的推广,也可以认为是用三维体元阵列表示形体方法的一种改进,如图 3-21 所示。

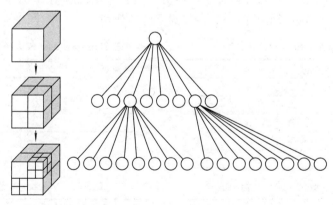

图 3-21　八叉树

八叉树的逻辑结构如下:假设要表示的形体 V 可以放在一个充分大的正方体 C 内,C 的边长为 $2n$,形体 V 关于 C 的八叉树可以用以下的递归方法来定义。八叉树的每个节点与 C 的一个子立方体对应,树根与 C 本身相对应,如果 $V=C$,那么 V 的八叉树仅有树根,如果 $V \neq C$,则将 C 等分为八个子立方体,每个子立方体与树根的一个子节点相对应。只要某个子立方体不是完全空白或完全被 V 占据,就要被八等分,从而对应的节点也就有了八个子节点。这样递归判断、分割,直到节点所对应的立方体完全空白或完全被 V 占据,直到递归划分的大小等于预先定义的体元大小,并且以 V 在体元内所占据的体积作一定的"舍入",使体元空白或被 V 占据。

如此所生成的八叉树上的节点可分为三类:①灰节点,它所对应的立方体部分被 V 所占据;②白节点,它所对应的立方体中无 V 的内容;③黑节点,它所对应的立方体全被 V 所占据。后两类又称为叶节点。因此,形体 V 关于 C 的八叉树的逻辑结构为:八叉树上的节点要么是叶节点,要么是有八个子节点的灰节点;根节点与 C 相对应,其他节点与 C 的某个子立方体相对应。

因为八叉树的结构与四叉树的结构是如此相似,所以八叉树的存储结构方式可以完全沿用四叉树的有关方法。另外,由于这种方法充分利用了形体在空间上的相关性,因此,一般来说,它所占用的存储空间比三维体元阵列少。但是实际上它还是使用了相当多的存储空间,这并不是八叉树的主要优点。八叉树的主要优点在于可以方便地实现有广泛用途的集合运算(如并、交、差等),而这恰是其他表示方法难以处理或者需要耗费许多计算资源的地方。不仅如此,由于这种方法的有序性及分层性,它为显示精度和速度的平衡及隐线和隐面的消除等,带来了很大方便。

八叉树有三种不同的存储结构,分别是规则方式、线性方式和一对八方式。相应的八叉树也分别称为规则八叉树、线性八叉树和一对八式八叉树。不同的存储结构的空间利用率及运算操作的方便性是不同的。分析表明,一对八式八叉树的优点更多。

(一)规则八叉树

规则八叉树的存储结构用一个有九个字段的记录来表示树中的每个节点。其中一个字段用来描述该节点的特性(在目前的假定下,只要描述它是灰、白、黑三类节点中的哪一类即可),其余八个字段作为存放指向其八个子节点的指针。这是普遍使用的表示树形数据的存储结构方式。规则八叉树的缺点较多,最大的问题是指针占用了大量的空间。假定每个指针要用两个字节表示,而节点的描述用一个字节,那么存放指针要占总存储量的 94%。因此,这种方法虽然容易掌握,但在存储空间的使用率方面不理想。

(二)线性八叉树

线性八叉树注重考虑如何提高空间利用率。用某一预先确定的次序遍历八叉树(如以深度优先的方式),将八叉树转换成一个线性表,线性表的每个元素与一个节点相对应。对于节点的描述应尽量丰富,如用适当的方式说明它是否为叶节点,如果不是叶节点时,可用其八个子节点值的平均值作为非叶节点的值等。这样,可以在内存中以紧凑的方式来表示线性表,可以不用指针或者仅用一个指针表示。

线性八叉树不仅节省存储空间,对某些运算也较方便,但是会降低一定的灵活性。例如,为了存取属于原图形右下角的子图形对应的节点,必须先遍历其余七个子图形对应的所有节点;不能方便地以其他遍历方式对树的节点进行存取,这导致许多与此相关的运算效率降低。

(三)一对八式八叉树

一个非叶节点有八个子节点,分别标记为 0,1,2,3,4,5,6,7。由前述可知,如果一个记录与一个节点相对应,那么这个记录描述的是这个节点的八个子节点的特性值;而指针给出的是该八个子节点所对应记录的存放处,而且隐含了这些子节点记录存放的次序。也就是说,即使某个记录是不必要的(如该节点已是叶节点),相应的存储位置也必须空闲,以保证不会错误地存取其他同辈节点的记录。这样会有一定的浪费,除非它是完全的八叉树,即所有叶节点均在同一层次出现,而该层次以上所有层中的节点均为非叶节点。

为了克服这种缺陷,有两条途径可以采纳。一条途径是增加计算量,也就是存取相应节点记录前,先检查它的父节点记录,看它之前有几个叶节点,从而可以知道应该如何存取所需节点记录。这种方法的存储需求无疑是最小的,但要增加计算量。另一条途径是在记录中增加一定的信息,使计算工作适当减少或者更方便。例如,在原记录中增加三个字节 24 位二进制数,一分为八,每个子节点对应 3 位二进制数 0~7,代表它的子节点在指针指向区域中的偏移量。因此,要找到子节点的记录位置,只要固定地把指针指向的位置加上偏移量(0~7)与记录所占的字节数的积即可,就是所要的记录位置。因而一个节点的描述记录为:

偏移	指针	SWB	SWT	NWB	NWT	SEB	SET	NEB	NET

用这种方式得到的八叉树与以前相同,只是在每个记录前多了三个字节。与线性八叉树相比,为存放指针及偏移量,增加了额外的存储空间,约占 $5/13 \approx 40\%$(仍假定指针占两个字节,而每个特性描述占一个字节),但同时对这种八叉树数据结构就可以用更快捷的方式遍历了。

二、三维边界表示法

首先考虑一个简单的四面体应如何表示。它是一个平面多面体,即每个表面均可以看作平面多边形。可以采用不同的方法来表示它们,但是不管用哪种方法,为了做到无歧义地、有效地表示,需指定它的顶点位置以及由哪些点构成边、哪些边围成一个面等几何与拓扑信息。比较常用的表示一个平面多面体(图 3-22)的方法是采用三张表来提供这些信息。这三张表就是:①顶点表,用来表示多面体各顶点的坐标;②边表,指出构成多面体某边的两个顶点;③面表,给出围成多面体某个面的各条边。对于边表和面表一般使用指针的方法指出有关的顶点、边存放的位置。例如,为了表示上述的四面体,可采用表 3-18 的三张表来表示所需的各种信息。

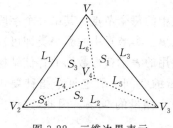

图 3-22　三维边界表示

表 3-18　三维边界表示法数据结构

(a)顶点表

顶点	坐标
V_1	x_1, y_1, z_1
V_2	x_2, y_2, z_2
V_3	x_3, y_3, z_3
V_4	x_4, y_4, z_4

(b)边表

边	顶点
L_1	V_1, V_2
L_2	V_2, V_3
L_3	V_3, V_1
L_4	V_2, V_4
L_5	V_4, V_3
L_6	V_1, V_4

(c)面表

面	边
S_1	L_5, L_6, L_3
S_2	L_2, L_4, L_5
S_3	L_4, L_1, L_6
S_4	L_3, L_1, L_2

除了描述几何结构,还要指出该多面体的一些其他特性,如每个面的颜色、纹理等。这些属性可以用另一个表独立存放。当有若干个多面体时,还必须有一个对象表。在对象表中列出围成每个多面体的各面,同样也可用指针的方式实现,这时面表中的内容已不再是只与一个多面体有关。

采用这种分列的表来表示多面体,可以避免重复表示某些点、边、面,因此一般来说比较节省存储空间,更利于图形显示。例如,由于使用了边表,可以立即绘制出该多面体的所有线条,也不会将同一条边重复表示两次。可以想象,如果表中仅有多边形表而省略了边表,两个多边形的公共边不仅需要重复存储,而且很可能会导致重复绘制。类似地,如果省略了顶点表,那么一些边的公共顶点的坐标值就可能反复地写出好多次。

为了更快地获得所需信息,更充分地表达点、线、面之间的拓扑关系,可以把其他的有关内容结合到所使用的表中。表 3-19 就是将边所属的多边形信息与边表结合后的形式。利用这种扩充后的表,可知某条边是否为两个多边形的公共边,如果是,则相应的两个多边形也立即知道。这是一种用空间换取时间的方法。是否要这样做,应视具体的应用而定,同样也可以根据需要适当地扩充其他两张表来提高处理的效率。

对于比较复杂的平面多面体要输入大量的数据。检查输入的数据是否一致、是否完全,是一项必不可少的工作。这就是通常所说的拓扑检查。一般来说,数据表包含的信息越多,输入时有错的可能性也越大,但是可用来检查是否有错的手段也会随之增加。对上文提及的数据结构,至少可以检查以下内容:①顶点表中的每个顶点至少是两条边的端点;②每条边至少是一个多边形的边;③每个多边形是封闭的;④每个多边形至少有一条边是

表 3-19　扩充后的边表

边	顶点	面
L_1	V_1, V_2	S_3, S_4
L_2	V_2, V_3	S_2, S_4
L_3	V_3, V_1	S_1, S_4
L_4	V_2, V_4	S_2, S_3
L_5	V_4, V_3	S_2, S_1
L_6	V_1, V_4	S_3, S_1

与另一个多边形共用的;⑤若边表包含了指向它所属多边形的指针,那么指向该边的指针必在相应的多边形中出现。这些检查对于维护表示多面体的数据库的全体一致性是有效的,对于复杂的情况应当有专门的程序来检查。

以上讨论只是针对平面多面体的三维边界表示,但是地理信息科学研究的对象是自然实体,由于其三维形状的复杂程度高,难以用平面来描述。例如岩石的外表不规则,组成岩石的平面有成千上万个,如何用三维边界表示法表示呢?

从理论上讲,只要满足一定的条件,任意三维形体总可找到一个适合的平面多面体来近似地表示,且使误差保持在一定范围内。但是在实际上,这种逼近受到多方面因素的制约,解决这个问题的方法也不一而足。通常,这个问题可以叙述成:仅知道从某个三维形体外表面 S_0 上测得的一组点 $P_1, P_2, \cdots, P_n$ 的坐标,如何表示这个三维形体。为了解决这个问题,首先要为这些点建立某种关系,这种关系称为这些点代表的形体结构。可以由一个图来表示,图的顶点就是给定的那组点 $P_1, P_2, \cdots, P_n$,而图的边的给定方式则反映了所设想的结构。不同的图有不同的边(也就是连接这些顶点的方法不同),相应地,这个图对应的平面多面体也不同,如图 3-23 所示。

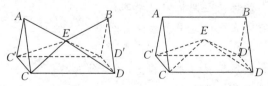

图 3-23　复杂三维形体

在众多的结构中,每个面均是三角形的平面多面体起着很重要的作用(与不规则三角网类似)。即使对结构加上了三角形多面体的限制,由于构网方式的区别,同一组点仍可得到不同

的平面多面体。在这类多面体中,究竟拥有了哪些特征后,才能更确切地逼近原来的三维形体。有学者认为表面积最小的多面体可能是适合的,也有学者认为使用的准则应当与曲面 S_0 的曲率有关。

除了在几何准则选择方面的困难外,还存在一个组合复杂性的问题。在三维欧氏空间,一个单纯的多面体可以定义为满足以下三个条件的三角形的集合 T:

(1) T 中任意两个三角形或互不相交,或有一个公共顶点,或有两个公共顶点,从而连接这两点的边也是公共的。

(2) T 中三角形是相互连接的。

(3) 对 T 中任意三角形的每个顶点 V,找出 T 中所有以 V 为顶点的所有三角形中 V 相对的边的集合,这些边连接起来应是一个多边形。

按照以上原则,类似图 3-24 中的情况,如三角形在三维空间相交、邻接但不共顶点等,不允许出现在单独的平面多面体中。由于可能的组合太多,要给出且比较所有这些单纯的平面多面体也很不现实,因此在具体实现中,要尽量减少这种复杂性。

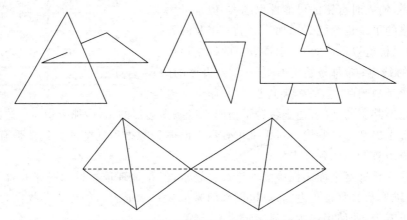

图 3-24   几个不可能出现在单独的平面多面体中的情形

思考题

1. 空间数据与其他非空间数据相比,结构有什么特殊之处? 试给出几种空间数据的结构描述。

2. 矢量数据与栅格数据的区别是什么? 它们有什么共同点吗?

3. 栅格数据在结构表达方面有什么特色?

4. 网格索引结构是怎样提高空间检索效率的?

5. 空间填充曲线类空间索引的适用范围是什么?

6. 空间数据的运算具有什么特点?

7. 矢量数据和栅格数据从运算方式上相比,各有什么特征?

8. 矢栅混合数据结构有什么优点?

9. 八叉树表示三维数据的原理是什么?

第四章 地理信息获取

§4-1 数据源种类及数据采集

一、数据类型

地理信息系统的数据源,是指建立地理信息系统的地理数据库所需的各种数据的来源,主要包括地图、遥感数据、文本资料、统计数据、实测数据、多媒体数据、已有系统的数据等。

地图是地理信息系统的主要数据源,因为地图包含丰富的内容,不仅含有实体的类别和属性,而且含有实体间的空间关系。地图数据主要通过对地图的跟踪数字化和扫描数字化获取。地图数据不仅可以用作宏观的分析(用小比例尺地图数据),而且可以用作微观的分析(用大比例尺地图数据)。在使用地图数据时,应考虑到地图投影所引起的变形,在需要时进行投影变换,或转换成地理坐标。

地图数据通常用点、线、面及注记来表示地理实体及实体间的关系,点包括居民点、采样点、高程点、控制点等,线包括河流、道路、构造线等,面包括湖泊、海洋、植被等,注记包括地名注记、高程注记等。

遥感数据是地理信息系统的重要数据源。遥感数据含有丰富的资源与环境信息,在地理信息系统的支持下,可以与地质、地球物理、地球化学、地球生物、军事应用等方面的信息进行信息复合和综合分析。遥感数据是一种大面积的、动态的、近实时的数据源,遥感技术是地理信息数据更新的重要手段。

文本资料是指各行业、各部门的有关法律文档、行业规范、技术标准、条文条例等,如边界条约等。这些也属于地理信息系统的数据源。

统计数据是国家许多部门和机构拥有的不同类型(如人口、基础设施等)的统计资料,这些都是地理信息系统的数据源,尤其是属性数据的重要来源。

实测数据是经过野外试验、实地测量等获取的数据,可以通过转换直接进入地理信息系统的地理数据库,以便进行实时的分析和进一步的应用。全球导航卫星系统(global navigation satellite system,GNSS)所获取的数据也是地理信息系统的重要数据源。

多媒体数据(包括声音、录像等)通常可通过通信接口传入地理信息系统的地理数据库中,目前其主要功能是辅助地理信息系统的分析和查询。

地理信息系统还可以从其他已建成的信息系统和数据库中获取相应的数据。由于规范化、标准化的推广,不同系统间的数据共享和可交换性越来越强。这样拓展了数据的可用性,增加了数据的潜在价值。

地理信息数据可以通过卫星、飞机、全站仪等实测获得,同时也可以通过合法途径获取已有的地理信息数据。随着技术的进步,实测已经不局限于借助卫星、飞机和全站仪,无人机和各种测量车的使用极大地缩短了数据更新的周期,降低了数据更新的成本。对于已有的地理信息数据,很多网站都有公开的数据可供下载。例如在地理空间数据云中,使用者可以下载各种卫星的遥感影像以及上面支持的相关产品;在 OpenStreetMap 中,使用者可以下载指定区域的道路信息等数据;在国家统计局等各种官方网站中,可以获取大量的属性信息;高德地图等也提供了应用程序接口(application programming interface,API)调用其相关功能,注册开发者下载相关的地理信息数据;使用者也可以借助网络爬虫在网页上获取各种与位置相关的地理信息数据。

二、数据获取

在地理信息系统的几何数据采集中,如果几何数据已存在于其他地理信息系统或专题数据库中,那么只要经过转换装载即可。对于由测量仪器获取的几何数据,只要把测量仪器的数据输入数据库即可,测量仪器获取数据的方法和过程通常是与地理信息系统无关的。这类获取方法包括野外数据采集和摄影测量等。对于已有纸质地图的数字化采集,传统上采用地图跟踪数字化、地图扫描数字化来实现;现在可以通过图像深度识别来部分实现纸质地图的数字化。对于栅格数据的获取,主要涉及使用扫描仪等设备对图件进行扫描数字化,这部分的功能也较简单。因为通过扫描获取的数据是标准格式的图像文件,大多可直接进入地理信息系统的地理数据库。遥感数据是重要的栅格数据,遥感影像作为遥感数据的主要数据源,为地理信息系统提供了地表分类等专题信息和空间范围信息。从遥感影像上直接提取专题信息,需要采用几何纠正、辐射校正、影像增强、图像变换、结构信息提取、影像分类等技术,这属于遥感图像处理的内容。随着智能交通系统的发展、手机和互联网的普及,用户和移动车辆等获取的感知数据逐渐成为地理信息系统的一个重要数据源,对感知数据进行挖掘和分析对于智慧城市的建设和潜在信息的挖掘有重要的作用。

因此,以下主要介绍地理信息系统中矢量数据、属性数据和感知数据的采集。

(一)矢量数据采集

地理信息系统中矢量数据的采集主要包括地图跟踪数字化和地图扫描数字化。

1. 地图跟踪数字化

地图跟踪数字化是应用广泛的一种地图数字化方式,是通过记录数字化板上点的平面坐标来获取矢量数据的。其基本过程是,将需数字化的地图固定在数字化板上,然后设定数字化范围、输入有关参数、设置特征码清单、选择数字化方式(如点方式和流方式等),就可以按地图要素的类别分别实施数字化了。由于地图跟踪数字化本身几乎不需要地理信息系统的其他计算功能,所以地图跟踪数字化软件往往可以与整个地理信息系统脱离开,单独使用。地图跟踪数字化时数据的可靠性主要取决于操作员的技术熟练程度,操作员的情绪也会严重影响数据的质量。操作员的经验和技能主要表现在选择最佳点位来数字化地图上的点、线、面要素,判断十字丝与目标重合的程度等能力方面。为了保持一致的精度,每天数字化工作时间最好不要超过 6 小时。

地理信息系统中的地图跟踪数字化软件为了获取矢量数据,应具有下列基本功能:

(1)图幅信息录入和管理功能。对所需数字化的地图的比例尺、图幅号、成图时间、坐标系、投影等信息进行录入和管理。这是所采集的矢量数据的数据质量的基本依据。

(2)特征码清单设置。特征码清单是指安放在数字化仪台面或屏幕上的由图例符号构成的格网状清单,每种类型的符号占据清单中的一格。在数字化时只要点中特征码清单符号所在的格网,就知道数字化要素的编码,以方便属性码的输入。地图跟踪数字化软件应能使用户方便地按自己的意愿设置和定义特征码清单。

（3）数字化键值设置。设置数字化标识器上各按键的功能,以符合用户的习惯。

（4）数字化参数定义。主要是指系统应能选定不同类型的数字化仪,并确定数字化仪与主机的通信接口。

（5）数字化方式的选择。主要是指选择点方式还是流方式等进行数字化。

（6）控制点输入功能。应能提示用户输入控制点坐标,以便进行随后的几何纠正。

2. 地图扫描数字化

地图扫描数字化的基本思想是,首先通过扫描将地图转换为栅格数据,然后采用栅格数据矢量化的技术追踪线和面,采用模式识别技术识别点和注记,并根据地图内容和地图符号的关系,自动给矢量数据赋属性值。

根据目前的技术水平,首先要对所扫描的彩色地图进行分版处理,通常分为黑版要素、水系版要素、植被要素和地貌要素,也可以直接对分版图进行扫描,然后由软件进行二值化、去噪声等处理,有时需要进行编辑,以保证自动跟踪和识别的进行;软件进行自动跟踪和识别时,仍需要进行部分的人机交互,如处理断线、确定属性值等,有时甚至需要人工在屏幕上进行数字化。与地图跟踪数字化相比,地图扫描数字化具有速度快、精度高、自动化程度高等优点。

地图扫描数字化的自动化程度高,但必须具有对扫描后的地图数据进行预处理的能力,同时,由于其最后结果同地图跟踪数字化的结果是相同的,还必须具有地图跟踪数字化所具有的一些功能。因此,其基本功能可描述为:

（1）地图扫描输入功能。能使用各种扫描仪把地图扫描数字化为栅格数据。

（2）图像格式转换和图像编辑功能。能接受不同格式的栅格数据,并具有基本的图像编辑功能。

（3）彩色地图图像数据的分版功能。能够将所扫描的彩色地图图像分成不同要素版的图像数据,以便于跟踪和识别。

（4）线状要素的矢量化功能。能够对线状要素进行细化、断线修复、跟踪,即具有自动提取线状要素中心线的功能。由于目前的自动化程度还不够高,有时需要进行人机交互,如在多条线的交叉点,需人机交互指明继续追踪的方向。

（5）点状符号和注记的自动识别功能。能对点状符号和注记进行自动识别,但完全自动化目前仍有困难,因此,有时需要人工在屏幕上进行数字化。

（6）属性编码的自动赋值。能对已数字化的要素自动根据其符号特征赋予相应的编码(包括等高线的高程)。这方面目前还需要较多的人机交互。

（7）图幅信息录入与管理功能。同地图跟踪数字化一样,地图扫描数字化也需要录入图幅信息,以便于管理和质量控制。

（8）要素编码设置功能。为了能进行属性编码的自动赋值,以及人机交互地进行属性编码赋值,都必须针对不同的要求进行地图要素的编码设置。

（9）控制点输入功能。为了进行数字化后的数据纠正,必须具有控制点输入功能。

（二）属性数据采集

属性数据即空间实体的特征数据,一般包括名称、等级、数量、代码等多种形式。属性数据的内容有时直接记录在栅格或矢量数据文件中,有时则单独输入数据库存储为属性文件,通过关键码与几何图形数据相联系。《国家资源与环境信息系统规范》在专业数据分类和数据项目建议总表中,将数据分为社会环境、自然环境、资源与能源三大类共 14 小项,并规定了每项数据的内容及基本数据来源。

社会环境数据包括城市与人口、交通网、行政区划、地名、文化和通信设施五类。这几类数据可从统计局、外交部、民政部,以及林业、文化、教育、卫生、邮政等相关部门获取。自然环境数据包括地形数据、海岸及海域数据、水系及流域数据、基础地质数据四类。这几类数据可以从自然资源部、海洋局、水利部,以及地质、矿产、地震、石油等相关部门和机构获取。资源与能源数据包括土地资源相关数据、气候和水热资源相关数据、生物资源相关数据、矿产资源相关数据、海洋资源相关数据五类。这几类数据可从中国科学院、自然资源部及农业、林业、气象、水电、海洋等相关部门获取。

属性数据一般采用键盘输入,有时也可以借助字符识别软件。输入的方式有两种:一种是对照图形直接输入;另一种是预先建立属性表、输入属性,或从其他统计数据库中导入属性,然后根据关键字与几何数据自动连接。当属性数据的数据量较小时,可以在输入几何数据的同时,用键盘输入;但当数据量较大时,一般与几何数据分别输入,并检查无误后转入数据库中。为了把空间实体的几何数据与属性数据联系起来,必须在几何数据与属性数据之间建立公共标识符,标识符可以在输入几何数据或属性数据时手工输入,也可以由系统自动生成(如用顺序号代表标识符)。只有当几何数据与属性数据有一共同的数据项时,才能将几何数据与属性数据自动地连接起来;当几何数据与属性数据没有公共标识符时,只有通过人机交互的方法,如选取一个空间实体,再指定其对应的属性数据表来确定两者之间的关系,同时自动生成公共标识符。当空间实体的几何数据与属性数据连接起来之后,就可进行各种地理信息系统的操作与运算了。当然,不论是在几何数据与属性数据连接之前或之后,地理信息系统都应提供灵活而方便的手段对属性数据进行增加、删除、修改等操作。

(三)感知数据采集

感知数据主要包括定位导航数据、互联网数据以及物联网—传感器数据。

1. 定位导航数据的采集

随着智能交通系统的发展及交通、通信网络的逐步完善,定位导航数据已经成为主要的感知数据。目前,常见的定位导航数据包括城市出租车轨迹数据、共享单车和公共单车定位数据,以及其他公共交通实时监测数据。此外,手机及相关移动设备已经成为人们必备的生活工具,基于手机基站定位的手机信令数据,也成为预测人口流动、日常行为模式的主要感知数据。

2. 互联网数据的采集

互联网已经成为人们日常生活的主要组成部分。基于网络爬虫技术的互联网大数据获取成为大数据采集、应用和分析的一个主流方向。例如,通过网络爬虫技术,可以获取数百诸如兴趣点的基础网络时空大数据,这些兴趣点可能来自互联网地图,也可能来自与位置服务相关或者记录了地理位置的网站。随着人工智能技术的发展,基于机器学习的自然语言处理技术能够从文本中提取地理位置信息和相关的语义信息,这些数据对于各个方面的舆情、文化和用户行为分析具有重要意义。

3. 物联网—传感器数据的采集

物联网技术是实现智慧城市的主要支撑技术。其目标是将人、物通过传感器互联,从而构建一个人和人、物和物及人和物之间均互联的系统。物联网主要通过各种传感器实现。由于无论是静态的传感器还是动态移动的传感器,都与地理位置和时间强相关,因此,大多数物联网所产生的数据都属于感知数据。

§4-2　空间元数据

随着地理信息系统在社会各方面的发展,除地理学科和信息技术学科外,越来越多其他学科的个人、组织和机构也涉入这一领域,开始生产、处理和修改数字地理信息。但是他们都从各自的角度出发来发展空间数据,人们不知道存在什么样的数据、已有数据的质量如何,以及如何访问和使用这些数据成果。因此,迫切需要采取一定的办法来避免数据的重复性建设,同时协调不同数据部门之间的资源共享。随着地理空间数据集的数量的增加、复杂性和多样性的增强,产生了一个适应数据集共享的标准化规范——空间元数据。

一、空间元数据概念与类型

元数据(metadata)是数据的数据,是关于数据和信息资源的描述性信息。图书馆的图书卡片就是关于所有书籍的简单的元数据,它记录了每本书的编号、题目、作者、关键字和出版日期等属性。空间元数据(geospatial metadata)是地理的数据和信息资源的描述性信息。它通过对地理空间数据的内容、质量、条件和其他特征进行描述与说明,以便人们有效地定位、评价、比较、获取和使用与地理相关的数据。空间元数据是一个由若干复杂或简单的元数据项组成的集合。如果说地理空间数据是对地理空间实体的一个抽象映射,那么可以认为,空间元数据是对地理空间数据的一个抽象映射。空间元数据和地理空间数据是对地理空间实体不同层次的描述,是对地理信息不同深度的表达。综合起来,空间元数据主要有以下几个方面的作用:

(1)用来组织和管理空间信息,并挖掘空间信息资源,通过空间元数据可以在网络上准确地识别、定位和访问空间信息。

(2)帮助数据使用者查询所需空间信息。例如,可以按照不同的地理区间、指定的语言以及具体的时间段来查找空间信息资源。

(3)组织和维护一个机构对数据的投资。通过空间元数据内容,可以充分描述数据集的详细情况,便于数据使用者得到数据的可靠性保证。同时,当使用数据引起矛盾时,数据提供单位也可以利用空间元数据维护其利益。

(4)用来建立空间信息的数据目录和数据交换中心。通常由一个组织产生的数据可能对其他组织也有用,而通过数据目录、数据代理机、数据交换中心等提供空间元数据内容,用户便可以很方便地使用它们,达到空间信息共享的目的。

(5)提供数据转换方面的信息。通过空间元数据,人们便可以接受并理解数据集,并可以将其与自己的空间信息集成在一起,进行不同方面的分析决策,使地理空间信息实现真正意义上的共享,并发挥最大的潜力。

空间元数据可以按照所描述的对象分为三层,即高层元数据对应数据库,中层元数据对应数据表,底层元数据对应数据项。各种空间元数据与描述地理实体的空间数据之间的关系如图 4-1 所示。

(1)高层元数据描述数据库文件内容和数据项共性信息,是指一系列拥有共同主题、日期、分辨率以及方法等特征的空间数据系列或集合,用于用户概括性查询数据集的主要内容。在软件实现上,如果拥有高层元数据,则既可以使数据集生产者方便地描述宏观数据集,也可以使用户很容易查询到数据集的相关内容,实现空间信息资源的共享。当然,要获取数据集的详细信息,还需要通过中层元数据来实现。

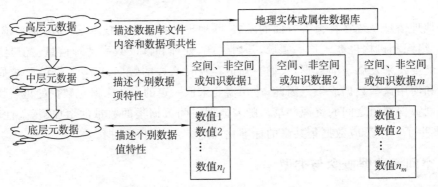

图 4-1　元数据层次结构

(2)中层元数据描述个别数据项特性,对空间数据项、非空间数据项或知识数据项进行描述,是整个元数据标准软件的核心,它既可以作为高层元数据的组成部分,也可以作为后面数据集属性以及要素等内容的高层元数据。在元数据标准软件设计的初级阶段,通过该模块便可以全面反映数据集的内容。然而随着数据集的变化,为了避免重复记录元数据内容以及保持元数据的实时性,需要通过继承关系更新变化了的信息,这时元数据的层次性便显得异常重要。

(3)底层元数据描述个别数据值特性,是指由一系列几何对象组成的具有相似特征的集合,如数据集中的道路层、植被层等;要素实例是具体的要素实体,用于描述数据集中的典型要素。属性类型是用于描述空间要素某一相似特征的参数,如桥梁的跨度;属性实例则是要素实例的属性,如某一桥梁穿越某一道路的跨度。底层元数据是元数据体系中详细描述现实世界的重要部分,也是数字地球进行多级分辨率查询的依据。因此,通过数据集系列、数据集、要素类型等层次步骤,便可以逐级对地理世界进行描述,用户也可以按照这一步骤,沿元数据层次获取详细的数据集内容信息。

二、空间元数据内容

为了便于不同系统之间的空间数据和空间元数据相互交换,许多机构和组织对空间元数据所要描述的一般内容进行层次化和范式化,指定可供参考与遵循的空间元数据标准的内容框架。

空间元数据标准由两层组成。其中第一层是目录信息,主要用于对数据集信息进行宏观描述,适合在数字地球的国家级空间信息交换中心或区域及全球范围内管理和查询空间信息时使用。第二层是空间元数据标准的主体,它由八个基本内容部分和四个引用部分组成,其中基本内容部分包括标识信息、数据质量信息、数据集继承信息、空间数据表示信息、空间参考系信息、实体和属性信息、发行信息和空间元数据参考信息,四个引用部分包括引用信息、时间范围信息、联系信息和地址信息。它们之间的关系如图 4-2 所示。

(1)标识信息。标识信息是关于地理空间数据集的基本信息。通过标识信息,数据集生产者可以对有关数据集的基本信息进行详细的描述,如数据集的名称、作者信息、所采用的语言、数据集环境、专题分类、访问限制等,同时用户也可以根据这些内容对数据集有一个总体了解。

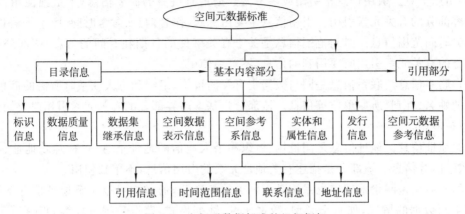

图 4-2　空间元数据标准的组织框架

（2）数据质量信息。数据质量信息是对空间数据集质量进行总体评价的信息。通过这部分内容,用户可以获得有关数据集几何精度和属性精度等方面的信息,也可以知道数据集在逻辑上是否一致以及它的完备性,这是用户对数据集进行判断以及决定数据集是否满足需要的主要判断依据。数据集生产者也可以通过这部分内容对数据集质量评价的方法和过程进行详细的描述。

（3）数据集继承信息。数据集继承信息是建立该数据集时所涉及的有关事件、参数、数据源等的信息,以及负责这些数据集的组织机构信息。通过这部分信息便可以对建立数据集的中间过程有一个详细的描述,例如当一幅数字专题图的建立经过了航片预处理、识别、数字地图编辑和验收等过程时,应对每一过程有一个简要描述,使用户对数据集的建立过程比较了解,也使数据集每一过程的责任比较清楚。

（4）空间数据表示信息。空间数据表示信息是对数据集中用来表示空间信息的方式的描述,如空间数据类型、空间数据结构、矢量对象描述、栅格对象描述等内容,它是决定数据转换以及数据能否在用户计算机平台上运行的必需信息。利用空间数据表示信息,用户便可以在获取该数据集后对它进行各种处理或分析了。

（5）空间参考系信息。空间参考系信息是关于空间数据集地理参考系与编码规则的描述,它是反映现实世界与地理数字世界之间关系的通道,如地理标识符参考系、水平坐标系、垂直坐标系和大地模型等。通过空间参考系中的各元素,可以知道地理实体转换成数字对象的过程以及各相关的计算参数,使数字信息成为可以度量和决策的依据。

（6）实体和属性信息。实体和属性信息是关于数据集信息内容的信息,包括实体类型及其属性、属性值、域值等方面的信息。通过该部分内容,数据集生产者可以详细地描述数据集中各实体的名称、标识符和含义等内容,也可以使用户知道各地理要素属性码的名称、含义等。

（7）发行信息。发行信息是关于数据集发行及其获取方法的信息,包括发行部门、数据资源描述、发行部门责任、订购程序、用户订购过程以及使用数据集的技术要求等内容。通过发行信息,用户可以了解数据集在何处、怎样获取、获取介质以及获取费用等信息。

（8）空间元数据参考信息。空间元数据参考信息是关于空间元数据的标准、版本、现势性与安全性等方面的信息,它是当前数据集进行空间元数据描述的依据。通过该空间元数据描述,用户便可以了解所使用的描述方法的现势性等信息,加深对数据集内容的理解。

(9)引用信息。引用信息是引用或参考该数据集时所需的简要信息,不单独使用,而是被基本内容部分的有关元素引用。引用信息主要由标题、作者信息、参考时间、版本等信息组成。

(10)时间范围信息。时间范围信息是关于有关事件的日期和时间的信息,该部分是基本内容部分的有关元素引用时要用到的信息,不单独使用。

(11)联系信息。联系信息是同与数据集有关的机构、组织和个人联系时所需的信息,包括联系人的姓名、性别、所属单位等信息。该部分是基本内容部分的有关元素引用时要用到的信息,不单独使用。

(12)地址信息。地址信息是同机构、组织和个人通信的地址信息,包括邮政地址、电子邮件地址、电话等信息。该部分是描述有关地址元素的引用信息,不单独使用。

空间元数据是网络地理信息系统必不可少的一部分,通过它可以了解地理信息系统所提供地理空间数据的情况,如数据类型、数据质量、数据格式、获取数据方式等和数据有关的信息。通过这些信息可以实现地理空间数据在不同部门、不同专业领域的网络共享,避免因地理空间数据的重复收集、录入和处理导致的大量时间、人力和物力的浪费。

§4-3　空间数据质量

空间数据是地理信息系统最基本和最重要的组成部分,也是一个地理信息系统项目中占成本比重最大的部分。数据质量的好坏,关系到分析过程的效率高低,乃至影响系统应用分析结果的可靠程度和系统应用目标的真正实现。论及数据质量好坏时,通常使用误差或不确定性的概念。在许多情况下,误差被看作是不确定性的同义词,然而误差概念的外延要比不确定性窄。与误差不同,不确定性是一个中性概念,它可能由错误引起,也可能由信息不完整引起。

一、空间数据质量基本概念

空间数据质量是指地理信息系统中空间数据在表达空间位置、属性和时间特征时所能达到的准确性、一致性、完整性以及三者统一的程度。地理信息系统中数据质量的优劣决定了系统分析质量以及整个系统的成败,地理信息系统的价值在很大程度上取决于系统内所包含数据内容的数量与质量,关系到数据可靠性和系统可信性的重要问题。由于现代地理信息系统的先进技术,用户可以不管比例尺的大小、图形的精度,较容易地把来源不同的数据进行综合、覆盖和分析,其结果是误差增加,导致不能决策,系统失败。研究地理信息系统数据质量对于评定地理信息系统的算法、减少地理信息系统设计与开发的盲目性都具有重要意义。如果不考虑地理信息系统的数据质量,那么当用户发现地理信息系统的结论与实际的地理状况相差较大时,地理信息系统将毫无意义。空间数据质量的基本概念主要有以下几点:

(1)准确性。准确性通常指量测值无偏的程度。它是指量测值接近真值或参考值的程度。根据 ISO 3534—1:2006 和 GB/T 3358.1—2009 描述,准确性是指实验结果和可接受的参考值之间的接近程度,其中实验结果可以通过观察或量测得到。

(2)精度。精度描述的是可持续重复量测的能力。在统计学中,精度是观测值关于平均值离散程度的衡量(通常用标准差衡量)。在通常情况下,很难获取一个对象的真值。因此,常用量测精度代替准确性衡量量测质量。理论上讲,精度和准确性是不同的概念,然而在许多应用中精度被认为是准确性的同义词。

（3）可靠性。在统计学中，可靠性是指一系列量测值的一致性。因此，地理信息科学中可靠性是指一系列对空间对象的量测值的一致性。可靠性不同于逻辑一致性。

（4）分辨率。分辨率指影像的细节可以被区分的程度。例如，在遥感领域中，分辨率指遥感影像的精细度。描述分辨率的指标可以为每平方英寸的像元数、每平方英寸的点数或者每毫米的线数。

（5）误差。空间数据的量测误差可以由统计偏差、观测者的不稳定性、量测工具的限制、不利的观测条件等引起，这些是空间数据获取过程中误差的主要来源。量测误差通常可分为随机误差、系统误差和粗差。随机误差指在相同条件下对同一观测量进行多次重复量测时，量测误差的大小与符号均表现为无规律性变化。随机误差与影响量测的偶然因素有关，如量测环境的改变等。由于随机误差不规律，很难确定每一个偶然因素对于观测值的影响。尽管随机误差具有偶然性，但是当量测次数很多时，随机误差会表现出一定的统计学特性。如果在相同条件下进行了一系列观测后，误差的大小和形式遵循某种规律，这类误差被称为系统误差。系统误差与量测设备的性能有关。系统误差可通过提高测量设备性能来降低或消除，也可通过后续数据处理来消减。系统误差对于量测结果的影响通常比随机误差大。因此，要尽可能消除系统误差。消除或减小系统误差的常见方法包括：量测仪器检校，在数据处理过程中加入观测值改正数，以及选用更加合理的量测方法。粗差指在量测或数据处理过程中产生的错误，如观测者对于目标的错误识别、计算过程中的人为错误等。粗差通常比随机误差大，且会对量测结果的可靠性造成很大影响，因此必须采取措施预防粗差的产生。例如，在导线量测中，由于观测者的错误导致反方向错误，闭合误差会远大于限差，这些均属粗差。因此，为了避免此类错误发生，需要设计一个合理的量测方案。避免粗差的一种主要方法就是在量测过程中引入多余观测值。

（6）不确定性。不确定性表示事物的模糊性、不明确性及某事物的未决定或不稳定状态。在对客观世界的表达中，不确定性广泛存在于许多学科中，如物理学、统计学、经济学、量测科学、心理学以及哲学。

二、空间数据质量问题来源

从空间数据的形式表达到空间数据的生成，从空间数据的处理变换到空间数据的应用，在这两个过程中都会有数据质量问题的发生。下面按照空间数据自身存在的规律性，从几个方面来阐述空间数据质量问题的来源。

（1）空间现象自身存在的不稳定性。空间数据质量问题首先来源于空间现象自身存在的不稳定性，主要表现在空间现象在空间、时间及属性上的不确定性。空间现象在空间上的不确定性是指其在空间位置分布上的不确定性变化；在时间上的不确定性表现为其在发生时间段上的游移性；在属性上的不确定性表现为属性类型划分的多样性、非数值型属性值表达的不精确性。因此，空间数据存在质量问题是不可避免的。

（2）空间现象的表达。空间数据是对现实世界中空间特征和过程的抽象表达。由于现实世界的复杂性和模糊性以及人类认识和表达能力的局限性，这种抽象表达总是不可能完全达到真值，而只能在一定程度上接近真值，从这种意义上讲，数据质量发生问题也是不可避免的。例如，在地图投影中，由地球椭球到平面的投影转换必然产生误差。

(3)空间数据处理中的误差。在空间数据处理过程中,投影变换、地图数字化、数据格式转换、数据抽象、建立拓扑关系、数据叠加操作和更新、数据集成处理、数据的可视化表达等都会产生误差。

(4)空间数据使用中的误差。在空间数据使用过程中,也会出现误差,主要包括两个方面:一是对数据的解释过程,二是缺少文档。对于同一种空间数据来说,不同用户对内容的解释和理解可能不同,处理这类问题需要参考与空间数据相关的文档说明,如元数据等。例如,在某些应用中,用户可能根据需要对数据进行一定的删减或扩充,这对数据记录本身来说也是一种误差。另外,缺少对某一地区不同来源的空间数据的说明,如投影类型、数据定义等描述信息,往往导致数据用户对数据的随意使用而使误差扩散。

三、空间数据质量元素

空间数据质量描述与度量研究的一个重要方面是确定空间数据质量的质量元素。在二十世纪八九十年代地理信息研究专家与学者已经开始注重空间数据质量内容的总结,而且世界各地相继成立空间数据质量标准委员会,讨论并制定空间数据质量元素与标准。结合国际和国内相关标准,提出空间数据质量标准要素及其内容,具体如下:

(1)数据情况说明。要求对空间数据的来源、数据内容及其处理过程等做出准确、全面和详尽的说明。

(2)空间参考系。空间参考系是确定地理目标水平位置和高程坐标系的统称。通常用于确定目标水平位置的坐标系又分为地理坐标系(经纬坐标系)和投影坐标系(平面坐标系),而用于确定高程的坐标系称为高程坐标系。空间参考系的质量元素考察空间数据使用的坐标系是否符合技术要求和规范,如大地基准、高程基准、地图投影参数等是否符合要求。

(3)位置精度。位置精度是指空间实体的坐标数据与实体真实位置的接近程度,常表现为空间三维坐标数据精度,包括数学基础精度、平面精度、高程精度、接边精度、形状再现精度(形状保真度)、像元定位精度(图像分辨率)等。平面精度和高程精度又可分为相对精度和绝对精度。

(4)属性精度。属性精度是指空间实体的属性值与其真值相符的程度,通常取决于地理数据的类型,且常常与位置精度有关,包括要素分类与代码的正确性、要素属性值的准确性及其名称的正确性等。

(5)时间精度。时间精度指数据的现势性,可以通过数据更新的时间和频度来表现。

(6)逻辑一致性。逻辑一致性指地理数据关系上的可靠性,包括数据结构、数据内容(包括空间特征、专题特征和时间特征),以及拓扑性质上的内在一致性。

(7)数据完整性。数据完整性指地理数据在范围、内容及结构等方面满足要求的完整程度,包括数据范围、空间实体类型、空间关系分类、属性特征分类等方面的完整性。

(8)表达形式的合理性。表达形式的合理性主要指数据抽象、数据表达与真实地理世界的吻合性,包括空间特征、专题特征和时间特征表达的合理性等。

四、空间数据质量检查方法

(1)敏感度分析法。一般而言,精确地确定地理信息数据的实际误差非常困难。为了从理论上了解输出结果如何随输入数据的变化而变化,可以通过人为地在输入数据中加上扰动值来检验输出结果对这些扰动值的敏感程度,然后根据适合度分析,用置信域来衡量因输入数据的误差所引起的输出数据的变化。为了确定置信域,需要进行地理敏感度测试,以便发现因输入数据的变化引起输出数据变化的程度,即敏感度。这种研究方法得到的并不是输出结果的真实误差,而是输出结果的变化范围。对于某些难以确定实际误差的情况,这种方法是行之有效的。在地理信息系统中,一般有地理敏感度、属性敏感度、面积敏感度、多边形敏感度、增删图层敏感度等几种敏感度检验。敏感度分析法是一种间接测定地理信息系统产品可靠性的方法。

(2)尺度不变空间分析法。地理数据的分析结果应与所采用的空间坐标系无关,即尺度不变空间分析,包括比例不变和平移不变。尺度不变是数理统计中常用的一个准则,一方面能保证使用不同的方法得到一致的结果,另一方面又可在同一尺度下合理地衡量估值的精度。也就是说,尺度不变空间分析法使地理信息系统的空间分析结果与空间位置的参考系无关,以防止由基准问题引起分析结果的变化。

(3)蒙特卡罗实验仿真。蒙特卡罗实验仿真首先根据经验对数据误差的种类和分布模式进行假设,然后利用计算机进行模拟试验,将所得结果与实际结果进行比较,找出与实际结果最接近的模型。对于某些无法用数学公式描述的过程,用这种方法可以得到实用公式,也可以检验理论研究的正确性。

(4)空间滤波。空间数据采集的过程可以看成是随机采样,其中包含倾向性部分和随机性部分,前者代表所采集物体的实际信息,而后者是由观测噪声引起的。空间滤波可分为高通滤波和低通滤波。高通滤波是从含有噪声的数据中分离出噪声信息,低通滤波是从含有噪声的数据中提取信号。例如,经高通滤波后可得到一个随机噪声场,然后用随机过程理论等方法求得数据的误差。

五、数据不确定性

地理信息科学中的不确定性主要是统计和度量中的不确定性。不确定性是关于空间过程和特征不能被准确确定的程度,是自然界各种空间现象自身固有的属性。在内容上,它是以真值为中心的一个范围,这个范围越大,数据的不确定性也就越大。

(一)空间数据不确定性的来源

空间数据及其不确定性是两位一体的问题。不确定性必须依附于数据而存在,而数据的不确定性是其主要特征之一。空间数据的不确定性从数据采集过程就开始并贯穿于数据的整个流程中,有的差错可能被发现并得到校正,但新的差错又可能产生,使不确定性问题存在于整个数据的生命周期。因此,不确定性问题存在于空间数据的生命周期全过程,在其生命周期的每一个环节(如地理现象认知、空间数据获取、空间数据预处理和空间分析等)都可能存在不确定性。根据不确定性的来源,可以将空间数据的不确定性分为客观世界固有的不确定性、人为引起的不确定性和空间数据量测误差及分析处理的不确定性三类。

(1)客观世界固有的不确定性。客观世界的复杂性是造成不确定性的重要原因之一。各领域都有自己固有的不确定性。例如,对真实世界的量测来说,测得准和测不准并存是一个特征。任何仪器都存在不同程度的误差,问题的核心是"真值"是什么。

(2)人为引起的不确定性。人为引起的不确定性包括认知过程、科学技术应用的不确定性,以及模型、公式、计算集等的选择和操作过程不同引起的不确定性。其中,以认知过程最为重要,它是科学技术应用、建立模型和公式的基础。人们认知过程的复杂性与客观世界的复杂性两者的耦合就决定了人为引起的不确定性,其中以认知过程的复杂性为主。

(3)空间数据量测误差及分析处理的不确定性。例如,地理数据大多为近似值,很少有真值;地理数据很多是衍生数据等。

(二)空间数据不确定性的研究意义

随着计算机技术、传感器技术、通信技术、网络技术以及空间信息技术的发展,人们获得空间数据的种类和数量越来越多,其产品也越来越丰富。研究空间数据及其产品的不确定性,对促进空间数据及其产品在国民经济中发挥作用有着重大的意义,也是十分必要的。

(1)正确给出空间数据的精度、提高空间数据产品的质量,有利于改善其生存和发展的环境。

(2)空间数据不确定性研究对确定空间数据录入的质量标准、评价数据质量、改善数据处理方法、减少空间数据产品设计与开发的盲目性等方面有深远影响。

(3)对空间数据模糊性的研究,可以给空间数据及其产品一个正确评价,从而促进空间数据产品的进一步产业化和商品化。

(4)空间数据不确定性的研究是空间信息科学基础理论研究的一个重要组成部分,该研究可以进一步完善空间信息科学的理论。

(三)空间数据不确定性的内容

不确定性可以理解为不精确性、模糊性、未知性。不精确性,可以指多次量测值的变化程度,也可以指精度不足。模糊性是指不明确的表达形式,该表达形式包含了一种或多种含义。未知性是指含义不清,通常会对现实世界目标的精确区分造成困难。

空间数据不确定性主要包括随机不确定性和模糊性。空间数据随机不确定性是目前空间数据不确定性的主要研究方向,随着科学技术的发展,许多学者意识到了空间数据不仅存在随机不确定性,还存在复杂的模糊性。

(1)空间数据随机不确定性。就空间数据的误差来源分析,空间数据随机不确定性的来源有空间现象自身存在的不稳定性、空间现象表达、空间数据处理、空间数据使用、测量仪器的误差、观测误差、计算机的计算操作、操作平台选择等。

(2)空间数据模糊性。空间数据模糊性主要包括:空间数据获取过程中产生的空间数据模糊性,模糊概念产生的空间数据模糊性,空间关系描述产生的空间数据模糊性,空间分析过程产生的空间数据模糊性,空间地理实体本身的过渡变化所引起的空间数据模糊性。

六、数据质量与数据不确定性

空间数据质量研究的主要内容是误差。误差是观测值与其真值间的差异,具有统计意义。就理论层面而言,该定义隐含着真值的存在,但实际上真值的获取并不容易,甚至对于某些要素来说,严格或绝对意义上的真值并不存在,即使可以估算出真值会落在某个置信区间,但仅代表真值只有近似或相对的意义。除了数值方面的限制,误差在概念描述层面也不够准确:首先,就客观世界自身而言,复杂的地理现象并非全都是空间均质分布的,且在不同实体间相互混杂,甚至很少界限分明,例如不同类型的土壤很难找到明确的界限;其次,就人类认知过程而言,采用一定的数据模型来描述客观世界的方式本身就存在局限性,因为纯几何意义上的点、线、面在现实世界中并不存在,仅是对现实世界的一种近似描述。

不确定性是指被测量对象知识缺乏的程度,是空间过程和特性不能被准确确定的程度,是自然界各种空间现象自身固有的属性,通常表现为空间数据所具有的误差、不精确性、模糊性,且受尺度、分辨率、抽样等因素的影响。考虑数值、自然、人工等方面的因素,使用"不确定"比"误差"更加科学,因为不确定既能体现与真值间的相对性,还能包含概念上的模糊含义。其实空间数据不确定性是传统误差概念的延拓和丰富,是一个比误差更广义、更抽象的概念,可以看作是一种广义的误差,既包含随机误差,又包含系统误差和粗差,还包含可度量和不可度量的误差,以及数值上和概念上的误差。

本质上空间数据质量和不确定性研究是一脉相承的。首先,空间数据的不确定性研究包含传统的误差,且早期的不确定性研究对象也是数值上的误差;其次,在不确定度的指标选择上,国际计量组织和学术团体经讨论认为,不论是正态分布还是非正态分布,均应选用标准差 σ 为基本尺度,目的是使不确定性与测量误差指标体系一致;再次,就研究目的而言,二者都是为了保证数据质量、提高数据使用可靠程度,以获得正确的分析结果。所以在某种程度上不确定性理论与测量误差理论没有根本区别,甚至有学者认为两者是一致的,且统称为空间数据不确定性与质量控制研究。

§4-4　地理信息系统标准

一、地理信息系统标准简介

规范和标准的制定是一个行业持续、稳健发展的有力保证,是实现标准化的必要条件,因此各个国家和行业组织对此都高度重视。地理信息产业与其他信息产业一样,要实现产业化必须要重视规范和标准的研究和制定。GB/T 1.1—2020 中定义,标准是通过标准化活动,按照规定的程序经协商一致制定,为各种活动或其结果提供规则、指南或特性,供共同使用和重复使用的文件。标准应以科学、技术和经验的综合成果为基础,以促进最佳社会效果为目的。标准化是指在经济、技术、科学及管理等社会实践中,对重复性事物和概念通过制定、发布和实施标准达到统一,以获得最佳秩序和社会效益的过程。一般来说,标准化包括制定、发布与实施标准的过程。

在全世界范围内,标准的类型尚无统一的标准,但按标准适用的地理范围或行业可分为国际标准、区域标准、国家标准、行政区域标准和行业标准。

(1)国际标准(International Standard)是由国际标准化组织或标准组织通过、公布,在国际范围内推行的标准。国际标准化组织(International Organization for Standardization,ISO)是一个向世界各国有关机构开放其成员资格的标准化组织,其国际标准由下属的技术委员会负责研究和制定,最后由 ISO 成员投票,表决通过(2/3 成员国同意)后方可颁布实施。

(2)区域标准(Regional Standard)是由世界某一区域标准化组织或标准组织通过、公布,在区域范围内推行的标准。区域标准组织(Regional Organization)是一个仅向某个地理、政治或经济范围内各国有关机构开放其成员资格的标准组织。

(3)国家标准(National Standard)是由国家标准化主管机构批准、公布,在全国范围内实施的标准。

(4)行政区域标准(Provincial Standard)是由国家某一行政区域批准、公布,在该行政区域内实施的标准。我国的行政区域标准称为地方标准。

(5)行业标准(Occupation Standard)是由主管部门批准发布的标准,又称专业标准。行业标准归口单位(Assigned Unit for Standardization of Specific Field)是由标准化行政主管部门指定的,负责某个专业或领域的标准制定、修订工作的科研、设计或企业单位。

然而,完全标准化地理空间数据的想法遇到很大阻力,主要有以下原因:首先,是对空间数据模型缺乏一致的意见,不同厂家对空间数据模型的定义有很大的区别,因此,空间数据结构的通用逻辑规范还没有出台;其次,目前没有一个现有的地理信息系统能充分解决全部应用软件问题,由于各地理信息系统应用软件显著不同,具有包括各种学科的属性,因此产生了不同的地理数据和操作方法,很难建立一个能处理各种地理数据的独立标准;最后,在通常情况下,地理信息系统标准实际上就是应用软件领域的标准,如给一个地区建立通用地理信息系统数据库的普遍问题是分类和定义,即国家和国家之间的土地分类不同,不同国家对土地使用分类定义不同。因此,让所有系统采用统一的数据结构来存储和描述地理信息,并遵循统一的数据标准,很难实现。几乎不可能使全球的地理信息系统平台采用单一的结构和统一的标准,因此需要研究异构空间数据共享与互操作的技术和标准。

二、ISO/TC 211 地理信息标准

国际标准化组织地理信息技术委员会(ISO/TC 211)是国际标准化组织在 1994 年设立的,专门负责地理信息标准化工作,其目的是促进全球地理信息资源的开发、利用和共享,即制定 ISO/TC 211 地理信息和地球信息科学标准,它是对与地球上位置直接或间接有关的物体或现象信息的结构化标准。该标准共分为 25 个部分,主要针对地理信息的内容和相关的方法,各种数据管理的工具和服务及有关的请求、处理、分析、获取、表达,以及在不同的用户、系统平台和位置上进行数据的转换。

(1)参考模型(reference model),描述地理信息系统标准的使用环境、使用的基本原则和标准的改造框架,同时也定义了该标准的所有概念和要素。参考模型是一个独立于任何应用、方法和技术的模型,也是整个 ISO/TC 211 的工作指南。

(2)综述(overview),是整个 ISO/TC 211 标准系列的介绍和回顾。ISO/TC 211 标准系列是一个完整全面的地理信息系统的标准族,该部分提供给潜在用户一个整体的标准系列和个别标准的综合介绍,包括标准的目的、标准以及标准之间的关系等,使用户可以快速查询到所需要的内容,提高标准的可理解性和可接收性。

(3)概念化模式语言(conceptual schema language),使用一种标准化的模式语言来促进互操作标准的开发,并提供一个快速建立地理信息标准的基础。这种标准语言是在现有的标准概念化语言基础上发展而成的。

(4)术语定义(terminology),定义了所有 ISO/TC 211 标准中使用的专有词汇,其目的是产生通用的与地理信息系统标准有关的词汇,供地理信息系统的标准制定者、使用者和开发者使用。

(5)一致性和测试(conformance and testing),是为了保证所有 ISO/TC 211 标准的一致性而制定的测试框架、概念和方法。建立测试方法的标准和保持一致性的原则可以使 GIS 软件的开发者核实各类标准的一致性。

(6)专用标准(profiles),定义所有 ISO/TC 211 标准的子集产品,它确定了在 ISO/TC 211 制

定的全部标准的基础上,针对某些具体应用提取出专用标准子集的方法和参考手册。在 ISO/TC 211 中,定义和描述了一系列地理信息以及地理数据管理和地理过程的标准。其中,某个方面可能有多个标准,如测量标准和编码标准;其他一些标准可能描述了一系列内容,如空间模式标准。在实际应用中,可能只采用某个标准或标准的一部分,甚至是对某个标准进行特例具体化,专用标准给出了使用的指导。

(7)空间模式(spatial schema),定义对象空间特征的概念模式,主要从几何体和拓扑关系的角度制定概念模式。几何体和拓扑关系是地理信息的两个主要特征,其标准制定将为其他空间特征标准制定提供方便,同时可以帮助地理信息系统开发者和使用者理解空间数据结构。

(8)时间尺度子模式(temporal subschema),定义空间实体时间尺度特征的概念,地理信息并不局限于三维尺度,许多地理信息系统需要时间特征。

(9)应用模式规则(rules for application schema),定义地理信息应用的模式,包括地理对象的分类和它们与应用模式之间关系的原则。采用一致的形式定义应用模式,将增强应用之间的数据共享能力,并且允许应用之间实时地交互操作。

(10)要素分类方法(feature cataloguing methodology),定义了对地理对象、属性和关系进行分类的方法论,并且确定了建立一个国际化的多语言分类的可能性。地理信息的类别一般取决于应用模式,提供一致的分类方法增强了从一个类别映射到另一个类别的可能性。

(11)坐标空间参考系(spatial referencing by coordinates),定义了坐标空间参考系的概念化模式以及对描述大地参考系的指导,其中包括国际上使用的参考系,制定坐标空间参考系同样有助于各类应用之间的交流和数据共享。

(12)基于地理标识符的间接参考系(spatial referencing by geographic identifiers),定义了间接的空间参考系的概念化模式。ISO 认为,越来越多地理信息的应用使用非坐标类型的参考系,即间接空间参考系,如地址数据,因而有必要产生一套间接参考系的标准模式。

(13)质量原则(quality principles),定义了应用于地理数据的质量模式。对地理信息的创建者和使用者而言,质量信息是十分重要的。一致的质量标准模式,便于一个应用中创建的数据在另一个应用中被适当地评估和使用。

(14)质量评价过程(quality evaluation procedures),给出了对数据质量进行评估和描述的指导。关于地理数据质量的评价信息不仅需要一致的标准,而且需要一致的、标准的评估和描述方法。标准的评估准则可以保证不同数据集合的质量具有可比性。

(15)元数据(metadata),定义地理信息和服务的描述性信息的标准。该标准制定的目的是产生一个地理元数据的内容及有关标准。这些内容包括地理数据的现势性、精度、数据内容、属性内容、来源、覆盖地区以及对各类应用的适应性等。对地理数据进行标准的描述可以使地理信息用户方便地得到适用的数据。

(16)空间信息定位服务(positioning service),定义了定位系统的标准接口协议。卫星系统的发展使一个地理对象在全球范围内的定位成为可能,定位信息标准接口的制定将促进这些定位信息在各类应用中更有效的使用。

(17)地理信息描述(portrayal),定义了地理信息描绘方法。不同应用系统之间采用一致的符号表现方法,将便于人们更好地理解和识别各类地理信息。

(18)编码(encoding),选择与地理信息使用的概念模式相匹配的编码规则,并且定义了概念模式语言之间以及编码规则之间的映射方式。编码规则使地理信息以数字形式进行存储和传输时,按照一定的编码语言和系统进行编码。

(19)服务(service),识别和定义地理信息的服务接口及其与开放系统环境(Open System Environment)模型之间的关系。服务接口的定义有助于不同层次的各种应用访问和使用地理信息。

(20)功能标准(functional standards),定义了地理信息科学领域已经识别出的功能标准的分类方法。功能标准的分类有利于 ISO/TC 211 与其他标准的协调一致。标准子集的制定也与功能标准的识别有关。

(21)图像和栅格数据(imagery and gridded data),是为了使 ISO/TC 211 能够处理地理信息场模型中的图像和栅格数据而定义的图像和栅格数据标准。它确定了其他组织以及 ISO 其他委员会定义的图像标准,这些标准支持地理信息中栅格和矩阵数据标准的建立。由于地理信息中图像和栅格数据产品增加,因此需要制定该方面的标准。

(22)人员的资格认证(qualifications and certification of personnel),描述了地理信息科学和地球信息学中人员的资格认证体系,定义了地理信息科学、地球信息学与其他相关学科以及专业的边界,详细说明了属于地理信息科学和地球信息学领域的技术,建立了该领域中技术人员、专业人员以及管理人员的能力范围和资格水平体系。

(23)覆盖几何和功能的模式(schema for coverage geometry and functions),定义了描述覆盖的空间特征的标准概念模式。覆盖通常包括栅格数据、不规则三角网、点覆盖和多边形覆盖。在大量地理信息应用领域中,覆盖是主要的数据结构,可表达遥感、气象、地形、土壤、植被等。覆盖几何和功能的模式将有助于提高地理信息在这些领域内的共享能力。

(24)图像和栅格数据的成分(imagery and gridded data components),给出了描述和表现图像和栅格数据的概念标准,包括针对图像和栅格数据的应用模式规则、质量原则、质量评价过程、空间参考系、可视化和服务等,并表明其与已有的针对矢量数据的标准的不同之处。

(25)简单要素访问的结构化查询语言(structured query language,SQL)选项是面向 SQL 环境的简单要素访问的规范,该规范将支持要素的存储、检索、查询和更新操作。

§4-5　地理信息数据更新

由于国家建设的飞速发展,地物地貌和各种信息数据日新月异,地理信息往往不能与实际要素发生的变化保持同步,从而不能及时反映最新现状。为了满足各种应用的需求,地理信息数据更新就变得非常重要。

一、地理信息数据更新基本环节

地理信息数据更新有三个基本环节(图 4-3):变化信息的发现与提取、主数据库更新、用户数据库更新。

(一)变化信息的发现与提取

变化信息的发现与提取是地理信息数据更新的首要环节,其目的是通过调查、比较发现并确定变化。目前变化信息发现的主要途径包括:①由专业队伍进行现势性调查发现变化信息;②将卫星遥感影像与现有数据比较发现变化信息;③根据其他渠道获得变化信息,如众包更新。

（二）主数据库更新

主数据库更新是一个将变化信息与数据中心原有主数据库中未变化信息进行融合的过程。这一过程包括在原有主数据库中插入新增的地形、地物、地籍信息，删除已消失的相应对象信息，更新替换部分变化的空间对象信息并保存历史数据。主数据库更新方法可分为两大类：一类是直接用新采集的同一尺度的变化信息进行更新，另一类是用更新过的大比例尺数据更新小比例尺数据。

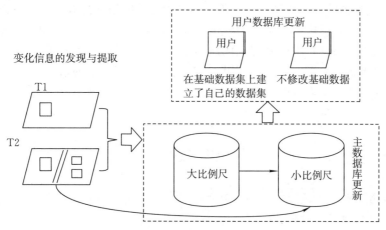

图 4-3　地理信息数据更新的三个基本环节

由最新的较大比例尺数据更新较小比例尺数据，或称为多尺度数据库的协同更新，是当前数据库更新的学术前沿，除包括主数据库更新中的变化区域局部数据提取、局部更新操作、历史数据保存、变化前后数据一致性维护外，还涉及空间数据综合等问题。

（三）用户数据库更新

用户数据库可以通过在线模式采用增量或整体更新。当用户数据库在本地是作为一个空间基础数据，并建有用户自身的专题数据时，要注意空间数据库与专题数据的匹配和融合，确保用户端系统或应用的正常运行。

二、地理信息数据更新基本模式

地理信息数据更新基本模式包括定期更新和增量更新。

（一）定期更新

定期更新模式综合考虑更新区域特征、更新要素、数据现势性以及其他资料，采用固定间隔时间的更新方式，如城市基础地理信息更新的间隔时间为 6 个月。

（二）增量更新

增量更新是当前地理信息数据更新的主要手段之一，即变化一经发现便立即更新空间数据库内容，并连续提供给用户使用的更新模式。增量更新模式灵活而且能够更好地保证地理信息数据的现势性，是未来数据库更新的主要趋势。

（1）基于变化的增量更新方法。该方法的前提是，假设事件信息能够在收集变化信息时一起收集，并按照预先设计的格式提交给数据库管理系统，以地理事件、空间实体变化类型与时空数据库动态操作算子之间的关系为基础，通过地理空间变化事件来确定单一实体变化类型，然后通过单一实体变化类型与动态操作算子之间的关系来确定更新操作，以实现时空数据库更新的自动化(或半自动化)。

(2)基于拓扑联动的增量更新方法。基于拓扑联动的增量更新方法,是针对不同目标类型,分析归纳出相应的拓扑联动类型及其细分类型;对于不同目标类型,根据其语义特点、拓扑一致性约束条件及变化前后目标间的拓扑关系,推断实体变化类型的规则,并以此为基础分析或推断每种拓扑联动类型中原关联目标和新生目标的变化情况,进而设计和执行相应的更新操作,实现数据库的局部联动更新及其拓扑一致性维护。

(3)地表覆盖数据的增量更新方法。地表覆盖数据是随着遥感技术的应用而出现的,一般指地球表面当前所具有的由自然和人为影响形成的覆盖物,包括地表植被、土壤、冰川、湖泊、沼泽湿地及道路等。遥感技术因其客观性好、现势性强、信息获取周期短、定位精度高等特点,在全球地表覆盖更新中发挥着重要的作用。卫星遥感影像所提供的信息具有宏观性、综合性、多波段性以及动态性等优点,利用其进行地表覆盖数据的更新,不仅能提供充足的基础数据,还能够大大提高工作效率。

思考题

1. 地理信息数据源有哪些? 分别具有什么特点?
2. 试列举常见的感知数据。
3. 元数据的内容和作用是什么?
4. 试分析 ISO/TC 211 标准的布局及关系。
5. 地理信息数据更新的基本环节和模式有哪些? 分别具有什么特点?

第五章　空间数据处理

§5-1　空间度量

空间度量是指对空间对象及空间对象之间的可度量特征进行量算与分析,如空间目标的位置、周长、面积、体积、曲率、空间形态、空间分布以及空间目标之间的距离等。空间度量是获取地理空间信息的基本手段,所获得的基本空间参数是进行空间数据处理、分析、模拟与决策的基础。

一、欧氏空间的度量

在地理信息系统中,研究对象是地理空间中的各种现象。地理空间的定义和数学模型在第二章第二节地理信息系统的空间参考中做过介绍,在地理学科、测绘学科中主要使用旋转椭球面作为表达地理空间的几何模型。因此,地理空间中的基本距离度量也应为基于旋转椭球面的测地线(也称大地线)度量,相应的方向度量为大地方位角。但是,往往旋转椭球面的二维几何计算算法的时间复杂度过高,不利于满足大规模数据地理计算的需求。因此,目前主流的地理信息系统软件工具中,空间计算的基本距离度量仍以基于投影平面的欧氏距离度量为主,大地线度量为辅。

从数据源的角度看,空间数据的基本距离度量需要考虑数据模型的特点。在矢量数据模型下地理特征被抽象为点、线、面、体四类不同的几何对象,其相互之间的距离计算方法各有差异。特别的,在三维空间中,点、线、面、体相互之间距离计算的时间复杂度很高,因此通常使用三维点集(点云)的形式来模拟三维空间线、面、体,使复杂空间对象之间的距离计算被简化为点到点的距离计算。而在栅格数据模型下,地理现象被抽象为位置(栅格)集合,因此距离度量仅需计算点集到点集之间的距离,计算较简便;但是同时由于计算精度受到栅格单元大小的影响,相比于矢量数据模型,栅格数据模型的距离计算始终会存在一定的误差。因此在大多数场景下,基本度量运算是基于矢量模型的;只有在一些比较适合栅格计算的场景,如求图斑面积、土方体积等会用到栅格计算的方法。

(一)基本距离度量

1. 点—点距离计算

1)平面距离与角度

设有平面上的两点 $P_1(x_1, y_1)$ 与 $P_2(x_2, y_2)$,则两点之间的平面距离为

$$|P_1 P_2| = \sqrt{(x_1 - x_2)^2 + (y_1 - y_2)^2} \tag{5-1}$$

令 O 为远点,矢量 $\overrightarrow{OP_2}$ 到 $\overrightarrow{OP_1}$ 之间的夹角为

$$\left. \begin{array}{l} \sin\theta = \dfrac{x_2 - x_1}{|P_1 P_2|} \\[4mm] \cos\theta = \dfrac{y_2 - y_1}{|P_1 P_2|} \end{array} \right\} \tag{5-2}$$

2)空间直线距离

设三维空间两点为 $P_1(x_1,y_1,z_1)$ 与 $P_2(x_2,y_2,z_2)$,则两点之间的空间直线距离为

$$|P_1P_2| = \sqrt{(x_1-x_2)^2 + (y_1-y_2)^2 + (z_1-z_2)^2} \qquad (5\text{-}3)$$

2. 点—线距离计算

1)点—线最短距离

如图 5-1 所示,设线段 P_1P_2 位于横坐标轴,端点为 P_1 和 P_2,垂足为 P^*,计算点 P 到线段 P_1P_2 的距离。

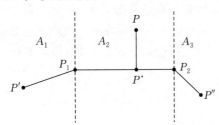

图 5-1　点—线段最短距离计算

通过两端点 P_1 和 P_2,与线段 P_1P_2 垂直的直线将平面区域划分为 A_1、A_2、A_3,则点 P 到线段 P_1P_2 的最短距离 $d_{\min}$ 为

$$d_{\min} = \begin{cases} d(P,P_1) & P \in A_1 \\ d(P,P^*) & P \in A_2 \\ d(P,P_2) & P \in A_3 \end{cases} \qquad (5\text{-}4)$$

其中,$d(P,P_i)$ 表示点 P 到 P_i 的欧氏距离。

2)点—线垂直距离

设 A、B 两点组成的直线 l 为 $ax+by+c=0$,则点 $P(X,Y)$ 到直线 l 的垂直距离为

$$d_{\text{dis}}(P,l) = d_{\min}(P,l) = |aX+bY+c| / \sqrt{a^2+b^2} \qquad (5\text{-}5)$$

3)点—线平均距离

点—线平均距离 $d_{\text{avg}}(P,l)$ 等于点 P 与直线段 l 两个端点 P_1 和 P_2 的距离的平均值,即

$$d_{\text{avg}}(P,l) = (d(P,P_1)+d(P,P_2))/2 \qquad (5\text{-}6)$$

4)点—线最大距离

点—线最大距离 $d_{\max}(P,l)$ 等于点 P 与直线段 l 两个端点 P_1 和 P_2 的距离中的最大值,即

$$d_{\max}(P,l) = \max(d(P,P_1),d(P,P_2)) \qquad (5\text{-}7)$$

3. 点—面距离计算

1)点—面最短距离

点 P 到面 A_n 的最短距离肯定在面的边界上,因此点—面最短距离为

$$d_{\min}(P,A_n) = \min(d_{\min}(P,l_i)) \qquad (5\text{-}8)$$

式中,l_i 为组成面的边界线段,$i=1,2,\cdots,n$。

2)点—面最大距离

点—面最大距离为

$$d_{\max}(P,A_n) = \max(d_{\max}(P,l_i)) \qquad (5\text{-}9)$$

式中,$i=1,2,\cdots,n$。

3)点—面平均距离计算

点—面平均距离计算比较复杂,可将多边形划分为三角形,点—面平均距离为

$$d_{\text{avg}}(P,A_n) = \sum_{i=1}^{n-2} \frac{|T_i|}{|A_i|} d_{\text{avg}}(P,T_i) \qquad (5\text{-}10)$$

式中,$|T_i|$ 表示三角形的面积,$d_{\text{avg}}(P,T_i)$ 表示点 P 到 T_i 的平均距离。

该方法的时间复杂度非常大,必须先将多边形划分为三角形,按照积分的方法计算点到每个

三角形的平均距离,然后才能得出点到面的平均距离。为了高效求取点—面平均距离,必须在面目标内寻找一点,转换为点—点距离的计算。传统方法是将点—面距离近似表示为点到质心的距离。对于凹多边形,可在多边形内求取一个内点,将点—面距离近似表示为点到该内点的距离。

4. 线—线距离计算

1)线—线最短、最大距离

如果两条线段相交,则其最短距离为零;如果两条线段不相交,设两线段 l_1 和 l_2 的端点分别为(P_{1s},P_{1e})与(P_{2s},P_{2e}),则线—线之间的最短距离和最大距离分别为

$$d_{\min}(l_1,l_2)=\min(d_{\min}(P_{1s},l_2),d_{\min}(P_{1e},l_2),d_{\min}(P_{2s},l_1),d_{\min}(P_{2e},l_1)) \quad (5\text{-}11)$$

$$d_{\max}(l_1,l_2)=\max(d_{\max}(P_{1s},l_2),d_{\max}(P_{1e},l_2),d_{\max}(P_{2s},l_1),d_{\max}(P_{2e},l_1)) \quad (5\text{-}12)$$

2)线—线平均距离计算

假设线段 l_1 位于 x 轴,为$\{(x,0)\,|\,a\leqslant x\leqslant b\}$,$l_2$ 位于直线 $y=kx$ 上,为$\{(x,y)\,|\,c\leqslant x\leqslant d,kc\leqslant y\leqslant kd\}$,其中,$a,b,c,d,k$ 均为常数。对于 l_2 上的任意一点 $P(X,Y)$,P 到 l_1 的平均距离 $d_{\text{avg}}(P,l_1)=\dfrac{1}{b-a}\int_a^b f(x)\mathrm{d}x$,其中 $f(x)=\sqrt{(X-x)^2+(kX)^2}$。在 l_2 上,每间隔 Δx 取点,则取样点总数 $n=(d-c)/\Delta x$。从而当 $n\to\infty$ 时,线段 l_2 到 l_1 的平均距离为

$$d_{\text{avg}}(l_2,l_1)=(d_{\text{avg}}(P_1,l_1)+d_{\text{avg}}(P_2,l_1)+\cdots+d_{\text{avg}}(P_n,l_1))/n=\dfrac{1}{d-c}\int_c^d d(P,l_1)\mathrm{d}x$$

$$(5\text{-}13)$$

5. 线—面距离计算

1)线—面最短、最大距离

面由一系列有序线段构成,线—面最短、最大距离计算可转化为线—线最短、最大距离计算,求取线到组成面的每一条线段的最短、最大距离,其中最小、最大值即为线—面之间的最短、最大距离。

2)线—面平均距离计算

先对面的内部进行均匀采样,获取替代面的面内点点集。

(二)线状特征的度量

1. 长度

长度是空间对象线状特征最基本的形态参数之一。在矢量数据结构下,线表示为坐标对 (x,y) 或(x,y,z) 序列,线长度可由两点间直线距离相加得到。

在二维欧氏空间中,线长度的计算公式为

$$l=\sum_{i=0}^{n-1}\left((x_{i+1}-x_i)^2+(y_{i+1}-y_i)^2\right)^{\frac{1}{2}}=\sum_{i=0}^{n-1}l_i \quad (5\text{-}14)$$

在三维空间中,线长度的计算公式为

$$l=\sum_{i=0}^{n-1}\left((x_{i+1}-x_i)^2+(y_{i+1}-y_i)^2+(z_{i+1}-z_i)^2\right)^{\frac{1}{2}}=\sum_{i=0}^{n-1}l_i \quad (5\text{-}15)$$

如果某要素是由多条线组合的复合对象,其长度可通过计算所有的线长度求和得到。

2. 分数维

需要明确的是,在真实地理世界中的线对象(如海岸线的长度)往往呈现"测不准"状态。20 世纪 70 年代,美国数学家曼德尔布罗特(Mandelbrot)在研究英国海岸线的长度时,发现这

不是误差的问题,而是自然边界本身固有的性质。用不同大小的度量标准来测量海岸线的长度,每次会得出完全不同的结果。度量标准的尺度越小,测量出来的海岸线的长度越长。随着测量精度的提高,英国海岸线的长度也在迅速趋于无穷。所以,需要一种新的概念来描述自然边界这种无规则、不光滑的边界线。

如果用观测尺度的观点来看维度,图形的维度可以表示为 $D = \log_l N$。其中,l 代表所包含相似个体与整体之间的比例,N 代表所包含相似个体的个数。如图 5-2(a)所示,一维长度为 1 的线段如果用长度为 1 的尺子量,有 1 段;用长度为 1/2 的尺子量,有 2 段;用长度为 1/3 的尺子量,有 3 段。该线段的空间维度 $D = \log_3 3 = \log_2 2 = 1$。二维图形中以边长为 1 的正方形为例,用边长为 1 的正方形量,有 1 个;用边长为 1/2 的正方形量,有 4 个;用边长为 1/3 的正方形量,有 9 个。因此该正方形的空间维度 $D = \log_2 4 = \log_3 9 = 2$。同样的,对于边长为 1 的立方体,用边长为 1 的立方体量,有 1 个;用边长为 1/2 的立方体量,有 8 个;用边长为 1/3 的立方体量,有 27 个。因此该立方体的空间维度 $D = \log_2 8 = \log_3 27 = 3$。

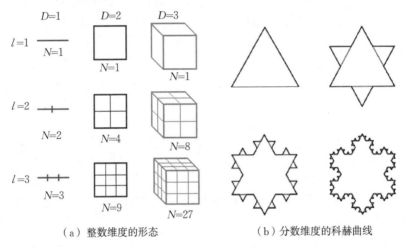

（a）整数维度的形态　　　　　（b）分数维度的科赫曲线

图 5-2　整数维度与分数维度

用同样的方法度量图 5-2(b)的科赫曲线,如果用长度为原来 1/3 的相似形态量,有 4 个,$D = \log_3 4 \approx 1.26$。$D$ 为分数的图形称为分数维图形,如果用低于该维度的尺子衡量,结果就是无穷大。根据多次测量所得的结果,英国海岸线的分数维度大约等于 1.25,与科赫曲线相似。

地理信息系统中常用的 Hilbert 曲线,其分数维度趋近于 2,意味着无限递归的 Hilbert 曲线是趋近于二维的图形,可以填满整个二维空间。这一特性也使其在地理信息系统中被用作空间降维处理的重要工具。

3. 曲率

曲率是针对曲线上某个点的切线方向角对弧长的转动率。通过微分定义,表明曲线偏离直线的程度。曲率在数学上是表明曲线的某一点的弯曲程度的数值,是曲线不平坦程度的一种度量。

对于曲线 $y = f(x)$,任意一点的曲率为

$$K = \frac{y''}{(1 + y'^2)^{\frac{3}{2}}} \tag{5-16}$$

式中,y' 为一阶导数,y'' 为二阶导数。

用参数形式 $x = x(t)$ 和 $y = y(t)(\alpha \leqslant t \leqslant \beta)$ 表示的曲线,任意一点的曲率为

$$K = \frac{x'y'' - x''y'}{(1 + y'^2)^{\frac{3}{2}}}$$ (5-17)

式中，x'，x'' 分别为参数方程的一阶导数和二阶导数。

使用曲率公式计算的一个前提条件是曲线是光滑的，如果是离散点表示的线状物体，需要先进行光滑插值，然后按照公式计算。

(三)面状特征的度量

在线状特征的度量中，很少出现基于栅格的应用。但是在面状特征的度量中，特别是工程场景下，基于栅格的面积计算和基于矢量的度量虽然方法不同，但是结果近似，都在工程应用中具有重要的地位。选用何种方法取决于实际应用中对计算精度的要求以及初始的数据状态，按需选取。

1. 周长

多边形周长依据围绕多边形的相互连接的线段计算得到，也就是依据封闭绘图模型来进行计算。所以，通过距离公式计算每条线段长度，然后累加得到周长。

计算栅格数据的周长时，需要先对格网单元集合外部的周长单独识别，周长由格网单元分辨率乘以格网单元的总数确定。

2. 面积

在矢量结构下，面状地物用由轮廓边界弧段构成的多边形表示。常用梯形法计算其面积，基本思想为，在平面直角坐标系中，按多边形顶点顺序依次求出多边形所有边与 x 轴（或 y 轴）组成的梯形面积，求梯形面积代数和，如图 5-3 所示。如果多边形内部有孔或岛（孔中的孔），则分别计算外多边形和内岛面积，再取差值。没有孔的简单多边形有 n 个顶点，顶点坐标为 (x_i, y_i)，则面积为

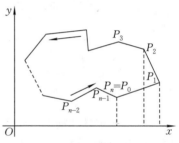

图 5-3 矢量数据面积量算

$$S = \frac{1}{2} \sum_{i=0}^{n-1} (x_{i+1} - x_i)(y_{i+1} + y_i)$$ (5-18)

对于用栅格方式表示的面状物体，直接通过栅格计数来获取面积。边界上的像元面积，根据边界线的走向进行分配。

3. 重心

计算面状目标的重心，需要先将多边形剖分成三角形的组合，然后计算每个三角形的重心坐标与面积，所有三角形的重心联合确定了整个多边形的重心。二维欧氏平面上均匀图形的重心 (C_x, C_y) 为

$$C_x = \frac{\sum\limits_{i=1}^{n} G_{ix} S_i}{\sum\limits_{i=1}^{n} S_i}$$

$$C_y = \frac{\sum\limits_{i=1}^{n} G_{iy} S_i}{\sum\limits_{i=1}^{n} S_i}$$

多边形被剖分成 n 个三角形，(G_{ix}, G_{iy}) 为第 i 个三角形的重心坐标，S_i 为第 i 个三角形的面积。

二、地球表面的度量

(一)球面距离

在航空与航海等情况中，作业范围较大，常使用一个接近地球形状的圆球作为计算基础，大圆线则是圆球面上两点之间的最短距离。给定球面两点的经纬度坐标 $A(\varphi_1, \lambda_1)$ 和 $B(\varphi_2, \lambda_2)$，如图 5-4 所示，该大圆线的圆弧长为

$$\cos(S) = \sin\varphi_1\sin\varphi_2 + \cos\varphi_1\cos\varphi_2\cos(\lambda_2 - \lambda_1) \tag{5-19}$$

$$S = \arccos(\sin\varphi_1\sin\varphi_2 + \cos\varphi_1\cos\varphi_2\cos(\lambda_2 - \lambda_1)) \tag{5-20}$$

则 A、B 两点之间的球面距离为

$$L = \frac{RS\pi}{180} \tag{5-21}$$

式中，R 为圆球半径。

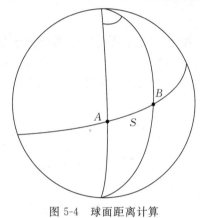

图 5-4　球面距离计算

(二)地球椭球面的距离量算

在平面上，两点间的最短距离为两点间的直线距离，在球面上是两点间的大圆线，那么在椭球面上是大地线。大地线是主法线与曲面法线处处重合的曲线，是椭球面上两点间的最短程曲线。在椭球面上进行测量计算时，应以两点间的大地线为依据，将地面上测得的距离和方位，归算为相应大地线的距离、方位。

一般将基于椭球面的距离和方位的计算称为大地主题解算，包括大地主题正解算和大地主题反解算两种。已知 P_1 点的大地坐标 (B_1, L_1)，以及两点间的距离 S_{12} 和正方位角 A_{12}，解算另一点 P_2 的大地坐标 (B_2, L_2) 和反方位角 A_{21}，为大地主题正解算。反之，已知 P_1、P_2 两点的大地坐标 (B_1, L_1)、(B_2, L_2)，解算两点间的距离 S_{12} 和正反方位角 A_{12}、A_{21}，为大地主题反解算。目前，应用较广泛的大地主题解算方法主要有高斯平均引数法和贝塞尔法。其中，在中短距离大地主题解算中多采用高斯平均引数法，该方法以大地线在大地坐标系中的微分方程为基础，直接在地球椭球面上进行积分运算。但该方法的解算精度与两点间的长度有关，距离越长，收敛速度越慢，因此只适用于中短距离的大地主题解算。贝塞尔法基本思路是，以一个辅助球面为基础，实现由椭球面向球面的过渡，在球面上解算大地表面的距离、方位，最后将结果转换为椭球面上的相应数值。贝塞尔法的解算精度不受距离长短的影响，它既适用于短距离解算，又适用于长距离解算，这对于国际联测、精密导航、远程导弹发射等都具有重要意义。

(三)地球椭球面的图斑面积计算

我国各种大、中比例尺地形图采用不同的高斯-克吕格投影(简称高斯投影)，高斯投影为等角横切椭圆柱投影，没有角度变形，除中央经线无长度变形外，其他任何点的长度变形比均大于1。由于高斯投影存在面积变形，离中央经线越远其面积变形越大，虽然采用分带投影的方法，可使投影边缘的变形不致过大，然而对于一些精度要求较高的应用，仍需要计算椭球面的图斑面积。其计算基本原理是，将任意封闭图斑的高斯平面坐标利用高斯投影反解变换公式，换算为相应椭球面的大地坐标，再利用椭球面上任意梯形图块面积计算模型计算其椭球面

面积,从而得到任意封闭图斑的椭球面面积。此方法利用微积分原理,将任意封闭图斑切割成有限个任意小的梯形图斑,先计算任意小的梯形图斑面积,最后再累加求和,其计算过程大体可分为三个步骤:

(1)计算整个图斑多边形的面积。如图 5-5 所示,对封闭区域的界址点按顺时针或逆时针连续编号,得到其大地坐标 $P_1(B_1,L_1)$、$P_2(B_2,L_2)$、$P_3(B_3,L_3)$、$P_4(B_4,L_4)$,对于一条任意给定经线 L_0,界址点在 L_0 上的投影点为 $P'_1(B_1,L_0)$、$P'_2(B_2,L_0)$、$P'_3(B_3,L_0)$、$P'_4(B_4,L_0)$,则多边形 $P_1P_2P_3P_4$ 的面积为四个梯形图斑面积的代数和,即

$$S_{P_1P_2P_3P_4}=S_{P'_1P_1P_2P'_2}+S_{P'_2P_2P_3P'_3}+S_{P'_3P_3P_4P'_4}+S_{P'_4P_4P_1P'_1} \tag{5-22}$$

(2)计算椭球面上单个梯形图斑面积。利用微积分的思想,把整个大梯形 $P'_1P_1P_2P'_2$ 切割成有限个小梯形 $P_1P_iP'_iP'_1$,计算小梯形面积 S_i,S_i 累加求和即可得到大梯形图斑的面积。

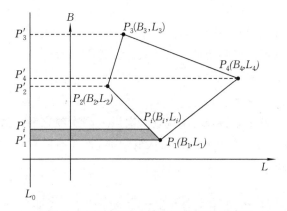

图 5-5　椭球面任意封闭图斑面积计算方法

(3)计算小梯形椭球面面积。按照椭球面梯形面积计算公式计算,并注意参数取值方法,B_1、B_2 分别为连续界址点编号的前一个、后一个界址点的大地纬度,ΔL 为沿界址点编号方向的前一个、后一个界址点的大地经度的平均值与 L_0 的差值。

椭球面任意梯形的计算公式为

$$S = 2b^2\Delta L\Big(A\sin\frac{1}{2}(B_2-B_1)\cos B_m - B\sin\frac{3}{2}(B_2-B_1)\cos 3B_m + C\sin\frac{5}{2}(B_2-$$

$$B_1)\cos 5B_m - D\sin\frac{7}{2}(B_2-B_1)\cos 7B_m + E\sin\frac{9}{2}(B_2-B_1)\cos 9B_m\Big) \tag{5-23}$$

其中,A、B、C、D、E 为常数,令 $e^2=(a^2-b^2)/a^2$,则

$$A = 1+\frac{3}{6}e^2+\frac{30}{80}e^4+\frac{35}{112}e^6+\frac{630}{2\,304}e^8$$

$$B = \quad\ \ \frac{1}{6}e^2+\frac{15}{80}e^4+\frac{21}{112}e^6+\frac{420}{2\,304}e^8$$

$$C = \qquad\qquad\ \frac{3}{80}e^4+\frac{7}{112}e^6+\frac{180}{2\,304}e^8$$

$$D = \qquad\qquad\qquad\qquad\ \frac{1}{112}e^6+\frac{45}{2\,304}e^8$$

$$E = \qquad\qquad\qquad\qquad\qquad\qquad\ \frac{5}{2\,304}e^8$$

式中，a 表示参考椭球长半轴，单位为米；b 表示参考椭球短半轴，单位为米；ΔL 表示图斑经差，单位为弧度；$B_2 - B_1$ 表示图斑纬差，单位为弧度；B_m 表示 B_1 和 B_2 的中点，即 $B_m = (B_2 + B_1)/2$。

§5-2　空间数据的坐标变换

一、几何纠正

在图形编辑中，由图纸变形产生的误差难以改正，因此要进行几何纠正。几何纠正常用的方法有高次变换、二次变换和仿射变换。

(一)高次变换

使用待定系数的高次曲线方程在目标点 (x', y') 与已知数字化控制点 (x, y) 之间建立方程组，解算出待定系数则可以得到变换的表达式。方程表示为

$$\left.\begin{aligned} x' &= a_1 x + a_2 y + a_{11} x^2 + a_{12} xy + a_{22} y^2 + A \\ y' &= b_1 x + b_2 y + b_{11} x^2 + b_{12} xy + b_{22} y^2 + B \end{aligned}\right\} \tag{5-24}$$

式中，a_i、b_i、a_{ij}、b_{ij} 表示待定系数，A、B 代表二次以上高次项之和。式(5-24)是高次曲线方程，符合该式的变换称为高次变换。进行高次变换时，需要有六对以上控制点的坐标及其理论值，才能求出待定系数。

(二)二次变换

当不考虑高次曲线方程中的 A 和 B 时，式(5-24)变成二次曲线方程，其变换称为二次变换。二次变换适用于原图有非线性变形的情况，至少需要五对控制点的坐标及其理论值，才能求出待定系数，即

$$\left.\begin{aligned} x' &= a_1 x + a_2 y + a_{11} x^2 + a_{12} xy + a_{22} y^2 \\ y' &= b_1 x + b_2 y + b_{11} x^2 + b_{12} xy + b_{22} y^2 \end{aligned}\right\}$$

(三)仿射变换

仿射变换是使用最多的一种几何纠正方式，只考虑 x 和 y 方向上的变形，仿射变换的特性是：①直线变换后仍为直线，②平行线变换后仍为平行线，③不同方向上的长度比发生变化。仿射变换的变换公式表示为

$$\left.\begin{aligned} x' &= a_1 x + a_2 y + a_3 \\ y' &= b_1 x + b_2 y + b_3 \end{aligned}\right\} \tag{5-25}$$

式中，(x', y') 表示目标点坐标，a_1、a_2、a_3 和 b_1、b_2、b_3 均为选定系数。

对于仿射变换，只需知道不在同一直线上的三对控制点的坐标及其理论值，就可求得待定系数。但实际使用时，往往利用四个以上控制点进行纠正，利用最小二乘法处理，以提高变换的精度。

用 (Q_x, Q_y) 表示误差，则误差方程为

$$\left.\begin{aligned} Q_x &= X - (a_1 x + a_2 y + a_3) \\ Q_y &= Y - (b_1 x + b_2 y + b_3) \end{aligned}\right\} \tag{5-26}$$

式中，(X, Y) 为已知的理论坐标。

由 $Q_x{}^2$ 最小和 $Q_y{}^2$ 最小的条件可得到两组法方程

$$
\left.
\begin{aligned}
a_1\sum x + a_2\sum y + a_3 n &= \sum X \\
a_1\sum x^2 + a_2\sum xy + a_3\sum x &= \sum xX \\
a_1\sum xy + a_2\sum y^2 + a_3\sum y &= \sum yX
\end{aligned}
\right\} \tag{5-27}
$$

$$
\left.
\begin{aligned}
b_1\sum x + b_2\sum y + b_3 n &= \sum Y \\
b_1\sum x^2 + b_2\sum xy + b_3\sum x &= \sum xY \\
b_1\sum xy + b_2\sum y^2 + b_3\sum y &= \sum yY
\end{aligned}
\right\} \tag{5-28}
$$

式中，n 为控制点个数，(x,y) 为控制点坐标，(X,Y) 为控制点的理论值，a_1、a_2、a_3、b_1、b_2、b_3 为待定系数。通过上述法方程就可求得仿射变换的待定系数。

二、投影变换

当系统所使用的数据来自不同地图投影时，需要进行地图投影变换。地图投影变换的实质是建立两个平面坐标系之间点的一一对应关系。假定某点的原坐标为 (x,y)，新坐标为 (X,Y)，则由原坐标变换为新坐标的基本方程式为

$$
\left.
\begin{aligned}
X &= f_1(x,y) \\
Y &= f_2(x,y)
\end{aligned}
\right\} \tag{5-29}
$$

地图投影变换的方法通常分为三类。

(一)解析变换法

解析变换法是找出两种投影间坐标变换的解析计算公式。由于所采用的计算方法不同又可分为反解变换法和正解变换法。

反解变换法(又称间接变换法)是一种中间过渡的方法，即先解出原地图投影点的地理坐标 (φ,λ)，然后将其代入新地图的投影公式中求得其坐标，即

$$
\boxed{(x,y)} \longrightarrow \boxed{(\varphi,\lambda)} \longrightarrow \boxed{(X,Y)}
$$

正解变换法(又称直接变换法)不需要反解出原地图投影点的地理坐标，而是直接求出两种地图投影点的直角坐标关系式，即

$$
\boxed{(x,y)\text{标识符}} \longrightarrow \boxed{(X,Y)\text{坐标}}
$$

(二)数值变换法

如果原地图投影点的坐标解析式未知，或不易求出两地图投影之间坐标的直接关系，那么可以采用多项式逼近的方法，即用数值变换法来建立两地图投影之间的变换关系式。例如，可采用二元三次多项式进行变换。从投影坐标 (x,y) 到 (X,Y) 的二元三次多项式表示为

$$
\left.
\begin{aligned}
X &= a_{00} + a_{10}x + a_{01}y + a_{20}x^2 + a_{11}xy + a_{02}y^2 + a_{30}x^2 + a_{21}x^2y + a_{12}xy^2 + a_{03}y^3 \\
Y &= b_{00} + b_{10}x + b_{01}y + b_{20}x^2 + b_{11}xy + b_{02}y^2 + b_{30}x^2 + b_{21}x^2y + b_{12}xy^2 + b_{03}y^3
\end{aligned}
\right\} \tag{5-30}
$$

式中，a_{ij}、b_{ij} 为待定系数。

选择 10 个以上的两种地图投影之间的共同点，组成最小二乘法的条件式，即

$$F(x) = \sum_{i=1}^{n} (X_i - X_i')^2$$

$$F(y) = \sum_{i=1}^{n} (Y_i - Y_i')^2$$

$$(5\text{-}31)$$

则令 $F(x)$、$F(y)$ 取最小值的待定系数方程式即为所求的投影变换的数值解析式,式中,n 为点数,(X_i,Y_i) 为新地图投影的坐标的实际变换值,(X_i',Y_i') 为新地图投影的坐标的理论值。根据最小二乘原理,可得到两组线性方程,即可求得各系数的值。

(三)数值解析变换法

当已知新地图投影的公式但不知原地图投影的公式时,可先通过数值变换求出原地图投影点的地理坐标 (φ,λ),然后代入新地图投影公式中,求出新地图投影点的坐标,即

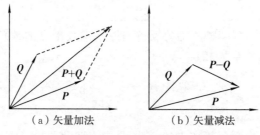

§5-3 矢量数据处理

一、基本矢量几何运算

(一)矢量几何

1. 矢量的概念

如果一条线段的端点是有次序的,则称这种线段为有向线段。既有大小又有方向的量,称为矢量。矢量可以用一个带有箭头的有向线段作为几何表示;将该有向线段的起点平移到坐标原点后,可以用该有向线段末端点的坐标值作为矢量的代数表示。

2. 矢量加减法

设二维矢量 $P = (x_1,y_1)$,$Q = (x_2,y_2)$,则 P、Q 的加法和减法如图 5-6 所示。

（a）矢量加法　　　　　　　（b）矢量减法

图 5-6　矢量加减法

矢量加法从几何上代表两个矢量所围成的平行四边形的对角线。矢量减法的几何意义是矢量端点指向被减矢量的线。

3. 矢量积

设二维矢量 $P = (x_1,y_1)$,$Q = (x_2,y_2)$,则矢量积定义为:由 $(0,0)$、P、Q 所组成的平行四边形的带符号面积,即 $P \times Q = x_1 y_2 - x_2 y_1$,其结果是一个标量。矢量积的几何意义是以 P 和 Q 为邻边的平行四边形的有向面积,如图 5-7 所示。

显然,矢量积具有以下性质:$P \times Q = -(Q \times P)$ 和 $P \times (-Q) = -(P \times Q)$。

矢量积在矢量几何运算中一个非常重要的应用是,可以通过它的符号判断两个矢量相互之间的顺、逆时针关系:

(1)若 $\boldsymbol{P} \times \boldsymbol{Q} > 0$,则 $\boldsymbol{P}$ 在 $\boldsymbol{Q}$ 的顺时针方向。

(2)若 $\boldsymbol{P} \times \boldsymbol{Q} < 0$,则 $\boldsymbol{P}$ 在 $\boldsymbol{Q}$ 的逆时针方向。

(3)若 $\boldsymbol{P} \times \boldsymbol{Q} = 0$,则 $\boldsymbol{P}$ 与 $\boldsymbol{Q}$ 共线,但可能同向也可能反向。

4. 数量积

设二维空间内有两个矢量 $\boldsymbol{P}(x_1,\ y_1)$ 和 $\boldsymbol{Q}(x_2,\ y_2)$,定义它们的数量积(图5-8)为

$$\boldsymbol{P} \cdot \boldsymbol{Q} = x_1 x_2 + y_1 y_2 \tag{5-32}$$

数量积的几何意义为 $\boldsymbol{P} \cdot \boldsymbol{Q} = |\boldsymbol{P}||\boldsymbol{Q}|\cos\theta$,其中,"$|\ |$"表示取模,$\theta$ 为 $\boldsymbol{P}$ 到 $\boldsymbol{Q}$ 的夹角。

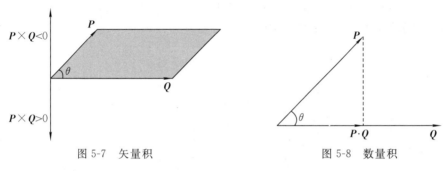

图 5-7　矢量积　　　　　　　　　　图 5-8　数量积

(二)矢量常用运算

1. 折线段的拐向判断

折线段的拐向判断方法可以直接由矢量积的性质推出。对于有公共端点的线段 P_0P_1 和 P_1P_2,通过计算$(P_2 - P_0) \times (P_1 - P_0)$ 的符号便可以确定折线段的拐向:

(1)若 $(P_2 - P_0) \times (P_1 - P_0) > 0$,则 P_0P_1 在 P_1 点拐向右侧后得到 P_1P_2,如图5-9(a)所示。

(2)若 $(P_2 - P_0) \times (P_1 - P_0) < 0$,则 P_0P_1 在 P_1 点拐向左侧后得到 P_1P_2,如图5-9(b)所示。

(3)若 $(P_2 - P_0) \times (P_1 - P_0) = 0$,则 P_0、P_1、P_2 三点共线,如图5-9(c)所示。

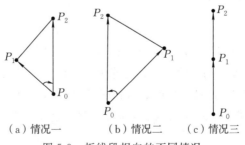

（a）情况一　　　　（b）情况二　　　（c）情况三

图 5-9　折线段拐向的不同情况

2. 判断点是否在线段上

设点为 Q,线段为 P_1P_2,判断点 Q 在该线段上的依据是

$$(Q - P_1) \times (P_2 - P_1) = 0 \tag{5-33}$$

且 Q 在以 P_1、P_2 为对角顶点的矩形内。前者保证 Q 点在直线 P_1P_2 上,后者保证 Q 点不在线段 P_1P_2 的延长线或反向延长线上。

3. 判断两线段是否相交

1)快速排斥实验

设以线段 P_1P_2 为对角线的矩形为 R，以线段 Q_1Q_2 为对角线的矩形为 T，如果 R 和 T 不相交，显然两线段不会相交，如图 5-10(a)所示。

2)跨立实验

如果两线段相交，则两线段必然相互跨立对方，如图 5-12(b)所示。若 P_1P_2 跨立 Q_1Q_2，则矢量(P_1-Q_1) 和 (P_2-Q_1) 位于矢量(Q_2-Q_1) 的两侧，即

$$(P_1-Q_1) \times (Q_2-Q_1) * (P_2-Q_1) \times (Q_2-Q_1) < 0 \tag{5-34}$$

式(5-34)可改写成

$$(P_1-Q_1) \times (Q_2-Q_1) * (Q_2-Q_1) \times (P_2-Q_1) > 0 \tag{5-35}$$

式中，符号×表示矢量积，＊表示数值乘法。

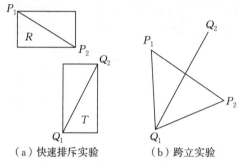

（a）快速排斥实验　　　（b）跨立实验

图 5-10　判断两条线段是否相交

4. 判断点、线段、折线、多边形、圆是否在矩形中

(1)点。判断点是否在矩形中时，只要判断该点的横坐标和纵坐标是否夹在矩形的左右边和上下边之间即可。

(2)线段、折线、多边形。因为矩形是个凸集，所以只要判断所有端点是否都在矩形中即可。

(3)圆。圆在矩形中的充要条件是，圆心在矩形中且圆的半径小于等于圆心到矩形四边的距离的最小值。

二、图形编辑

图形编辑是纠正数据采集错误的重要手段，在地理信息系统中，其基本的功能要求是：具有友好的人机界面，即操作灵活、易于理解、响应迅速等；具有对几何数据和属性编码的修改功能，如点、线、面的增加、删除、修改等；具有分层显示和窗口功能，便于用户的使用。图形编辑的关键是点、线、面的捕捉，即如何根据光标的位置找到需要编辑的要素，以及图形编辑的数据组织。

(一)点的捕捉

图形编辑是在计算机屏幕上进行的，因此先应把图幅的坐标转换到当前屏幕状态的坐标系和比例尺中。如图 5-11 所示，设光标点为 $S(x,y)$，图幅上某点状要素的坐标为 $A(X,Y)$，则可设一捕捉半径 D（通常为 $3\sim5$ 个像素，主要由屏幕的分辨率和尺寸决定）。若 S 和 A 的距离 d 小于 D，则认为捕捉成功，即认为找到的点是 A；否则失败，继续搜索其他点。d 可由下式计算

$$d = \sqrt{(X-x)^2 + (Y-y)^2} \tag{5-36}$$

但是由于计算 d 时需进行乘方运算,影响了搜索速度,因此,距离 d 的计算可改为

$$d = \max(|X - x|, |Y - y|) \qquad (5\text{-}37)$$

即把捕捉范围由圆改为矩形,这可大大加快搜索速度,如图 5-12 所示。

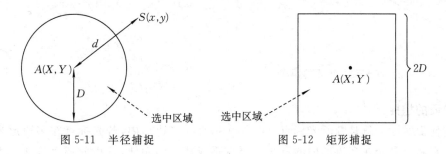

图 5-11　半径捕捉　　　　　　　图 5-12　矩形捕捉

(二)线的捕捉

设光标点坐标为 $S(x, y)$,D 为捕捉半径,线的特征点坐标为 (x_1, y_1),(x_2, y_2),$\cdots$,(x_n, y_n)。计算 S 到该线的每个直线段的距离 d_i,如图 5-13 所示,若 $\min(d_1, d_2, \cdots, d_{n-1}) < D$,则认为光标 S 捕捉到了该条线,否则为未捕捉到。在实际的捕捉中,可每计算一个距离 d_i 就进行一次比较,若 $d_i < D$,则捕捉成功,不需再进行下面直线段到点 S 的距离计算。

为了加快线捕捉的速度,可以把不可能被光标捕捉到的线用简单算法去除。如图 5-14 所示,对一条线可求出其最大、最小坐标值 $X_{\min}$、$Y_{\min}$、$X_{\max}$、$Y_{\max}$,对由此构成的矩形再向外扩 D 的距离,若光标点 S 落在该矩形内,才可能捕捉到该条线,因而通过简单的比较运算就可去除大量不可能捕捉到的线。

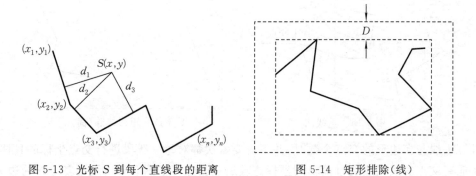

图 5-13　光标 S 到每个直线段的距离　　　图 5-14　矩形排除(线)

对于直线段与光标点也应该采用类似的方法处理。对一个直线段进行捕捉时,应先检查光标点是否可能捕捉到该直线段,即对由直线段两端点组成的矩形再往外扩 D 的距离,构成新的矩形,若 S 落在该矩形内,才计算点到该直线段的距离,否则应放弃该直线段,而取下一直线段继续搜索。

如图 5-15 所示,点 $S(x, y)$ 到直线段 $(x_1, y_1)(x_2, y_2)$ 的距离 d 为

$$d = \frac{|(x - x_1)(y_2 - y_1) - (y - y_1)(x_2 - x_1)|}{\sqrt{(x_2 - x_1)^2 + (y_2 - y_1)^2}} \qquad (5\text{-}38)$$

可以看出计算量较大,速度较慢,因此可按如下方法计算:从 $S(x, y)$ 向直线段 $(x_1, y_1)(x_2, y_2)$ 作水平和垂直方向的射线,取 d_x、d_y 的最小值作为 S 点到该直线段的近似距离。由此可

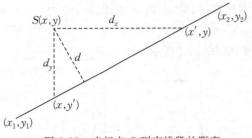

图 5-15　光标点 S 到直线段的距离

大大减小运算量,提高搜索速度。计算方法为

$$
\left.\begin{aligned}
x' &= \frac{(x_2 - x_1)(y - y_1)}{y_2 - y_1} + x_1 \\
y' &= \frac{(y_2 - y_1)(x - x_1)}{x_2 - x_1} + y_1 \\
d_x &= |x' - x| \\
d_y &= |y' - y| \\
d &= \min(d_x, d_y)
\end{aligned}\right\} \quad (5\text{-}39)
$$

(三)面的捕捉

面的捕捉实际上就是判断光标点 $S(x,y)$ 是否在多边形内,若光标点在多边形内则说明捕捉到。判断点是否在多边形内的算法主要有垂线法和转角法,这里介绍垂线法。垂线法的基本思想是从光标点引垂线(实际上可以是任意方向的射线),计算其与多边形的交点个数。若交点个数为奇数,则说明该点在多边形内;若交点个数为偶数,则该点在多边形外(图 5-16)。

为了加快搜索速度,可先找出该多边形的外切矩形,即由该多边形的最大、最小坐标值构成的矩形,如图 5-17 所示。若光标点落在该矩形中,才有可能捕捉到该面;否则放弃对该多边形的进一步计算和判断,即不进行作垂线并求交点个数的复杂运算。通过该步骤,可去除大量不可能捕捉的情况,大大减少运算量,提高系统的响应速度。

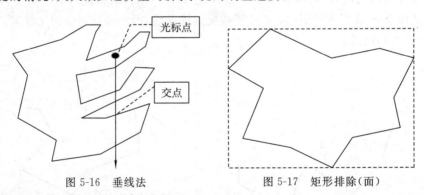

图 5-16　垂线法　　　　　　　　　图 5-17　矩形排除(面)

计算垂线与多边形的交点个数时,并不需要每次都对每一线段进行交点坐标的具体计算。对不可能有交点的线段应通过简单的坐标比较迅速去除。如图 5-18 所示,多边形的边分别为 1～8,只有边 3、7 可能与 S 点所引的垂直方向的射线相交。设线段两端点坐标为 (x_1, y_1) 和 (x_2, y_2),当 $x_1 \leqslant x \leqslant x_2$ 或 $x_2 \leqslant x \leqslant x_1$ 时才有可能与垂线相交,这样就可不对边 1、2、4、5、6、8 进行继续的交点判断了。

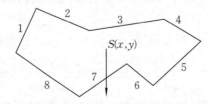

图 5-18　坐标比较迅速排除不可能相交的线段

对于边 3、7 的情况，若 $y>y_1$ 且 $y>y_2$，必然与 S 点所引的垂线相交（如边7）；若 $y<y_1$ 且 $y<y_2$，必然不与 S 点所引的垂线相交。这样不必进行交点坐标的计算就能判断出是否有交点了。

对于 $y_1 \leqslant y \leqslant y_2$ 或 $y_2 \leqslant y \leqslant y_1$，且 $x_1 \leqslant x \leqslant x_2$ 或 $x_2 \leqslant x \leqslant x_1$，如图 5-19 所示，这时可求出垂线与线段的交点 (x,y')。若 $y'<y$，则是交点；若 $y'>y$，则不是交点；若 $y'=y$，则交点在线上，即光标点在多边形的边上。

（四）图形编辑的数据组织

地理信息系统中的空间数据通常是分层存取的，在进行图形编辑时，需确定在哪个数据层（或哪几个数据层）进行操作，以便对选定数据层的数据进行编辑。

无论空间数据是用数据库管理还是用文件管理，都必须为图形编辑的实现提供空间数据的读取、存储等基本功能。

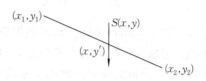

图 5-19 坐标点比较确定是否相交

空间数据量庞大，每次都针对全部空间数据进行编辑是不现实的，因为这样的查询和编辑操作所需的时间过长，因此需要采用建立索引的方法。索引通常是分层建立的，主要方法有格网索引、四叉树索引和 R 树索引等。

格网索引是把空间数据涉及的地理区域划分为 $m \times n$ 的矩形格网，格网的大小可根据空间数据的数据量等情况确定。然后用格网对所有空间数据进行扫描，以每个格网为索引单元，记录通过该格网的点、线、面。查询时根据光标的坐标可迅速算出处于哪个格网中，通过索引就可知道该格网中点、线、面的内容，只对这些内容进行搜索和编辑，可大大加快图形编辑的响应速度。

建立索引文件后的图形编辑，不仅要修改原始的空间数据，而且要修改相关的索引文件。例如增加一条链后，不仅要在空间数据库中增加这条链的标识符、坐标串等数据，而且要在这条链经过的格网的索引中增加这条链的信息。

对空间数据进行删除操作时，通常不直接删除空间数据库中的相关数据，而只在相应的索引文件中作标记，只有在重新整理数据库时，才进行真正的删除。这种方法一方面加快了编辑的响应速度，另一方面也可在必要时恢复执行删除操作的数据。

对建立了拓扑关系的矢量数据进行图形编辑时，往往会破坏原有的拓扑关系，这时需要拓扑重构，也可以先对图形编辑所涉及的局部区域进行拓扑重构，然后与原区域进行相关处理，以获取全图的拓扑关系数据。

三、拓扑处理

矢量数据拓扑关系在空间数据的查询与分析中非常重要，矢量数据的自动拓扑算法是地理信息系统中的关键算法之一，下面介绍其实现的基本步骤和要点。矢量数据的自动拓扑算法的步骤可分为以下几步。

（一）链的组织

链的组织是找出在链的中间相交而不是在端点相交的情况（图 5-20），自动切成新链，然后把链按一定顺序存储，如按最大或最小的 x 或 y 坐标的顺序，方便查找和检索，并把链按顺序编号。

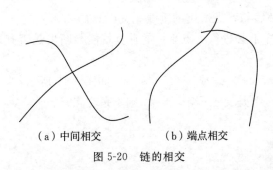

（a）中间相交　　　（b）端点相交

图 5-20　链的相交

（二）节点匹配

节点匹配是把一定限差内的链的端点作为一个节点,其坐标值取多个端点的平均值,如图 5-21 所示,然后对节点按顺序编号。

（三）检查多边形是否闭合

检查多边形是否闭合可以通过判断一条链的端点是否有与之匹配的端点来进行。如图 5-22 所示,链 a 的端点 P 没有与之匹配的端点,因此无法用该条链与其他链组成闭合多边形。多边形不闭合可能是由于节点匹配限差的问题,造成应匹配的端点未匹配,也可能是由于数字化误差较大或数字化错误。这些可以通过图形编辑或重新确定匹配限差来确定。另外,这条链可能本身就是悬挂链,不需参加多边形拓扑,这种情况下可以作标记,使之不参加下一阶段拓扑建立多边形的工作。

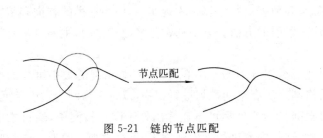

节点匹配

图 5-21　链的节点匹配

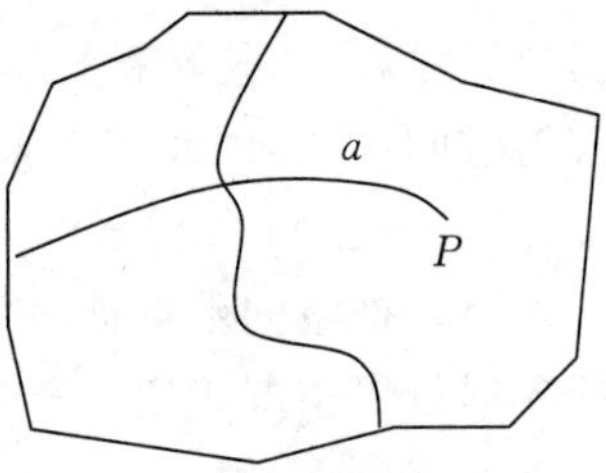

图 5-22　检查链的端点是否有
与之匹配的端点

（四）建立多边形

建立多边形是矢量数据自动拓扑算法中最关键的部分。

1. 基础知识

1)顺时针方向构多边形

所谓顺时针方向构多边形是指多边形在链的右侧。如图 5-23(a)所示,多边形在面内;如图 5-23(b)所示,多边形在面外。

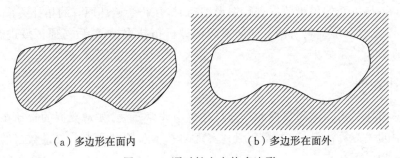

（a）多边形在面内　　　　　（b）多边形在面外

图 5-23　顺时针方向构多边形

2)最靠右边的链

最靠右边的链是指从链的一个端点出发,沿这条链的方向在右边的第一条链。如图 5-24所示,a 的最靠右边的链为 d。找最靠右边的链可通过计算链的方向和夹角实现。

3)多边形面积

设构成多边形的坐标串为(x_i, y_i),$i = 1, 2, \cdots, n$,则多边形的面积可用式(5-18)求出。根据该公式,当多边形由顺时针方向构成时,面积为正;反之,面积为负(图 5-25)。

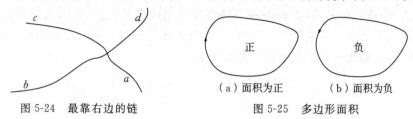

图 5-24　最靠右边的链　　　　　　（a）面积为正　　（b）面积为负

图 5-25　多边形面积

2. 建立多边形的基本过程

(1)在多边形节点列表中顺序取下一个节点为起始节点,如果不存在下一个节点,则多边形建立过程终止。

(2)取过步骤(1)所取节点的任一条链作为起始链。

(3)取步骤(2)对应链另一端的节点,以这个节点为起点,取步骤(2)对应链最靠右边的链,作为下一条链。

(4)取步骤(2)对应链另一端的节点,判断该节点是否回到起点。如果该节点是起点,说明步骤(2)、(3)、(4)所经过的链已形成一个多边形,记录下来之后跳转到步骤(5);如果该节点不是起点,则说明该节点尚未构成闭环条件,还要继续搜索下一条链,跳转到步骤(2)。

(5)取起始点上开始的,刚才所形成多边形的最后一条边作为新的起始链,跳转到步骤(2);若这条链已用过两次,即已成为两个多边形的边,则跳转到步骤(1)。

例如,对图 5-26 建立多边形的过程为:

(1)从 P_1 节点开始,起始链定为 P_1P_2;从 P_2 点算起,P_1P_2 最右边的链为 P_2P_5;从 P_5 点算起,P_2P_5 最右边的链为 P_5P_1。所以,形成的多边形为 $P_1P_2P_5P_1$。

(2)从 P_1 节点开始,以 P_1P_5 为起始链,形成的多边形为 $P_1P_5P_4P_1$。

(3)从 P_1 点开始,以 P_1P_4 为起始链形成的多边形为 $P_1P_4P_3P_2P_1$。该多边形为包络多边形(最外圈外包多边形),面积为负。

(4)这时 P_1 为节点的所有链均被使用了两次,因而转向下一个节点 P_2,继续进行多边形追踪,直至所有的节点取完。一共可追踪出五个多边形,即 A_1、A_2、A_3、A_4、A_5。

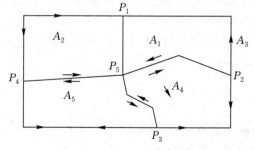

图 5-26　建立多边形的过程

(五)岛的判断

岛的判断是找出多边形互相包含的情况,即寻找多边形的连通边界。

根据上述追踪多边形的方法,单多边形(即由单条链或由多条链顺序构成、不与其他多边形相交的多边形)被追踪了两次,因为每条链必须使用两次,所以一个多边形的面积为正,另一个为负。如果一个多边形包含另一个多边形,则必然是面积为正的多边形包含面积为负的多边形(图 5-27)。解决多边形包含问题的步骤为:

图 5-27　追踪多边形

(1)计算所有多边形的面积。

(2)分别对面积为正的多边形和面积为负的多边形排序。

(3)从面积为正的多边形中,顺序取每个多边形,直至取完为止。若面积为负的多边形个数为 0,则结束。

(4)找出该多边形所包含的所有面积为负的多边形,并把这些面积为负的多边形加入包含它们的多边形,跳转至步骤(3)。

注意,由于一个面积为负的多边形只能被一个多边形包含,当面积为负的多边形被包含后,应去掉该多边形,或作标记。所以,当没有面积为负的多边形时,也应停止判断。

在该算法中,找出面积为正的多边形包含的面积为负的多边形是关键,其基本过程可描述为:

(1)找出所有比该面积为正的多边形面积小的面积为负的多边形。

(2)用外接矩形法去掉不可能包含的多边形,即面积为负的多边形的外接矩形不与该面积为正的多边形的外接矩形相交或不被其包含时,面积为负的多边形不可能被该面积为正的多边形包含。

(3)取面积为负的多边形上一点,看其是否在面积为正的多边形内,若在内,则被包含;若在外,则不被包含。

(六)确定多边形的属性

追踪出每个多边形的坐标后,经常需要确定该多边形的属性。如果在原始矢量数据中,每个多边形有内点,则可以将内点与多边形匹配,并将内点的属性赋予多边形。由于内点的个数必然与多边形的个数一致,所以,还可用来检查拓扑的正确性。如果没有内点,则必须通过人机交互,对每个多边形赋属性。

四、数据压缩

数据压缩的目的是删除冗余数据,减少数据的存储量,节省存储空间,加快后续处理的速度。下面介绍几种常用的矢量数据压缩算法。

(一)道格拉斯—普克法

如图 5-28 所示,道格拉斯—普克法(Douglas-Peucker)的基本思路是,对每一条曲线的首末点虚连一条直线,求所有点与直线的距离,并找出最大距离值 d_{max},用 d_{max} 与限差 D 比较;若 $d_{max} < D$,则将这条曲线上的中间点全部舍去;若 $d_{max} \geqslant D$,则保留 d_{max} 对应的坐标点,并以该点为界,将曲线分为两部分,对这两部分曲线重复使用该方法。

(二)垂距法

如图 5-29 所示,垂距法的基本思路是,每次顺序取曲线上的三个点,计算中间点与其他两点连线的垂线距离 d,并与限差 D 比较;若 $d < D$,则去掉中间点;若 $d \geqslant D$,则保留中间点;然后顺序取下三个点继续处理,直到这条线结束。

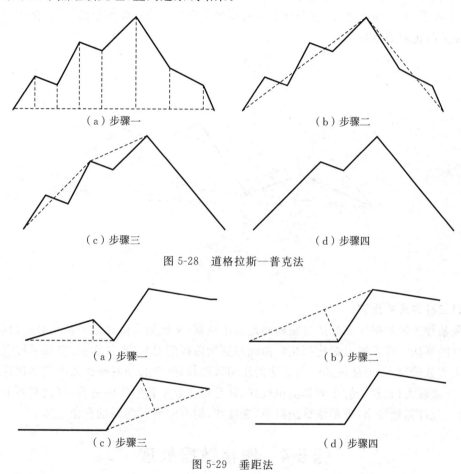

（a）步骤一　　　　　　　　　　（b）步骤二

（c）步骤三　　　　　　　　　　（d）步骤四

图 5-28　道格拉斯—普克法

（a）步骤一　　　　　　　　　　（b）步骤二

（c）步骤三　　　　　　　　　　（d）步骤四

图 5-29　垂距法

(三)光栏法

如图 5-30 所示,光栏法的基本思路是,定义一个扇形区域,通过判断曲线上的点是在扇形外还是在扇形内,确定保留还是舍去。设曲线上的点为 $\{P_i\}, i = 1, 2, \cdots, n$,光栏口径为 d,d 可根据压缩量定义,则光栏法的实施步骤为:

(1)连接 P_1 和 P_2 点,过 P_2 点作一条垂直于 P_1P_2 的直线,在该垂线上取两点 A_1 和 A_2,使 $A_1P_2 = A_2P_2 = d/2$,此时 A_1 和 A_2 为光栏边界点,P_1 与 A_1、P_1 与 A_2 的连线为以 P_1 为顶点的扇形的两条边,这就定义了一个扇形(这个扇形的开口朝向曲线的前进方向,边长是任意的)。通过 P_1 并在扇形内的所有直线都具有以下性质,P_1P_2 上各点到这些直线的垂距都不大于 $d/2$。

（2）若 P_3 点在扇形内，则舍去 P_2 点。然后连接 P_1 和 P_3，过 P_3 作 P_1P_3 的垂线，该垂线与步骤（1）定义的扇形边交于 C_1 和 C_2。在垂线上找到 B_1 和 B_2 点，使 $P_3B_1 = P_3B_2 = d/2$，若 B_1 或 B_2 点落在原扇形外，则用 C_1 或 C_2 取代。此时用 P_1B_1 和 P_1C_2 定义一个新的扇形，这就是口径（B_1C_2）缩小了的光栏。

（3）检查下一节点，若该点在新扇形内，则重复步骤（2）；直到发现有一个节点在最新定义的扇形外为止。

（4）当发现在扇形外的节点，如图 5-30 中的 P_4，此时保留 P_3 点，以 P_3 作为新起点，重复步骤（1）至步骤（3）。如此继续，直到整个点列检测完为止。所有被保留的节点（含首、末点）顺序地构成了简化后的新点列。

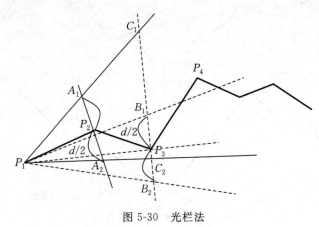

图 5-30　光栏法

（四）三种方法的比较

如果某种矢量数据压缩算法既能精确地表示数据，又能最大限度地淘汰不必要的点，那就是一种好的算法。可以通过对比简化后曲线和原始曲线的总长度、总面积、坐标平均值等来判别。在大多数情况下，道格拉斯—普克法的压缩算法较好，但必须对整条曲线数字化后才能进行，且计算量较大；光栏法的压缩算法也较好，并且可在数字化时实时处理，每次判断下一个数字化的点，且计算量较小；垂距法算法简单，速度快，但有时会将曲线的夹角去掉。

§5-4　栅格数据处理

基于栅格的制图建模也称为地图代数，即把各栅格图层以数学方式相结合。栅格数据基于场模型，具有场模型无差别表达整个空间、邻域性能优异等特点，适合对空间整体进行表达和计算。

地图代数的运算对象是一组同规格的栅格，即待计算的一组栅格相互之间能够表达同一区域的地理空间，并且每个对应栅格的大小、方向等保持一致。地图代数的输出也是一组同规格的栅格数据。

地图代数中的运算可以归纳为四种基本函数类型：局部函数、焦点函数、分带函数和全局函数。

一、局部函数

局部(local)函数也称图层函数,是在每个栅格图层中,对每个栅格单元进行操作。局部函数的典型特征是栅格单元的处理只与各栅格图层中相同位置的栅格数值有关,而与周围的栅格单元没有关系。

局部函数的运算包括基本的算术运算,三角函数、指数函数、对数函数运算及逻辑运算。

其中,数乘栅格如图 5-31 所示,栅格乘以一个常数的结果是每一个栅格单元的值为对应输入栅格单元乘以常数的值。乘法栅格如图 5-32 所示。

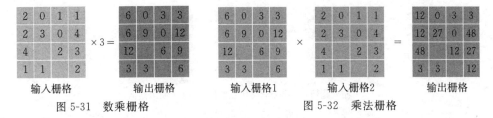

图 5-31　数乘栅格　　　　　　　　图 5-32　乘法栅格

局部函数中可以采取的运算包括:算术、关系、位、布尔、组合、逻辑、累计、赋值运算等。算术运算($+$、$-$、$\times$、$/$、Mod)是对栅格单元进行加、减、乘、除、取整等。关系运算($<$、$>$、$==$、$>=$、$<=$)是根据给定的条件对栅格单元逐个进行比较运算,如果条件为真,则相应的栅格单元返回 1,否则返回 0。位运算只能作用于单个栅格图层,是对栅格数值的二进制表达,而且只能对整数进行运算。组合运算是根据一定的运算规则进行输出。

局部函数各图层之间的函数组合方式多样,可以有效地支持建立在不同地理因素栅格数据基础上的复杂地理模型的实现。

二、焦点函数

地理学第一定律揭示了空间邻近性对空间分析的重要影响。焦点(focal)函数要通过其附近的栅格单元值处理关注点栅格单元数据,分析关注点邻近空间的特征对该点产生的空间影响。为此,定义了模板、中心来表示邻接关系,如图 5-33 所示。通过遍历输入栅格的所有网格及以每个栅格为中心的焦点模板位置所对应的栅格,计算出输出栅格的数值。也就是说,输出栅格的数值与输入栅格在相同位置的栅格及输入栅格在该位置的邻域栅格有关。

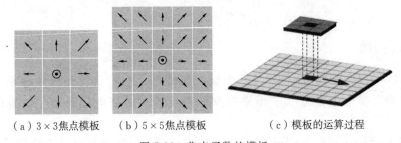

（a）3×3焦点模板　　（b）5×5焦点模板　　（c）模板的运算过程

图 5-33　焦点函数的模板

有时在空间分析中也可以使用不规则形态来描述焦点的邻接关系。焦点函数的类型包括焦点求和、焦点均值、焦点最大值、焦点最小值和焦点值域等。其中,焦点求和指计算以目标栅格单元为中心的某焦点模板对应位置上包含的所有输入栅格单元值的和,如图 5-34 所示。焦点均值指计算以目标栅格单元为中心的某焦点模板对应位置上包含的所有输入栅格单元值的平均值,如图 5-35 所示。

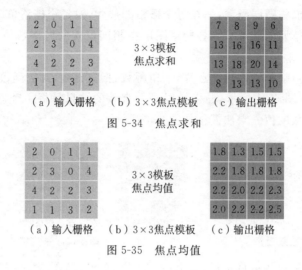

（a）输入栅格   （b）3×3焦点模板   （c）输出栅格

图 5-34   焦点求和

（a）输入栅格   （b）3×3焦点模板   （c）输出栅格

图 5-35   焦点均值

三、分带函数

分带(zonal)函数指基于分带的栅格单元的处理和分析。其中分带定义了具有共同特征的栅格单元,同一分带内的栅格单元不一定相互邻接。

一个典型的分带函数需要两种栅格:一种是用来定义每一分带的大小、形状及位置的分带栅格;一种是将进行数据处理的数值栅格。

典型的分带函数包括分带均值、分带最大值、分带最小值、分带求和和分带变化量。其中,分带最大值是确定每一分带中的栅格单元的最大值。分带栅格、数值栅格、输出栅格如图 5-36 所示。分带函数通常用于区域分类,如覆盖不同类型森林的区域的分类。

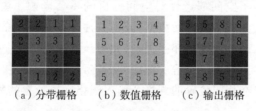

（a）分带栅格   （b）数值栅格   （c）输出栅格

图 5-36   分带最大值

四、全局函数

相对于局部函数,全局(global)函数中每个栅格单元的输出值是全体栅格单元的函数值,也就是说输出栅格中任意一个栅格的取值都与输入栅格中任意一个位置的栅格数据有关。

典型的全局函数包括距离测量、流定向及加权测量。距离测量是基于栅格单元的大小的欧氏距离的计算,如图 5-37 所示。其中,输入位置栅格标识了源空间对象在空间中所占据的位置;输出距离栅格标识了任一位置的栅格与距离其最近的源空间对象的最近距离;输出分配栅格标识了距离最近的源空间对象,类似于 Voronoi 多边形。

（a）输入位置栅格　（b）输出距离栅格　（c）输出分配栅格

图 5-37　距离测量

五、地图代数运算的综合应用

（一）用"代价"栅格构建加权函数

代价距离，也称成本距离，其目标是标识目标空间中任意一个栅格单元到某个源空间对象的最小成本距离。成本距离工具与欧氏距离工具相类似，不同点在于欧氏距离工具计算的是位置间的实际距离，而成本距离工具确定的是各栅格单元距最近源位置的最短加权距离（或者累积行程成本）。

成本距离分析需要两个输入栅格，一个与全局函数的距离测量一样，是输入源空间对象的位置栅格，另一个是输入表示通行代价的栅格，距离在该栅格中传播的实际消耗是平面距离乘以"代价"后得到的加权距离。实际应用中成本栅格的值通常会根据该位置的通行成本来表示，因此这种距离也称为成本距离（图 5-38）。

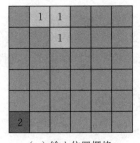

（a）输入位置栅格　　（b）输入成本栅格　　（c）输出成本距离栅格

图 5-38　成本距离

当某位置存在无法通过的情况时，可将该位置栅格的成本设置为无穷大或无数据（禁止通行）状态，用来模拟障碍空间的距离传播，因此成本距离分析通常也被用来进行障碍空间的路径分析。

（二）地图代数应用于多图层

在复杂的地理过程表达、模拟和计算中，各种地图代数的基本运算通常会依据不同用户需求进行组合，从而实现对现实地理世界繁复多样现象和过程的计算。如图 5-39 所示，通过对局部赋值运算、全局距离运算、聚焦边界提取运算进行组合，可以提取复杂形态的中轴线。

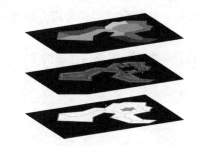

图 5-39　多图层地图代数运算提取中轴

地图代数也可以应用于多元分析和回归分析。

（三）扩散建模

扩散建模用于处理基础空间分布的过程，使用相邻单元间的距离常量模拟以恒定速率发生的变化。典型的例子是火的燃烧、污染的扩散及城市的扩展等。基于栅格的污染物颗粒扩散如图 5-40 所示。

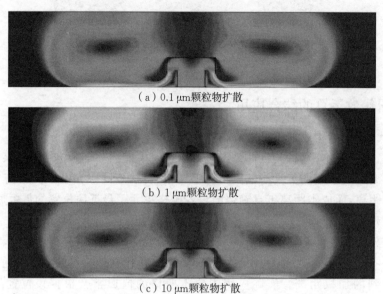

（a）0.1 μm颗粒物扩散

（b）1 μm颗粒物扩散

（c）10 μm颗粒物扩散

图 5-40　基于栅格的污染物颗粒扩散

(四)连通性建模

连通性建模用于测量某一类型表面特征间相互连通的程度。例如,是否有足够大的森林覆盖区域,可以为某一物种提供充足的栖息地。有时,构建最小连通性模型时也要用到连通性分析。

§5-5　空间数据结构转换

一、矢量—栅格转换

由于将矢量数据的点转换到栅格数据的点只是简单的坐标变换,所以,本小节主要介绍线和面(多边形)的由矢量数据向栅格数据的转换。

(一)线的栅格化方法

线是由多个直线段组成的,因此,线的栅格化的核心就是如何将直线段由矢量数据转换为栅格数据。栅格化的两种常用方法为数字微分分析法和 Bresenham 法。

1. 数字微分分析法

设直线段转换到栅格数据的坐标系后两端点坐标为 (x_A, y_A) 和 (x_B, y_B),如图 5-41 所示。

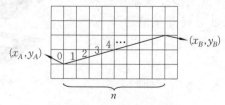

图 5-41　数字微分分析法

设 (x_A, y_A) 和 (x_B, y_B) 与栅格的交点为 (x_i, y_i)，则

$$\left.\begin{aligned} x_{i+1} &= x_i + \frac{x_B - x_A}{n} = x_i + \Delta x \\ y_{i+1} &= y_i + \frac{y_B - y_A}{n} = y_i + \Delta y \end{aligned}\right\} \qquad (5\text{-}40)$$

式中

$$n = \max(|x_B - x_A|, |y_B - y_A|)$$

$$\Delta x = \frac{x_B - x_A}{n}$$

$$\Delta y = \frac{y_B - y_A}{n}$$

这样从 $i=0$ 计算到 $i=n-1$，可得直线段与栅格的 n 个交点坐标，对其取整就是该点的栅格数据了。

该方法的基本依据是直线段的微分方程，即 $\mathrm{d}y/\mathrm{d}x =$ 常数。其本质是用数值方法解微分方程，通过同时对 x 和 y 各增加一个小增量来计算下一步的 x 和 y 值，因此这是一种增量算法。在该算法中，必须以浮点数表示坐标，且每次都要舍入取整，因此，尽管算法正确，但速度不够快。

2. Bresenham 法

Bresenham 法原来是为绘图机设计的，但同样适用于栅格化。该算法构思巧妙，只需根据由直线段斜率构成的误差项的符号，就可确定下一列坐标的递增值。

根据直线段斜率，把直线段分为 8 个卦限（图 5-42）。下面以直线段斜率在第一卦限的情况为例，其余卦限的情况类似。

该算法的基本思路可描述为：如图 5-43 所示，若直线段斜率为 $1/2 \leqslant \Delta y/\Delta x \leqslant 1$，则下一点取 $(1,1)$ 点；若 $0 \leqslant \Delta y/\Delta x < 1/2$，则下一点取 $(1,0)$ 点。

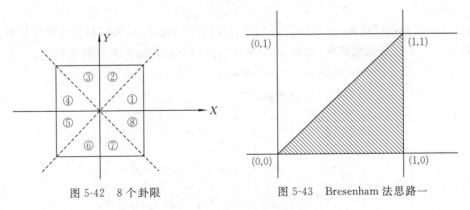

图 5-42　8 个卦限　　　　　图 5-43　Bresenham 法思路一

算法实现时，令起始点的误差项 $e = -1/2$，然后在推断出下一点后，令 $e = e + \Delta y/\Delta x$，当 $e \geqslant 1/2$ 时，$e = e - 1$。这样只要根据 e 的符号就可确定下一点的增量，即：若 $e \geqslant 0$，取 $(1,1)$ 点；若 $e < 0$，取 $(1,0)$ 点。

例如，一直线段的斜率为 $1/3$（图 5-44），起始点为 $A(0,0)$。起始点：$e = -1/2$，取点 $A(0,0)$。第 2 点：$e = -1/2 + 1/3 = -1/6 < 0$，取点 $B(1,0)$。第 3 点：$e = -1/6 + 1/3 = 1/6 > 0$，取点 $C(2,1)$。第 4 点：$e = 1/6 + 1/3 = 1/2 > 0$，取点 $D(3,1)$。因 $e \geqslant 1/2$，所以，$e = 1/2 - 1 =$

—1/2。依次进行,直到到达直线段的另一端点。

这种算法不仅速度快、效果好,是典型的直线段栅格化方法之一。

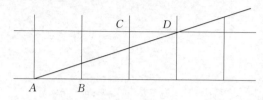

图 5-44　Bresenham 法思路二

以上算法中,e 的计算涉及浮点数和除法运算,因此还可进一步改进为:由于 e 的判断最后只涉及正负号,因此设 $e'=2e\Delta x$ 并不改变 e 的符号,递推公式变为 $e'=e'+2\Delta y$。使用 e' 的符号进行判断与 e 能起到同样的效果,同时计算 e' 的过程只涉及整数计算和乘2运算,效率有很大的提高,也是目前主要的直线段栅格化方法。

(二)面(多边形)的栅格化方法

1. 内部点扩散法

内部点扩散法是由一个内部的种子点,向其 8 个方向的邻点扩散,并判断新加入的点是否在多边形边界上,如果是则不作为种子点,否则当作新的种子点,直到区域填满,无种子点为止。该算法比较复杂,而且可能造成不连通的情况(图 5-45),若多边形不完全闭合,会扩散出去。

内部间隙为一个栅格点

图 5-45　内部点扩散法造成不连通的情况

2. 扫描法

扫描法是按扫描线的顺序,计算多边形与扫描线的相交区间,再用相应的属性值填充这些区间,即完成了多边形的栅格化,如图 5-46 所示。这种算法的缺点是计算量较大。

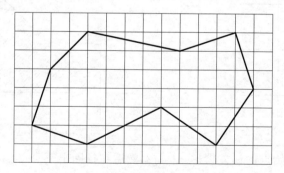

图 5-46　扫描法完成多边形的栅格化

3. 边填充算法

边填充算法的基本思路是:对于每一条扫描线和每条多边形边上的交点,将该扫描线上交点右方的所有像素与多边形的属性值取补,如图 5-47 所示。对多边形的每条边进行同样处理,多边形的方向任意。

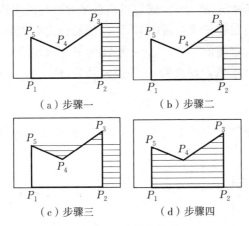

图 5-47　边填充算法

　　本算法的优点是算法简单,缺点是对于复杂图形,每一像素可能被访问多次,增加了运算量。为了减少边填充算法访问像素的次数,可引入栅栏。栅栏是一条与扫描线垂直的直线,栅栏位置通常取多边形的顶点,且把多边形分为左右两半。栅栏填充算法的基本思路是:对于每个扫描线与多边形的交点,将交点与栅栏之间的像素用多边形的属性值取补;若交点位于栅栏左边,则将交点右边、栅栏左边的所有像素取补;若交点位于栅栏的右边,则将栅栏右边、交点左边的像素取补,如图 5-48 所示。

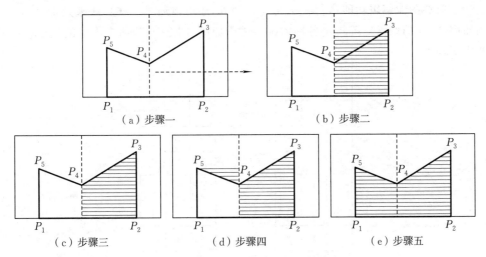

图 5-48　栅栏填充算法进行边的填充

二、栅格—矢量转换

　　栅格数据到矢量数据转换的一般过程可描述为:二值化、二值图像预处理、细化、追踪和拓扑化。

(一)二值化

　　扫描后的图像是以不同灰度级存储的,为了进行栅格数据矢量化的转换,需压缩为两级(0和 1),这就称为二值化。

　　二值化的关键是在灰度级的最大值和最小值之间选取一个阈值,当灰度级小于阈值时,取值为 0,当灰度级大于阈值时,取值为 1。阈值可根据经验进行人工设定,虽然人工设定的值往往不是最佳阈值,但扫描后的图像比较清晰时,该阈值是行之有效的。当扫描后的图像不清晰时,需由灰度级直方图来确定阈值,其方法为:设 M 为灰度级数,P_k 为第 k 级灰度的概率,$k = 1,2,\cdots,M$,n_k 为第 k 级灰度的出现次数,n 为像元总数,则

$$P_k = \frac{n_k}{n} \tag{5-41}$$

对于地图,通常在灰度级直方图上出现两个峰值(图 5-49),这时取波谷处的灰度级为阈值,二值化的效果较好。

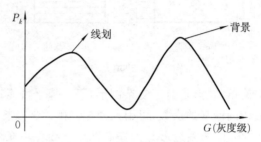

图 5-49　地图灰度级直方图

(二)二值图像预处理

对于扫描输入的图幅,由于原稿不干净等,总会出现一些飞白、污点、线划边缘凹凸不平等问题。除了依靠图像编辑功能进行人机交互处理外,还可以通过一些算法来处理。

例如用 3×3 的像素矩阵规定各种情况的处理原则,图 5-50 是两个简单的例子(其中"×"表示 0 或 1 均可)。

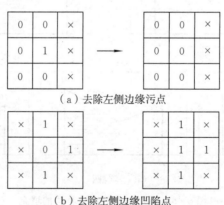

(a) 去除左侧边缘污点

(b) 去除左侧边缘凹陷点

图 5-50　二值图像预处理

除了上述方法外,还可用其他许多方法。例如,对于飞白和污点,给定其最小尺寸,不足最小尺寸的消除;对于断线,采取先加粗后减细的方法进行断线相连;用低通滤波进行破碎地物的合并,用高通滤波提取区域范围等。

(三)细化

细化是逐步剥除二值图像像素矩阵轮廓边缘的点,使其成为线划宽度只有一个像素的骨架图形。细化后的骨架图形既保留了原图形的绝大部分特征,又便于下一步的跟踪处理。

细化的基本过程是:①确定需细化的像素集合;②移去不是骨架的像素;③重复步骤②,直

到仅剩骨架像素。

细化的算法很多,各有优缺点。经典的细化算法是通过 3×3 的像素矩阵来进行细化。其基本原理是,在 3×3 的像素矩阵中,凡是去掉后不会影响原栅格拓扑连通性的像素都应该去掉,反之,则应保留。3×3 的像素矩阵共有 2^8 即 256 种情况,但经过旋转、去除相同情况后,共有 51 种情况,其中只有一部分是可以将中心点剥除的,如图 5-51(a)、(b)是可剥除的,而图 5-51(c)、(d)的中心点是不可剥除的。通过对每个像素反复处理,最后可得到应保留的骨架像素。

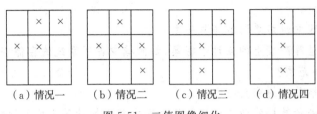

（a）情况一　　（b）情况二　　（c）情况三　　（d）情况四

图 5-51　二值图像细化

对扫描后的地图图像进行细化处理,应符合下列基本要求:

(1)保持原线划的连续性。

(2)线划宽度只有一个像素。

(3)细化后的骨架应是原线划的中心线。

(4)保持图形的原有特征。

(四)追踪

细化后的二值图像形成骨架图形,追踪就是把骨架转换为矢量图形的坐标序列。其基本步骤为:

(1)从左向右、从上向下搜索线划起始点,并记下坐标。

(2)朝该点的 8 个方向追踪点。若没有,则本条线划的追踪结束,重复步骤(1)进行下条线划的追踪;否则,记下坐标。

(3)把搜索点移到新取的点上,重复步骤(2)。

需注意的是,应对已追踪点作标记,防止重复追踪。

(五)拓扑化

为了进行拓扑化,需找出线划的端点、节点及孤立点,可通过 3×3 焦点模板运算实现,如图 5-52 所示,其中 ● 表示模板中心点。

(1)孤立点。模板中心点所在 8 邻域中没有为 1 的像素,如图 5-52(a)所示。

(2)端点。模板中心点所在 8 邻域中只有一个为 1 的像素,如图 5-52(b)所示。

(3)节点。模板中心点所在 8 邻域中有三个或三个以上为 1 的像素,如图 5-52(c)所示。

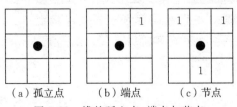

（a）孤立点　　（b）端点　　（c）节点

图 5-52　线的孤立点、端点与节点

在追踪时加上这些信息后,可形成节点和弧段,就可用矢量数据的自动拓扑方法进行拓扑化了。

思考题

1. 椭球面的度量相比欧氏平面有哪些特殊的性质?

2. 基本矢量运算中,判断一个点在某个矢量的左侧还是右侧的方法是什么? 这个判断有什么作用?

3. 请说明如何建立道路路网的拓扑关系。

4. 假设一条矢量等高线上的点过于密集,如何减少占用系统的存储空间? 你能给出多少方法? 各有什么适用范围?

5. 如何减少栅格数据的存储空间?

6. 试比较一下矢量数据处理与栅格数据处理在邻近性计算上的不同特点。

7. 二值图像的处理对于地理信息系统有什么意义? 常用哪些方法?

第六章 空间数据管理

空间数据是对空间实体的描述,空间数据实质上是指以地球表面空间位置为参考,描述空间实体的位置、形状、大小及分布特征等的数据。自地理信息系统诞生以来,空间数据的组织与管理技术一直是地理信息理论和技术发展的核心问题,其方法随着地理信息系统和数据库技术的发展而不断发展。空间数据的组织和管理与空间数据处理、分析、应用目的和要求紧密相关,同时也与空间数据的类型和表达不可分割。

§6-1 数据管理方式

数据管理是指对数据的分类、组织、编码、储存、检索和维护。数据库技术是应数据管理任务的需求而产生的,在应用需求的驱动下,在计算机硬件和软件发展的基础上,数据管理方式经历了人工管理、文件系统、数据库管理系统三个阶段。

一、人工管理阶段

20 世纪 50 年代中期前,计算机主要用于科学计算,没有可直接存取的存储设备,也没有操作系统和数据管理软件,处理方式还是批处理。这一时期就是人工管理阶段。通常的办法是:首先用户针对某个特定的求解问题,确定求解的算法;其次利用计算机系统所提供的编程语言,直接编写相关的计算机程序;最后将程序和相关的数据通过输入设备输入计算机,计算机处理完后输出用户所需的结果。不同的用户针对不同的求解问题,均要编写各自的求解程序,整理各自程序所需的数据,数据的管理完全由用户负责,应用程序与数据之间的对应关系如图 6-1 所示。

因此这个阶段的数据管理具有应用程序管理数据、数据不保存、数据不共享、数据不具有独立性等特点。

（1）应用程序管理数据。数据需要由应用程序设计、说明(定义)和管理,没有相应的软件系统负责数据的管理工作。应用程序不仅要规定数据的逻辑结构,而且要设计物理结构(包括存储结构、存取方法、输入方式等),所以程序员的工作量较大。

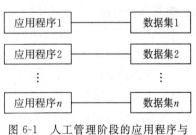

图 6-1 人工管理阶段的应用程序与数据之间的对应关系

（2）数据不保存。当时计算机主要用于科学计算,一般不需要将数据长期保存,只在计算某一课题时输入数据,用完就撤走。

（3）数据不共享。数据是面向应用程序的,一组数据只能对应一个应用程序。多个应用程序涉及相同的数据时,只能各自定义,无法相互利用、参考,因此程序与程序间有大量冗余数据。

（4）数据不具有独立性。数据的逻辑结构或物理结构发生变化后,必须相应地修改应用程序,因此增加了程序员的工作量。

二、文件系统阶段

20 世纪 50 年代至 60 年代已经出现了磁鼓、磁盘等可直接存取的存储设备,操作系统中出现了专门的数据管理软件,称为文件系统。在处理方式上,不仅有批处理,而且出现了联机实时处理。计算机用于处理大量数据工作,大量的数据存储、检索和维护成为紧迫的需求。为了方便用户使用计算机,提高计算机系统的使用效率,产生了以操作系统为核心的系统软件,以有效地管理计算机资源。文件是操作系统管理的重要资源之一,而操作系统提供了文件系统的管理功能。在文件系统中,数据以文件形式进行组织与保存。文件是一组具有相同结构的记录的集合。记录是由某些相关数据项组成的。将数据组织成文件以后,就可以与处理它的程序相分离而单独存在。按照数据内容、结构和用途的不同,可以将其组织成若干不同命名的文件。文件一般为某一用户(或用户组)所有,但也可供指定的其他用户共享。文件系统还为用户程序提供一组对文件进行管理与维护的操作或功能,包括对文件的建立、打开、读写和关闭等。应用程序可以调用文件系统提供的操作命令来建立和访问文件,应用系统就成了用户程序与文件之间的接口,应用程序与数据之间的对应关系如图 6-2 所示。

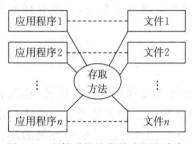

图 6-2　文件系统阶段的应用程序与
数据之间的对应关系

文件系统阶段的数据管理具有数据可以长期保存、由文件系统管理数据、数据共享性差和冗余度大、数据独立性差等特点。

(1)数据可以长期保存。由于计算机用于处理大量数据,数据需要长时间保存在外存上,反复进行查询、修改、插入和删除等操作。

(2)文件系统管理数据。由专门的软件即文件系统进行数据管理,文件系统把数据组织成相互独立的数据文件,利用"按文件名访问,按记录存取"的管理技术,可以对文件进行修改、插入和删除操作。文件由记录构成,记录内部有某些结构(记录由若干属性组成),但记录之间没有联系。文件系统实现了记录内部的结构性,但整体无结构。应用程序和数据通过文件系统提供的存取方法进行转换,这使应用程序和数据之间有了一定的独立性,程序员可以不必过多地考虑物理细节,而是将精力集中于算法。而且数据在存储上的改变不一定反映在程序上,这也大大节省了维护程序的工作量。

(3)数据共享性差,冗余度大。在文件系统中,一个(或一组)文件基本上对应一个应用程序,即文件仍然是面向应用的。不同的应用程序具有部分相同的数据时,也必须建立各自的文件,不能共享相同的数据,因此数据的冗余度大,浪费存储空间,而且由于重复存储、各自管理,容易造成数据不一致,增加了数据修改和维护的难度。

(4)数据独立性差。文件系统中的文件为某一特定应用服务,文件的逻辑结构对该应用程序来说是优化的,所以要想对现有的数据再增加新的应用是很困难的,系统不易扩充。一旦数据的逻辑结构改变,必须修改相应的应用程序,修改文件结构的定义。因此数据与应用程序之间仍然缺乏独立性。

可见,文件系统仍然是一个不具有弹性的无结构的数据集合,即文件之间是孤立的,不能反映现实世界事物之间的内在联系。

三、数据库管理系统阶段

从 20 世纪 60 年代后期开始，将计算机应用于管理的规模更加庞大，需要计算机管理的数据急剧增长，对数据共享的要求也与日俱增。大容量磁盘系统的使用，使计算机联机存取大量数据成为可能；软件价格相对上升，硬件价格相对下降，使独立开发系统和维护软件的成本增加，文件系统的管理方法已无法满足要求。为了解决独立性问题，实现数据统一管理，最大限度地实现数据共享，必须发展数据库技术。于是为了解决多用户、多应用共享数据的需求问题，使数据为尽可能多的应用服务，数据库技术应运而生，并出现了统一管理数据的专门软件系统——数据库管理系统（database management system，DBMS）。

数据库技术为数据管理提供了一种较完善的高级管理模式，它克服了文件系统方式下分散管理的缺点，对所有数据实行统一、集中管理，使数据的存储独立于它的应用程序，从而实现数据共享，此阶段应用程序与数据之间的对应关系如图 6-3 所示。

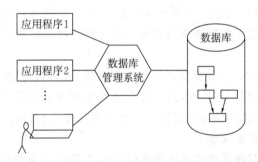

图 6-3　数据库管理系统阶段应用程序与数据之间的对应关系

相比于人工管理和文件系统，数据库管理系统具有明显的优点。

（1）数据结构化。数据库管理系统实现整体数据的结构化，这是数据库的主要特征之一，也是数据库管理系统与文件系统的本质区别。整体数据的结构化是指数据库中的数据不再仅仅针对某一应用，而是面向全组织；不仅数据内部是结构化的，而且整体数据也是结构化的。数据之间是有联系的。而文件系统只是内部有结构，但整体无结构，记录之间没有联系。在数据库管理系统中，不仅数据是整体结构化的，而且存取数据的方式也很灵活，可以存取数据库中的某一个数据项、一组数据项、一个记录或一组记录。而在文件系统中，数据的存取单位是记录，粒度不能细分到数据项。

（2）数据的共享性高，冗余度低，易扩充。数据库管理系统从整体角度看待和描述数据，数据不再面向某个应用程序，而是面向整个系统，因此数据可以被多个用户、多个应用程序共享使用。数据共享可以大大减少数据冗余，节约存储空间，还能避免数据间的不相容性和不一致性。由于数据面向整个系统，是有结构的数据，因此不仅多个应用程序可以共享使用数据，而且容易增加新的应用程序，这就使数据库管理系统弹性大、易于扩充。可以选取整体数据的各种子集用于不同的应用程序，当应用需求改变或增加时，只要重新选取不同的子集再加上一部分数据，便可满足新需求。

（3）数据独立性高。数据独立性包括数据的物理独立性和数据的逻辑独立性。物理独立性是指用户的应用程序与存储在磁盘上的数据库中的数据相互独立。存储在磁盘上的数据库中的数据是由数据库管理系统管理的，应用程序不需要了解，应用程序要处理的只是数据的逻辑结构。当数据的物理存储改变时,应用程序不用改变。逻辑独立性是指用户的应用程序与数据库的逻辑结构相互独立。当数据的逻辑结构发生改变时,应用程序也可以不变。数据独立性是由数据库管理系统的二级映像功能来保证的。数据与应用程序的独立,把数据的定义从应用程序中分离出去,加上存取数据的方法由数据库管理系统负责提供,从而简化了应用程序的编制,大大减少了应用程序维护和修改的工作量。

(4)数据由数据库管理系统统一管理和控制。数据库的共享是并发的共享,即多个用户可以同时存取数据库中的数据,甚至可以同时存取数据库中同一个数据。为此,数据库管理系统还必须提供以下几方面的数据控制功能:

——数据的安全性(security)保护。数据的安全性是指保护数据,以防止不合法的使用造成数据的泄密和破坏。每个用户只能按规定对某些数据以某些方式进行使用和处理。

——数据的完整性(integrity)检查。数据的完整性指数据的正确性、有效性和相容性。完整性检查将数据控制在有效的范围内,或保证数据之间满足一定的关系。

——并发(concurrency)控制。当多个用户的并发进程同时存取、修改数据库时,可能会发生相互干扰,从而得到错误的结果或使数据库的完整性遭到破坏,因此必须对多用户的并发操作加以控制和协调。

——数据恢复(recovery)。计算机系统的硬件故障、软件故障、操作员的失误以及故意的破坏也会影响数据库中数据的正确性,甚至造成数据库部分或全部数据的丢失。数据库管理系统必须具有将数据库从错误状态恢复到某一已知的正确状态(也称为完整状态或一致状态)的功能,这就是数据库的恢复功能。

综上,数据库是长期存储在计算机内的有组织的大量的共享的数据集合。它可以供各种用户共享,具有最小冗余度和较高的数据独立性。数据库管理系统在数据库建立、运用和维护时对数据库进行统一控制,以保证数据库的完整性、安全性,在多个用户同时使用数据库时进行并发控制,并在发生故障后对数据库进行恢复。数据库管理系统的出现,使信息系统从以加工数据的应用程序为中心转向以围绕共享的数据库为中心的新阶段。这样既便于数据的集中管理,又有利于应用程序的研发和维护,提高了数据的利用率和相容性,提高了决策的可靠性。

§6-2 空间数据组织

空间数据组织是指按照一定的方式和规则对数据进行整理、存储的过程,即在空间数据提取的过程中,用户对空间数据(如项目、工作区域、图幅、图层、数据集等)的理解及其计算机逻辑表示。无论采用哪种空间数据库管理系统,空间数据的组织方式都非常重要。本节主要阐述空间数据在地理信息系统工程和数据库管理系统中的组织方式。

一、图幅数据组织

由于地理信息系统工程涉及范围广(如全市、全省、全国甚至全球),在管理空间数据时必须进行分幅管理,将多个图幅有效地组织起来。图幅数据的组织方法一般指按照地理信息系统工程→工作区→图幅→工作层→地物类→地物来组织空间数据,如图 6-4 所示。

(1)地理信息系统工程。将某一个问题或某一项地理信息系统任务称为一个地理信息系统工程。

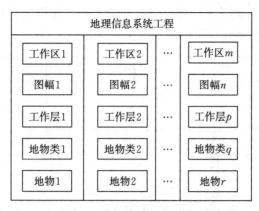

图 6-4　图幅数据的组织方法

（2）工作区。对于大范围的数据，要先进行分幅，然后根据需要将一幅或相邻几幅图当作一个工作单元，称为工作区。这个工作区包含了所有层的空间数据。工作区通常是以范围定义的。

（3）图幅。随着工程范围的扩大，必须将空间数据进行分幅管理。

（4）工作层。作为空间数据处理的一个工作单元，工作区由若干工作层组成，一个工作层由一种或多种地物类组成。道路、水系、居民地等可看成工作层，在此基础上构建了工作区。工作层在范围上可能与工作区一致，在垂直方向上可能因软件系统不同而名称和定义也不同。例如 ArcInfo 的工作层称为 coverage，一个 coverage 就是一个工作目录，该目录下包括控制点信息文件、标识点文件、弧段文件、多边形文件等。

（5）逻辑层。在工作层的基础上，如果研究对象过于庞大（如所有地物类）而需要分类研究，或者为了显示、制图和查询方便，仍需要对其进行分层，此时可以进行逻辑层的划分。例如研究全国道路交通网，可依需要分别研究铁路、公路（高速公路、等级公路、等外公路）等，此时，可以在道路层的基础上划分逻辑层。

（6）地物类。将类型相同的地物组合在一起，形成地物类。地物类一般也是逻辑上的，即一个工作区通常包含多个地物类。对于地物类编码所处的位置，不同软件的处理方法不同，如 ArcGIS 一般将地物类的编码作为一个属性项，放在属性表中。相同地物类的地物一般具有相同的显示颜色、绘图符号等，并且它仅属于一种几何类型，如点状地物、线状地物或面状地物。

二、图库管理

图库管理即工程管理。在物理上，每个工作区或工作层形成一个独立的工作单元，这在数据采集和处理时是非常必要的。但在逻辑上，一个地区或一个城市应该形成一个整体，即当作一个工程看待，用户可以在工程内任意开窗、放大、漫游、咨询、分析和制图。这样涉及多个工作区的数据组织，也称海量数据管理。有时一个工程涉及几千个甚至上万个工作区。这是大型地理信息系统软件的必备功能，海量数据管理的效率也是衡量地理信息系统软件优劣的重要指标之一。

图库管理一般是建立图幅索引，即通过工作区的范围建立二维空间索引，如图 6-5 所示。通过一个记录每个工作区范围的空间索引文件，如 W_{34} 的范围坐标是（13 000,12 000,14 000,

13 000),建立工程与工作区的关系。建立了这样的工作区索引文件后,用户可以在工程界面下,开窗任意进入某一个或某几个工作区。

14 000					
	W_{41}	W_{42}	W_{43}	W_{44}	W_{45}
13 000	W_{31}	W_{32}	W_{33}	W_{34}	W_{35}
12 000	W_{21}	W_{22}	W_{23}	W_{24}	W_{25}
11 000	W_{11}	W_{12}	W_{13}	W_{14}	W_{15}
10 000	10 000　11 000	12 000	13 000	14 000	15 000

图 6-5　工作区索引

　　图库管理除了要进行工作区索引以外,还要进行并发控制管理,例如,一般禁止多个用户对同一个工作区进行修改和编辑。这时图库管理要记录哪些工作区已经打开,并在进行编辑,如其他用户进入该工作区,则提出警告。随着图库管理能力的进一步加强,有些系统能够将并发控制设置在空间对象一级,即允许多个用户对同一工作区进行编辑,但不允许对同一个空间对象进行编辑。

三、数据库组织方式

(一)数据库模型

　　数据库模型是描述数据内容和数据之间联系的工具,是衡量数据库能力强弱的主要标志之一。目前在数据库领域常用的数据库模型有层次模型、网络模型、关系模型,以及面向对象模型。

　　1. 层次模型

　　层次模型是一种树结构模型,将数据按自然的层次关系组织起来,以反映数据之间的隶属关系。层次模型是数据库技术中发展最早、技术比较成熟的一种数据模型。它的特点是地理数据被组织成有向有序的树结构,也称树形结构。结构中的节点代表数据记录,连线描述位于不同节点数据间的从属关系(一对多的关系)。

　　由树的定义可知,一棵树有且仅有一个无双亲节点,该节点称为根节点;其余节点有且仅有一个双亲节点,它们可分为 $m(m \geqslant 0)$ 个互不相交的有限集,其中每一个集合本身又是一棵树,称为子树。

　　图 6-6 表示地理实体 E 及其空间要素,图 6-7 是图 6-6 中空间关系构成的层次模型。这是一棵有向有序树,节点表示不同层次的地理要素,连线描述地理要素之间的从属关系。节点从属于(构成)有向边,有向边从属于(构成)多边形,多边形从属于(构成)实体 E。

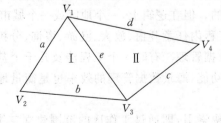

图 6-6　实体 E 及其空间要素

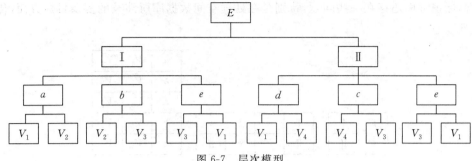

图 6-7　层次模型

2. 网络模型

网络模型将数据组织成有向图结构,图中的节点代表数据记录,连线描述不同节点数据间的联系。这种数据模型的基本特征是,节点数据之间没有明确的从属关系,一个节点可与其他多个节点建立联系,即节点之间的联系是任意的,任何两个节点之间都能发生联系,可表示多对多的关系。

图 6-6 中实体 E 及其空间要素的网络模型如图 6-8 所示。

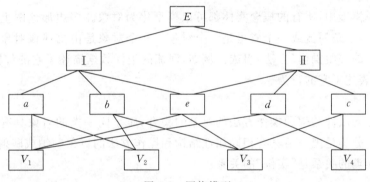

图 6-8　网络模型

3. 关系模型

关系模型是一种数学模型。在关系模型中,数据的逻辑结构表示为满足一定条件的二维表,二维表具有固定的列数和任意的行数,在数学上称为关系。二维表是同类实体各种属性的集合,每个实体对应表中的一行,在关系中称为元组,相当于通常的一个记录;二维表中的列表示属性,称为域,相当于通常记录中的一个数据项。若二维表中有 n 个域,则每一行叫作一个 n 元组,这样的关系称为 n 度(元)关系。二维表的行对应对象的实例,各个二维表的行列交点用来存储简单值。满足一定条件的规范化关系的集合,就构成了关系模型。

图 6-6 中地理实体 E 与空间要素可用关系模型构成如下关系:

(1)地理实体—多边形关系,有 $E(Ⅰ,Ⅱ)$。

(2)多边形—多边形关系,有 $Ⅰ(a,b,e)$ 和 $Ⅱ(e,c,d)$。

(3)边—节点关系,有 $a(V_1,V_2)$、$b(V_2,V_3)$、$c(V_3,V_4)$、$d(V_1,V_4)$ 和 $e(V_1,V_3)$。

上述关系的二维表实现如图 6-9 所示。

关系模型具有结构简单灵活、数据修改和更新方便、容易维护和理解等优点,是当前数据库中最常用的数据模型。大部分地理信息系统中的属性数据仍采用关系模型,有些系统甚至采用关系数据库管理系统管理几何图形数据。然而,关系模型在数据语义、模型扩充、程序交互和目标标识方面还存在一些问题,特别是在处理空间数据库所涉及的复杂目标方面,传统关系模型难以适应。

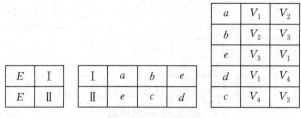

图 6-9　关系模型

4. 面向对象模型

面向对象是指无论怎样复杂的事物都可以准确地由一个对象表示,这个对象是一个包含数据集和操作集的实体。除数据与操作的封装性以外,面向对象模型还涉及四个抽象概念,即分类(classification)、概括(generalization)、聚集(aggregation)和联合(association),以及继承(inheritance)和传播(propagation)两个语义模型工具。

1)对象与封装性

在面向对象模型中,所有的概念实体都可以模型化为对象。多边形地图上的一个节点或一条弧段是对象,一条河流或一个省也是一个对象。一个对象是由描述该对象状态的一组数据和表达其行为的一组操作(方法)组成。例如,河流的坐标数据描述了它的位置和形状,而河流的变迁、移动表达了它的行为。

2)分类

类是具有相同属性结构和操作方法的对象的集合,属于同一类的对象具有相同的属性结构和操作方法。分类是把一组具有相同属性结构和操作方法的对象归纳或映射为一个公共类的过程。对象和类的关系是"实例"的关系。

3)概括

概括是将几个类中某些具有部分公共特征的属性和操作方法抽象出来,形成一个更高层次、更具一般性的超类的过程。子类和超类用来表示概括的特征,表明它们之间的关系是"即是"的关系。子类是超类的一个特例。

4)聚集

聚集是将几个不同类的对象组合成一个更高级的复合对象的过程。复合对象用来描述更高层次的对象,部分或成分是复合对象的组成部分,成分与复合对象的关系是"部分"的关系,反之复合对象与成分的关系是"组成"的关系。例如,医院由医护人员、病人、门诊部、住院部、道路等聚集而成。

5)联合

联合是将同一类对象中的几个具有部分相同属性的对象组合起来,形成一个更高水平的集合对象的过程。集合对象描述联合构成的更高水平的对象,有联合关系的对象称为成员,成员与集合对象的关系是"成员"的关系。

6)继承

继承是面向对象方法所独有的,服务于概括。在继承体系中,子类的属性和操作方法依赖父类的属性和操作方法。继承是父类定义子类,再由子类定义其子类,一直定义下去的一种工具。父类和子类的共同属性和操作方法由父类定义一次,然后由其所有子类对象继承,但子类可以有不是从父类继承下来的另外的特殊属性和操作方法。在一个系统中,对象类是各自封装的,如果没有继承这一强有力的机制,对象类中的属性和操作方法就可能出现大量重复。所以,继承是一种十分有用的抽象工具,它减少了冗余数据,又能保持数据的完整性和一致性。

继承分为单重继承和多重继承。单重继承指仅有一个直接父类的继承,要求每一个类最多只能有一个中间父类。这种限制意味着一个子类只能属于一个层次,而不能同时属于几个不同的层次,如图 6-10 所示。多重继承指允许子类有多于一个直接父类的继承。严格的层次结构是一种理想的模型,对现实的地理数据常常不适用。多重继承允许将几个父类的属性和操作方法传递给一个子类,这就不是层次结构,如图 6-11 所示。

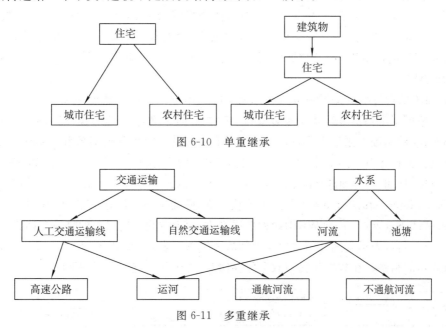

图 6-10 单重继承

图 6-11 多重继承

7)传播

传播是一种作用于聚集和联合的工具,用于描述复合对象或集合对象对成员对象的依赖性,并获得成员对象的属性的过程。它通过一种强制性的手段将成员对象的属性信息传播给复合对象。

为了有效地描述复杂的事物或现象,需要在更高层次上综合利用和管理多种数据结构和数据模型,并用面向对象方法进行统一的抽象。这就是面向对象模型的含义,其具体实现就是面向对象的数据结构。对象—关系数据库是面向对象技术与传统关系数据库技术相结合而形成的数据库系统,也可以说是一种扩展关系数据库,因此具有一定的面向对象数据库特征。

(二)矢量数据组织

矢量数据是空间数据最主要的数据类型,具有数据精度高、转换方便、存储容量小等特点,但结构模型复杂,已成为空间数据组织中较为复杂的部分。矢量数据组织主要关注如何对空间点、线、面等要素进行表达组织和有效存储。一般地,通过坐标的形式表示空间实体的几何形状,通过属性表的形式表示空间实体的属性特征,通过建立拓扑关系表示空间实体的空间关系。矢量数据组织大体可以分为两类:一类是地理信息系统软件商自定义的几何数据组织方式,如 ESRI 的 shapefile 或者 MapInfo 数据文件中几何要素的组织方式;另一类是采用国际相关标准的几何数据组织方式,如开放地理空间信息联盟(Open Geospatial Consortium,OGC)简单要素模型(simple feature access,SFA),多数空间数据库产品的设计都参考了简单要素模型以提高互操作性。

在地理信息系统中主流的对象—关系存储方案中,几何数据一般以自定义格式的二进制形式与其相关属性数据一起存储在关系表中,充分利用关系数据库的优点进行数据的管理查询,但是在具体的数据库管理系统中,关系表的组织方式也会因数据库软件不同而有所差异。矢量数据有两种基本的组织方式,即简单数据模型和拓扑数据模型。简单数据模型仅记录空间坐标和属性信息,采用独立编码或者点位字典的方式进行几何数据的组织;而拓扑数据模型记录空间坐标与空间目标的拓扑关系,采用拓扑全显式或者部分显式的方式进行数据组织。目前地理信息系统中广泛采用的对象—关系数据库,没有保存对象之间的拓扑关系。属性数据采用关系模型进行组织,矢量数据使用对象进行表达,其组织方式多采用较为成熟的 OGC 简单要素模型。

OGC 简单要素模型定义了一组与平台无关的二维空间几何对象模型和一系列函数访问接口。几何对象模型主要是对地理几何类型和空间参考的定义,其 UML 类图如图 6-12 所示。在父类 Geometry 的基础上派生出 Point、Curve、Surface 等其他简单几何对象和 GeometryCollection 对象集合类。模型还对常用的空间几何对象信息查询函数接口进行了定义,例如,Geometry 对象属性获取接口(如 GeometryType、Dimension、Area),以及作用于 Geometry 对象的空间操作函数(如 Equals、Intersects、Contains)等。在该模型的基础上,OGC 还定义了 Well-Known Text (WKT)和 Well-Known Binary(WKB)两种数据格式,用于空间几何对象的交换与存储。WKT 是一种文本标记语言,表示空间几何对象及空间参考信息。表 6-1 给出了使用 WKT 进行简单空间几何对象表示的示例。在数据传输与数据库存储时,常用其二进制形式 WKB。

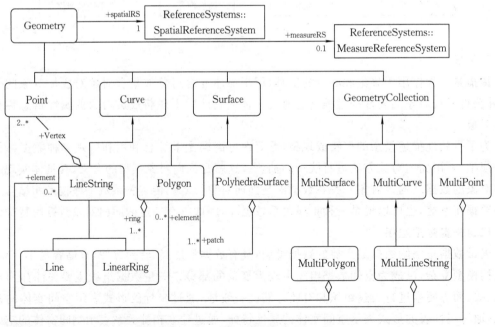

图 6-12　几何对象模型的 UML 类图

表 6-1　简单空间几何对象的 WKT 表示示例

类型	示例	
Point		POINT(30 10)
LineString		LINESTRING(20 10,30 20,20 40)
Polygon		POLYGON(20 10,40 20,30 40,10 20,20 10)
		POLYGON((40 10,40 40,10 40,10 0,40,10),(20 10,30 20,20 30,20 10))

基于预定义的空间几何对象模型,对象—关系数据库通过扩展的对象类型存储空间几何数据,即将一个存储空间要素的关系表中用于存储几何数据的列的类型定义为对象。几何对象类型内部一般使用二进制块(binary large object,BLOB)进行存储。将实现空间要素类方法的程序代码和类的定义,作为数据库模型的一部分。用户对空间实体进行操作时,只作用于数据库中定义的空间几何对象,而不需要关心其内部组织。

当大型地理信息系统图库管理、图幅数据组织与数据库组织结合起来后,就会涉及无缝空间数据库管理的问题。数据缝隙可分为物理缝隙和逻辑缝隙。物理缝隙是指地理空间的分离存储,将本来连续的空间实体分离到不同的存储空间和存储单元中。例如,数据入库时,按图幅组织与存储空间几何数据,不同的图幅之间存在缝隙。逻辑缝隙是指逻辑上本身连续的地理实体不能以逻辑连续的方式呈现。例如,查询一条分布在多个图幅的河流信息时,因为数据分幅存储导致查询结果只是当前图幅的河流信息,所以一般要避免逻辑缝隙。相应地,无缝空间数据库可以包括两个层次的无缝。

第一层次是物理无缝,即数据本身无缝,不进行分幅,将某区域内的地理数据统一存储在数据库中,实现空间数据库的物理无缝。如果原始数据已分幅,需要对原始图幅间被分隔开的对象进行几何合并和对应的属性合并,从而在存储空间数据时实现数据的非分割、非分幅存储。

第二层次是逻辑无缝,即对于大区域的空间数据,不分幅直接进行存储,但有时会带来客户端分析和显示的不便。在大型地理信息系统图库管理中,仍可选择物理分幅,但需要保持逻辑无缝。

(三)栅格数据组织

栅格数据存储一般采用"金字塔层—波段—影像分块"的多级组织机制。金字塔结构是指在统一的空间参考下,根据用户需要以不同分辨率进行存储和显示,形成分辨率由低到高、数据量由小到大的多层级数据结构。采用金字塔结构存放多种分辨率的栅格数据,相同分辨率的数据被组织在同一层,不同分辨率的数据具有上下的垂直组织关系;越靠近底层,数据的分辨率越高,数据量越大,越能反映原始详情,如图 6-13 所示。常用的建立金字塔结构的重采样方法有最近邻法、双线性法和双三次卷积等,栅格数据的数据量越大,创建金字塔结构所花费的时间也就越长。但是建立金字塔结构可以有效实现对影像数据由粗到细、由整体到局部的快速漫游与浏览,为数据访问节省时间。

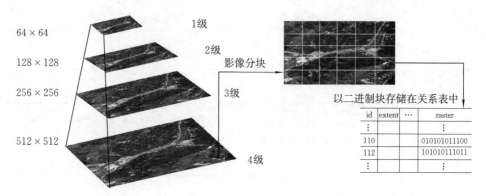

图 6-13　金字塔结构数据组织

栅格数据在逻辑上可以划分成若干个层,在物理上进行分层存储,如可见光全色影像数据有红、绿、蓝(RGB)三个波段,以三个不同的层进行存储。此外,栅格数据入库时,因为数据量较大,常常会采用数据分块(切片)的方式将数据切分成大小一致的瓦片,进行分块存储。分块前用户可以指定分块的大小,如将一幅影像以 256×256 的大小进行分块。对于分块的小块影像,需要通过影像在原始坐标系中的坐标位置建立每个分块影像和原始影像的映射关系,这样对于用户在指定区域的数据请求,可以快速定位到分块影像,显著减少数据传输和客户端渲染的时间。

目前一些主流的对象—关系数据库管理系统也扩展支持栅格数据的存储,如 GeoRaster (Oracle Spatial 中用于存储和管理空间栅格数据的模块)、PostGIS 等。数据库管理系统一般会内置栅格数据对象类型,例如,在 GeoRaster 存储栅格数据的关系表中有一列对象类型,包含栅格数据的一些基本信息,如空间范围、波段信息、坐标系等。对于栅格数据的其他信息,如数据分块信息等,根据空间数据库预定义的关系模式进行存储。真正的栅格数据会在分块后以二进制块的形式存储在关系表中,并与栅格数据对象关联。不同空间数据库产品对栅格数据对象和关系表的定义会有不同,主要依赖软件商的具体实现。但是空间数据库产品一般会提供用于操作栅格数据对象的函数或方法,通过这些内置的函数可以对栅格数据对象进行处理和操作。

§6-3　空间数据库

一、空间数据库的定义及功能

(一)空间数据库

空间数据库是管理空间数据的有效工具,也是空间数据存储、查询与处理的基础。空间数据库整体上是一个集成化的逻辑数据库,所有数据能够在统一的界面下调度、浏览,各种比例尺、各种类型的空间数据能够互相套合和叠加。

　　空间数据库的概念可以从广义空间数据库和狭义空间数据库两个层次理解。广义空间数据库是指将海量空间数据按照特定的逻辑单元进行组织和管理,如按专题、地域范围、比例尺级别等,其物理存储形式较为灵活,可采用文件或数据库管理系统等方式;狭义空间数据库通常从技术层面对其进行研究,主要是指空间数据的存储、查询、检索、索引、更新与维护等,其物理存储通常采用文件系统或数据库管理系统的方式。

　　具体地说,空间数据库应满足以下要求:

　　(1)空间数据库必须具有对空间数据进行处理的能力。

　　(2)空间数据库的数据模型提供空间数据类型及空间查询语言。

　　(3)空间数据库应当具备持久性和事务两个最核心的特征,但对用户来讲又是不可见的。持久性即处理临时和永久数据的能力。临时数据在程序结束后就消失了,而永久数据不仅在程序调用时可以用,并且在系统和媒介崩溃后仍可以使用。事务即将空间数据库从一个一致状态映射到另一个一致状态,这样的映射是原子性的(要么完全执行,要么完全放弃)。

　　(二)空间数据库的功能

　　建立空间数据库的目的就是将相关的数据有效地组织起来,根据其地理分布建立统一的空间索引,进而可以快速调度空间数据库中任意范围的数据,实现对整个地形的无缝漫游,并根据显示范围的大小可以灵活、方便地自动调入不同层次的数据。例如,可以一览全貌,也可以看到局部的微小细节。空间数据库具备以下功能。

　　1. 海量数据的存储与管理

　　地理信息涉及地球表面信息、地质信息、大气信息等多种复杂的信息,描述地理信息的数据量十分庞大,通常达到 GB 级甚至 TB 级,因此空间数据库存储的数据量远大于一般数据库的数据量。空间数据库的布局和存取能力对地理信息系统功能的实现和工作的效率影响极大。空间数据库可为空间数据的管理提供便利,解决数据冗余问题,大大加快访问速度,防止由于数据量过大而引起系统瘫痪等问题。

　　2. 数据更新、修复与处理

　　地理信息数据具有较强的时效性,因此要求人们不断进行数据库的更新。空间数据更新是通过空间信息服务平台,用现势性强的现状数据或变更数据更新空间数据中现势性弱的数据,以保持空间数据库中空间信息的现势性和准确性或提高数据精度,同时将被更新的空间数据存入历史数据库供查询检索、时间分析、历史状态恢复等。

　　3. 数据查询分析与决策

　　空间数据库技术不仅实现了存储空间数据的目的,而且能够支持空间数据的结构化查询和分析,可以高效地把这些空间信息在地理信息系统软件的工作空间中复原出来。空间数据库作为源数据库,可通过日常应用对原始数据进行操作,提供简单的空间查询和分析。用户在决策过程中,通过访问空间数据库获得空间数据,并在决策过程完成后将决策结果存储到空间数据库中。

　　4. 空间信息交换与共享

　　空间数据库中的数据是为众多用户能共享信息而建立的。数据共享包含所有用户可同时存取空间数据库中的数据,也包括用户可以用各种方式通过接口使用空间数据库,并提供数据共享。不同的用户可以按各自需求使用数据库中的数据,多个用户可以同时共享空间数据库中的数据资源,即不同的用户可以同时存取空间数据库中的同一个数据。但是随着网络技术的发展,空间数据库能够支持网络功能,使信息的交流与共享变得更加便捷,较好地解决了海量地理信息存储不便的问题,大大扩展了空间信息的共享范围。云计算的相关内容见§9-3。

二、空间数据库管理系统

(一)文件—关系数据库混合管理系统

由于空间数据的特殊性,通用的关系数据库管理系统难以满足要求。因此,大部分软件采用混合管理的模式,即用文件系统管理图形数据,用关系数据库管理系统管理属性数据,图形数据和属性数据之间通过对象标识符(object identifier,OID)进行连接,如图 6-14 所示。

在这种混合管理模式中,对图形数据与属性数据相对独立地进行组织、管理与检查,并通过对象标识符进行连接。就图形数据而言,因为地理信息系统采用高级语言编程,可以直接操纵数据文件,所以图形用户界面与图形文件处理是一体的,中间没有裂缝。但对属性数据来说,则因系统和历史发展而异。早期系统必须通过关系数据库管理系统操纵属性数据,图形用户界面和属性用户界面是分开的,它们通过一个对象标识符连接,如图 6-15 所示。导致这种连接方式的主要原因是早期的关系数据库管理系统不提供高级编程语言接口,只能采用数据库操纵语言。这样通常要同时启动两个系统,即地理信息系统图形系统和关系数据库管理系统,甚至两个系统来回切换,使用起来很不方便。

图 6-14　图形数据和属性数据连接

图 6-15　图形数据与属性数据的内部连接方式

随着数据库技术的发展,越来越多的关系数据库管理系统提供高级编程语言(如 C++或 Java 等)接口,使地理信息系统可以在 C++等语言的环境下,直接操纵属性数据,并通过 C++语言的对话框和列表框显示属性数据,或通过对话框输入结构化查询语言(structured query language,SQL),将该语句通过 C++语言与数据库的接口查询属性数据库,并显示查询结果。这种工作模式,并不需要启动一个完整的关系数据库管理系统,用户甚至不知道何时调用了关系数据库管理系统,图形数据和属性数据的查询与维护完全在一个界面下。

在开放数据库互联(open database connectivity,ODBC)推出之前,每个数据库软件商分别提供一套自己的高级编程语言接口程序,地理信息系统软件商就要针对每个数据库开发一套与地理信息系统的接口程序,所以往往在数据库的使用上受到限制。在开放数据库互联推出之后,地理信息系统软件商只要开发地理信息系统与开放数据库互联的接口软件,就可以将属性数据与任何一个支持开放数据库互联的关系数据库管理系统连接起来。无论是通过 C++语言还是通过开放数据库互联与关系数据库管理系统连接,地理信息系统用户都是在一个界面下处理图形数据和属性数据,它比前面分开的界面要方便得多。这种模式称为混合处理模式,如图 6-16 所示。

采用文件—关系数据库混合管理系统的混合管理模式,还不能说建立了真正意义上的空间数据库管理系统,因为文件系统的功能较弱,特别是在数据的安全性、一致性、完整性、并发控制以及数据损坏后的恢复等方面缺少基本的功能。多用户操作的并发控制比起商用数据库管理系统来要逊色得多，因而地理信息系统软件商一直在寻求采用商用数据库管理系统来同时管理图形数据和属性数据。

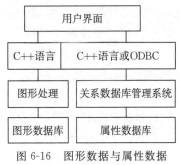

图 6-16　图形数据与属性数据
结合的混合处理模式

（二）全关系数据库管理系统和空间数据库引擎

全关系数据库管理系统是指图形数据和属性数据都用现有的关系数据库管理系统管理。关系数据库管理系统的软件商不进行任何扩展，由地理信息系统软件商在此基础上进行开发，使其不仅能管理结构化的属性数据，而且能管理非结构化的图形数据。一般地，用关系数据库管理系统管理图形数据有两种方式，如图 6-17 所示。

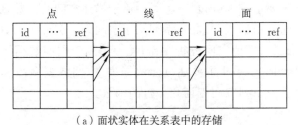

（a）面状实体在关系表中的存储　　　　　（b）使用BLOB类型存储几何对象

图 6-17　空间数据在关系数据库中的存储模式

一种是基于关系模型的方式，图形数据都按照关系模型组织。这种组织方式由于涉及一系列关系连接运算，相当费时。另一种方式是将图形数据的变长部分处理成二进制块字段。大部分关系数据库管理系统都提供了二进制块的字段域，以适应管理多媒体数据或可变长文本字符。地理信息系统利用这种功能，通常把图形的坐标数据当作一个二进制块，交给关系数据库管理系统进行存储和管理。这种存储方式，虽然省去了前文所述的大量关系连接运算，但是二进制块的读写效率要比定长的属性字段慢得多，特别是涉及对象的嵌套时，速度更慢。

空间数据库引擎(spatial database engine,SDE)是建立在现有关系数据库基础上的，介于地理信息系统应用程序和空间数据库之间的中间件技术，它为用户提供了访问空间数据库的统一接口，是地理信息数据统一管理的关键性技术。现有的地理信息系统商业平台大都提供空间数据库引擎产品(如 ESRI 的 ArcSDE)，并支持市场上主流的关系数据库产品。空间数据库引擎本身不具有存储功能，它只提供与底层数据库之间访问的标准接口。空间数据库引擎屏蔽了不同底层数据库的差异，建立了上层抽象数据模型到底层数据库之间的数据映射关系，实现了将空间数据存储在关系数据库中并进行跨数据库产品的访问。根据底层数据库的不同，空间数据库引擎大多以两种方式存在：一种是面向对象—关系数据库，利用数据库本身面向对象的特性，定义面向对象的空间数据抽象数据类型，同时对结构化查询语言实现空间方面的扩展，使其支持空间结构化查询语言的查询，支持空间数据的存储和管理；另一种是面向纯关系数据库，开发一个专用于空间数据的存储管理模块，以扩展普通关系数据库对空间数据的支持。

（三）对象—关系数据库管理系统

因为直接采用通用的关系数据库管理系统效率不高，而非结构化的空间数据又十分重要，所以许多数据库管理系统的软件商纷纷对关系数据库管理系统进行扩展，使其能直接存储和管理非结构化的空间数据，如 Ingres、Informix 和 Oracle 等都推出了空间数据管理的专用模块，定义了操纵点、线、面、圆、长方形等空间对象的 API 函数。这些函数将各种空间对象的数据结构进行了预先定义，用户使用时必须满足它的数据结构要求，不能根据地理信息系统要求再定义。例如，这些函数涉及的空间对象一般不带拓扑关系，多边形数据直接跟随边界的空间坐标，那么地理信息系统用户就不能将设计的拓扑数据结构采用这种对象—关系数据模型进行存储。这种扩展的空间对象管理模块主要解决了空间数据变长记录管理的问题，因为这种模块由数据库软件商进行扩展，所以比前文所述的二进制块的管理效率高。

下面以 Oracle Spatial 为例介绍对象—关系数据库产品的一些特性。Oracle Spatial 是基于 Oracle 数据库扩展机制开发的，是用来存储、检索、更新和查询数据库中空间要素集合及栅格数据等的综合空间数据库管理系统。Oracle 支持自定义的数据类型，可以通过基本数据类型和函数创建自定义的对象类型。基于这种扩展机制，Oracle Spatial 提供了用于空间数据存储和查询的空间对象和操作函数，其主要组成部分包括：①一种用于描述空间几何数据类型存储的语法和语义方案；②一种创建空间索引的机制；③一系列用于空间查询和分析的算子和函数，用于实现空间链接查询、面积查询以及其他空间分析操作；④一组用于空间数据导入导出以及管理的实用工具。概括来说，Oracle Spatial 主要通过元数据表、空间数据字段和空间索引来管理空间数据，并在此基础上提供一系列空间查询和分析的函数。

(四)面向对象数据库管理系统

面向对象模型适用于空间数据的表达和管理，它不仅支持变长记录，而且支持对象的嵌套、继承与聚集。面向对象数据库管理系统允许用户定义对象、对象的数据结构以及它的操作。这样，可以根据地理信息系统的需要，为空间对象定义出合适的数据结构和操作。这种空间数据结构可以是不带拓扑关系的面条数据结构，也可以是拓扑数据结构。当采用拓扑数据结构时，往往涉及对象的嵌套、连接和聚集。

表面上看，面向对象数据库管理系统对于数据的存储，类似于面向对象编程语言对于对象的序列化，但不同的是，面向对象数据库管理系统支持对存储对象的增加、查询、更新和删除操作。使用面向对象数据库管理系统可以根据具体业务应用自定义类与对象，还可以与现有主流的面向对象编程语言进行"无缝对接"，消除了关系数据库管理系统中使用高级编程语言进行数据操作时的"关系—对象"映射，提高了数据读取效率。国内外学者在面向对象数据库管理系统方面做了一些有益探索。例如，有学者根据 OGC 定义的简单要素规范结合应用需求定义空间要素类，然后基于开源的面向对象数据库管理系统 db4o 进行空间数据的存储实验，结果表明 db4o 对于空间数据的存储和查询较方便快捷。理论上，面向对象数据库管理系统不但支持对矢量数据的存储，还可以通过自定义类支持对栅格数据的存储。

目前已经推出了一些面向对象数据库管理系统，如 db4o、ObjectStore、Versant Object Database 等，一些学者也基于现有的面向对象数据库管理系统、地理信息系统数据模型和规范进行了空间数据存储的探索。但由于面向对象数据库管理系统还不够成熟，与关系数据库管理系统相比功能还比较弱，目前在地理信息领域甚至主流的信息技术领域都不太通用。而对象—关系数据库管理系统在地理信息领域得到了广泛应用，已经成为地理信息系统空间数据管理的主流模式。

(五)新型空间数据库管理系统

随着地理信息应用领域的不断扩展及研究和应用的不断深入，空间数据库管理系统研究得到地理信息系统研究人员和计算机领域研究人员的广泛重视。一些新型空间数据库管理系统不断涌现，如基于 NoSQL 的空间数据库管理系统、基于图形处理器的高性能空间数据库管理系统等。下文主要对基于 NoSQL 的新型空间数据库管理系统进行介绍。

NoSQL 是以互联网大数据应用为背景发展起来的分布式数据库管理系统。NoSQL 有两种解释：一种是 Non-Relational，即非关系数据库；另一种是 Not Only SQL，即数据库管理技术不仅仅是 SQL。目前第二种解释更为流行。传统关系数据库管理系统基于关系模型组织、管理数据，而 NoSQL 从一开始就针对大型集群设计。支持数据自动分片，很容易实现水平扩展，具有良好的伸缩性。在分布式系统 CAP（一致性、可用性、分区容错性）理论的指导下，传统关系数据库管理系统对一致性的高要求即 ACID（原子性、一致性、隔离性、持久性）原则导致可用性降低，而 NoSQL 通过牺牲部分一致性达到高可用性。

NoSQL 不使用关系模型，现有 NoSQL 没有统一的架构，基于不同的数据模式组织数据，但是具有一些共同特征，如具有高扩展性，支持分布式存储，高性能，架构灵活，支持结构化、半结构化以及非结构化数据，运营成本低。同时与关系数据库管理系统相比，也有一些不足，如没有标准化的数据模型和查询语言，查询功能有限，大部分不支持数据库事务等。用户应该根据自己的业务需求，合理选择合适的数据库管理系统以提高数据的存储效率。关系数据库管理系统和 NoSQL 之间的对比如表 6-2 所示。

表 6-2　关系数据库管理系统和 NoSQL 的对比

比较标准	关系数据库管理系统	NoSQL
数据库管理	完全支持	部分支持
数据规模	大	超大
数据库模式	固定	灵活
查询效率	快	可以实现高效的简单查询，但是不具备高度结构化查询等特性，复杂查询的性能不尽如人意
一致性	强一致性	弱一致性
数据完整性	容易实现	很难实现
扩展性	一般	好
可用性	好	很好
标准化	是	否
技术支持	高	低
可维护性	复杂	复杂

NoSQL 数量众多，一般根据数据存储模型的不同，典型的 NoSQL 通常包括键值数据库、列簇数据库、文档数据库和图数据库。

（1）键值数据库。键值模型是最简单的 NoSQL 数据存储模型，键值数据库会使用哈希表，数据以键值对的形式存放，一个或多个键值对应一个数据值，如表 6-3 所示。键值数据库操作简单，一般只提供最简单的获取、设置、删除等操作，处理速度最快。具有代表性的是亚马逊的 Dynamo 数据库，就只提供了分布式的键值存储功能。

表 6-3　键值数据库

键值	数据值	键值	数据值
Key_1	Value_1	Key_5	Value_5
Key_2	Value_2	Key_6	Value_6
Key_3	Value_3	Key_7	Value_7
Key_4	Value_4	Key_8	Value_8

（2）列簇数据库。列簇数据库以列为单位存放数据，这些列的集合称为列簇。每一列中的每个数据项都包含一个时间戳属性，这样列中的同一个数据项的多个版本都可以进行保存，如图 6-18 所示。相比于关系数据库以行为单位进行数据存储，使用列存储对于大数据量的存取更加高效。具有代表性的是谷歌的 BigTable，基于 BigTable 设计思想，衍生了 HBase、Cassandra 等一系列列簇数据库。

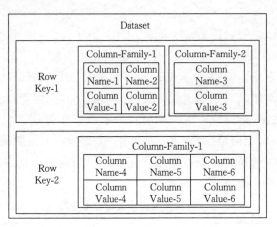

图 6-18　列簇数据库

（3）文档数据库。文档数据库将数据封装、存储在 JSON、XML 等类型的文档中。文档内部仍然使用键值组织数据，一定程度上文档数据库可以看作键值模型的扩展，如图 6-19 所示。但是不同的是，数据项的值可以是基本数据类型、列表、键值对，以及层次结构复杂的文档类型。在文档数据库中，即使没有提前定义数据的文档结构，也可以进行数据的插入等操作。目前，使用最广泛的文档数据库是 MongoDB，MongoDB 还提供了部分空间数据存储功能。

（4）图数据库。图模型基于图结构，使用节点、边、属性三个基本要素存放数据之间的关系信息，如图 6-20 所示。在图论中，图是一系列节点的集合，节点之间使用边进行连接。节点用于保存实体的属性值，边用于描述各个实体之间的关系。该模型可以直观地表达和展示数据之间的关系，还支持图结构的各种基本算法。目前，使用最广泛的图数据库是 Neo4j，Neo4j 也提供了用于空间数据存储的扩展方式。

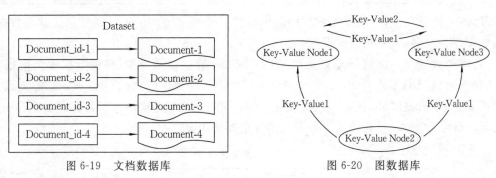

图 6-19　文档数据库　　　　　　　　　图 6-20　图数据库

三、空间数据库的设计、建立与维护

（一）空间数据库的设计

数据库因不同的应用要求会有各种各样的组织形式。数据库设计就是根据不同的应用目的和用户要求,在一个给定的应用环境中,确定最优的数据模型、处理模式、存储结构、存取方法,建立能反映现实世界的地理实体间信息的联系,满足用户要求,能被一定的数据库管理系统接受,同时能实现系统目标并有效地存取、管理数据的数据库。简言之,数据库设计就是把现实世界中一定范围内存在的应用数据抽象成一个数据库的具体结构的过程。

空间数据库的设计是指在数据库管理系统的基础上建立空间数据库的整个过程。主要包括需求分析、结构设计和数据层设计三部分。

1. 需求分析

需求分析是整个空间数据库设计与建立的基础,主要进行以下工作:

(1)调查用户需求,即了解用户特点和要求,取得设计者与用户对需求的一致看法。

(2)需求数据的收集和分析,包括信息需求(如信息内容、特征、需要存储的数据等)、信息加工处理要求(如响应时间)、完整性与安全性要求等。

(3)编制用户需求说明书,包括需求分析的目标、任务、具体需求说明、系统功能与性能、运行环境等,是需求分析的最终成果。

需求分析是一项技术性很强的工作,应该由有经验的专业技术人员完成,同时用户的积极参与也是十分重要的。

2. 结构设计

结构设计指空间数据结构设计,结果是得到一个合理的空间数据模型,结构设计是空间数据库设计的关键。空间数据模型越能反映现实世界,在此基础上生成的应用系统就越能满足用户对数据处理的要求。主要任务包括概念设计、逻辑设计和物理设计。

1)概念设计

概念设计指对需求分析阶段所收集的信息和数据进行分析、整理,确定地理实体、属性及它们之间的联系,将各用户的局部视图合并成一个总的全局视图,形成独立于计算机的反映用户观点的概念模式。概念模式与具体的数据库管理系统无关,结构稳定,能较好地反映用户的信息需求。

表示概念模型最有力的工具是实体关系模型,包括实体、联系和属性三个基本成分。用实体关系模型来描述现实地理世界,不必考虑信息的存储结构、存取路径及存取效率等与计算机有关的问题,比一般的数据模型更接近于现实地理世界,具有直观、自然、语义较丰富等特点,在地理数据库设计中得到了广泛应用。例如在城市地理数据库设计中,将城市市区要素抽象为:①空间实体,如街道边线、路段、街道、街区、节点等实体;②空间实体属性,包括节点实体属性(立交桥、警亭及所连通街道的性质等)、边线实体属性(属于哪一路段、街道、街区及其长度等)、街道路段和街道实体属性(走向、路面质量、宽度、等级、车道数、结构等)和街区实体属性(面积、用地类型等);③空间实体关系。

近几年来,实体关系模型得到了扩充,增加了子类的概念,即增加了语义表达能力,能更好地模拟现实地理世界。

2)逻辑设计

逻辑设计是在概念设计的基础上,按照不同的转换规则将概念模型转换为具体数据库管理系统支持的数据模型的过程,即导出具体数据库管理系统可处理的地理数据库的逻辑模式(即外模式),包括确定数据项、记录以及记录间的联系、安全性、完整性和一致性约束等。为确定导出的逻辑结构是否与概念模型一致,能否满足用户要求,还要对其功能和性能进行评价,并予以优化。

从实体关系模型向逻辑模型转换的主要过程如下：

(1)确定各实体的主关键字。

(2)确定并写出实体内部属性之间的数据关系表达式，即某一数据项决定另外的数据项。

(3)把经过消冗处理的数据关系表达式中的实体作为相应的主关键字。

(4)根据步骤(2)和步骤(3)形成新的关系。

(5)完成转换后，进行分析、评价和优化。

3)物理设计

物理设计是指有效地将空间数据库的逻辑结构在物理存储器上实现，并确定数据在介质上的物理存储结构，其结果是导出地理数据库的存储模式(即内模式)。主要内容包括确定记录存储格式、选择文件存储结构、决定存取路径和分配存储空间。物理设计对地理数据库的性能影响很大，一个好的物理存储结构必须满足两个条件：一是地理数据占用较小的存储空间；二是对数据库的操作要有尽可能高的处理速度。完成物理设计后，要进行性能分析和测试。

数据的物理表示分为数值数据和字符数据。数值数据可用十进制或二进制形式表示，通常二进制形式所占用的存储空间较少。字符数据可以用字符串的方式表示，有时也可用代码值的存储代替字符串的存储。为了节约存储空间，常常采用数据压缩技术。

物理设计在很大程度上与选用的数据库管理系统有关。设计中应根据需要，选用系统所提供的功能。

3. 数据层设计

大多数地理信息系统都按逻辑类型将数据分成不同的数据层进行组织。数据层是地理信息系统中一个重要的概念。按照空间数据的逻辑关系或专业属性，地理信息数据可以分为各种逻辑数据层或专业数据层，原理上类似于图片的叠置。例如，地形图数据可分为地貌、水系、道路、植被、控制点、居民地等数据层分别存储，将各层叠加起来就合成了地形图数据。进行空间分析、数据处理、图形显示时，往往只需要若干相应图层的数据。

数据层设计一般是按照数据的专业内容和类型进行的。数据的专业内容的类型通常是数据分层的主要依据，同时也要考虑数据之间的关系。例如，需考虑两类物体共享边界(如道路与行政边界重合、河流与地块边界重合)等，这些数据间的关系在数据层设计时应体现出来。

由于不同类型的数据应用功能相同，在分析和应用时往往会同时用到，因此设计时应反映出这样的需求，可将这些数据作为一层。例如，多边形的湖泊、水库，线状的河流、沟渠，点状的井、泉等，在地理信息系统应用中往往同时用到，因此可作为一个数据层。

(二)空间数据库的建立与维护

1. 空间数据库的建立

完成空间数据库的设计后，就可以建立空间数据库。建立空间数据库包括三项工作，即建立空间数据库结构、装入数据和调试运行。

1)建立空间数据库结构

利用数据库管理系统提供的数据描述语言描述概念设计和逻辑设计的结果，得到概念模型和逻辑模型，编写功能软件，经编译、运行后形成目标模型，建立实际的空间数据库结构。

2)装入数据

装入数据一般由编写的数据装入程序或数据库管理系统提供的应用程序来完成。装入数据前要做许多准备工作,如对数据进行整理、分类、编码及格式转换(如专题数据库装入数据时,采用多关系异构数据库的模式转换、查询转换和数据转换)等。装入的数据要确保其准确性和一致性。尽量把装入数据和调试运行结合起来,先装入少量数据,待调试运行基本稳定了,再大批量装入数据。

3)调试运行

装入数据后,要运行空间数据库的实际应用程序,执行各功能模块的操作,对空间数据库的功能和性能进行全面测试,包括各功能模块的功能、系统运行的稳定性、系统的响应时间、系统的完整性与安全性等。经调试运行,若基本满足要求,则可投入实际运行。

2. 空间数据库的维护

空间数据库的建立是一项耗费大量人力、物力和财力的工作。为保证空间数据库高效运行且生命周期长,必须不断地对其进行维护,即调整、修改和扩充。空间数据库的重组织、重构造和完整性与安全性控制等,就是重要的维护方法。

1)空间数据库的重组织

重组织是指在不改变空间数据库原来的逻辑结构和物理结构的前提下,改变数据的存储位置,将数据予以重新组织和存放。空间数据库在长期的运行过程中,经常需要对数据记录进行插入、修改和删除操作,这会降低存储效率,浪费存储空间,从而影响空间数据库的性能。所以,在空间数据库的运行过程中,要定期地对空间数据库中的数据重新进行组织。数据库管理系统一般都提供了数据库的重组织的应用程序。由于空间数据库的重组织要占用系统资源,因此重组织工作不能频繁进行。

2)空间数据库的重构造

重构造是指局部改变空间数据库的逻辑结构和物理结构。这是因为系统的应用环境和用户需求改变,需要对原来的系统进行修正和扩充,有必要部分地改变原来空间数据库的逻辑结构和物理结构,从而满足新的需要。空间数据库的重构造通过改写其逻辑模型的存储模式进行。具体地说,对于关系型空间数据库,通过重新定义或修改表结构,或者定义视图来完成重构造;对于非关系型空间数据库,改写后的逻辑模型和存储模型需重新编译,形成新的目标模型,原有数据要重新装入。空间数据库的重构造,对延长应用系统的使用寿命非常重要,但只能对其逻辑结构和物理结构进行局部修改和扩充,如果修改和扩充的内容太多,就要考虑开发新的应用系统。

3)空间数据库的完整性与安全性控制

空间数据库的完整性是指数据的正确性、有效性和一致性,主要由日志来完成。日志是一个备份程序,当发生系统或介质故障时,可对数据库进行恢复。安全性是指对数据的保护,主要通过权限授予、审计跟踪,以及数据的卸出和装入来实现。

§6-4 空间查询

一、空间查询定义

空间查询是从空间数据库中找出符合给定条件的空间数据的过程。空间查询是空间分析的基础,任何空间分析始于空间查询。空间查询技术主要包括空间索引结构的构建和查询方法的实现。一般的商业地理信息系统软件都提供了从简单到复杂的空间查询功能,如用户可以根据鼠标所在的图上位置,查询该位置的空间实体及其属性,还可以进行简单的统计分析等。一般地,空间数据库中的空间查询分两步进行:先通过属性过滤和空间索引在空间数据库中快速检索出被选空间实体的对象标识符;然后进行空间数据和属性数据的连接,返回该空间实体。

二、空间查询类型

根据查询方式的不同,基本的空间查询可以分为基于属性特征的查询、基于空间位置的查询和基于空间关系的查询。

(一)基于属性特征的查询

基于属性特征的查询是根据空间对象或实体的属性数据,查询满足给定条件的地物或区域的空间位置,并统计其几何与属性参数的查询方式。这种查询方式与传统的关系数据库中的常见查询类似,不同的是关系数据库的查询结果是记录的集合,而空间数据库的返回结果是空间对象的集合。在这种查询中,查询的属性条件可以是单个属性、多个属性组合及基于模糊匹配的属性等。其中,单个属性查询是最简单和最常用的方式,如在土地利用图层中查询灌木林地(图 6-21)。

图 6-21　单个属性查询的结果

(二)基于空间位置的查询

基于空间位置的查询是指根据空间对象或实体的地理位置,查询满足条件的实体集合及其属性信息的查询方式。在地理信息系统中,用户常会通过给定的一个或多个点、线、面的几何图形,检索出该图形范围的空间对象及其相应的属性信息。常见的基于空间位置的查询方式如下:

（1）按点查询。给定一个鼠标点位，检索出离该点位最近的空间对象，并显示它的属性，回答它是什么，它的属性是什么。

（2）按矩形查询。给定一个矩形窗口，检索出该窗口内某一类或某一层空间对象。如果需要，显示出每个对象的属性表。在这种查询中，往往需要考虑的是检索包含在该窗口内的地物，还是该窗口涉及的地物，无论是被包含的还是穿过的都要被检索出来。如图 6-22 所示，按矩形查询所有包含在矩形内的土地利用图斑。

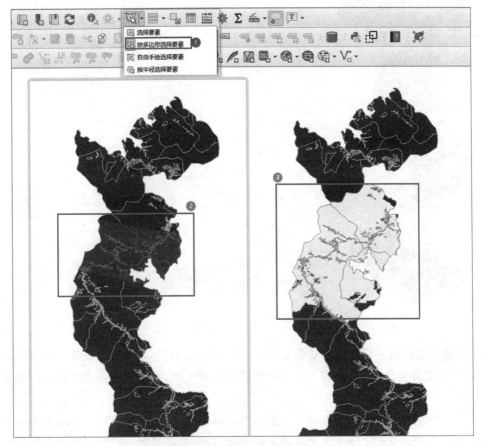

图 6-22　按矩形查询的结果

（3）按圆查询。给定一个圆或椭圆，检索出该圆或椭圆范围内某一类或某一层空间对象，其实现方法与按矩形查询类似。

（4）按多边形查询。用鼠标给定一个多边形，或者在图上选定一个多边形对象，检索出位于该多边形内的某一类或某一层的空间对象。按多边形查询的操作原理与按矩形查询相似，但是比后者要复杂得多，它涉及点在多边形内、线在多边形内、多边形在多边形内的判别计算。这一操作非常有用，用户经常需要查询面状地物，如查询通过武汉市的所有铁路等。

（三）基于空间关系的查询

基于空间关系的查询包括空间拓扑关系查询和缓冲区查询。基于空间关系的查询有些是通过拓扑数据结构直接查询得到，有些是通过空间运算，特别是空间位置的关系运算得到。常见的基于空间关系的查询方式如下：

(1)邻接关系查询。邻接关系查询包括多边形邻接查询、线与线的邻接查询等。

(2)包含关系查询。包含关系查询是查询某个面状地物所包含的某一类空间对象,被包含的空间对象可能是点状地物、线状地物或面状地物(图6-23)。它实际上与前面所述的按多边形查询相似。这种查询方式使用空间运算方法执行,如查询某块图斑内包含的林业图斑。

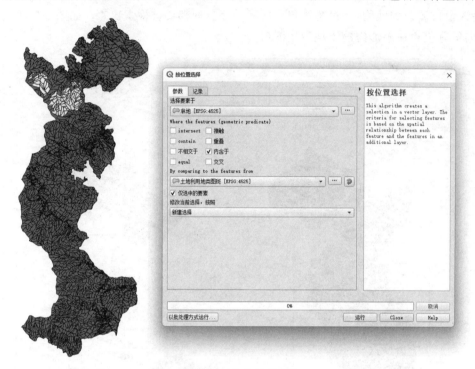

图 6-23　包含关系查询

(3)穿越关系查询。穿越关系查询是查询一个线状目标穿越的空间对象。穿越关系查询一般采用空间运算方法执行,根据一个线状目标的空间坐标,计算哪些面状地物或线状地物与它相交。

(4)落入查询。落入查询是查询一个空间对象落在哪个空间对象内。例如,查询一个学校在哪个区域范围内,一条道路在哪个省份,一个岛屿在哪片水域等。执行这一操作采用空间运算即可,即采用点在多边形内、线在多边形内或面在多边形内的判别方法。

(5)缓冲区查询。缓冲区查询是根据用户需要给定一个点缓冲、线缓冲或面缓冲的距离,从而形成一个缓冲区的多边形,再根据前面所述的按多边形查询的原理,检索出该缓冲区多边形范围内的空间地物。

三、空间查询语言及方法

地理信息系统主要通过空间查询语言来表达用户的空间查询和空间分析请求,从而使用户能够与地理信息系统进行交互。

(一)结构化查询语言

结构化查询语言是一种数据库查询和程序设计语言,用于存取数据以及查询、更新和管理关系数据库。由于结构化查询语言功能丰富、使用简单,自推出后很快被众多的软件公司采用,1987 年得到国际标准化组织的支持成为国际标准,现在已经发展成关系数据库的标准语言。目前,几乎所有的关系数据库都支持结构化查询语言。结构化查询语言主要提供了数据定义、数据操作、数据查询和数据控制等几个部分的功能。

1. 数据定义

结构化查询语言的数据定义功能包括模式定义、表定义、视图定义和索引定义。标准结构化查询语言不提供修改模式定义和修改视图定义的操作,用户如果想修改这些对象,只能先将它们删除再重建。标准结构化查询语言也没有提供索引相关的语句,但为了提高查询效率,商用关系数据库管理系统通常都扩展了标准结构化查询语言,提供了索引机制和相关的语句。

2. 数据操作

数据操作是数据库建立以后,进行数据插入、删除和修改三种更新操作,对应的结构化查询语言包括 INSERT、DELETE 和 UPDATE。这些操作可以在任何基本表上进行,但在视图上有所限制。

3. 数据查询

数据查询是空间数据库的核心操作。结构化查询语言提供了 SELECT 语句进行数据查询,可进行单表查询、多表链接查询、嵌套查询、集合查询等,还具有分组排序、聚集函数等功能。它可与其他语句配合完成所有的查询功能。

4. 数据控制

数据控制是指系统通过对数据库用户的使用权限加以限制来保证数据的安全。结构化查询语言提供对用户访问数据的控制方式有基本表和视图授权、完整性规则描述、事务控制语句等。结构化查询语言提供了 GRANT 语句和 REVOKE 语句用于实现数据的存取控制。结构化查询语言还支持数据库事务控制,一个事务通常以 BEGIN 开始,以 COMMIT 或 ROLLBACK 结束。

(二)查找

查找是最简单的由属性查询图形的操作,它不需要构造复杂的结构化查询语言命令,仅通过选择一个属性表,给定一个属性,找出对应的属性记录和空间图形即可。这一步操作是先执行数据库查询语言,找到满足条件的数据库记录,得到它的目标标识符,再通过目标标识符在图形数据文件中找到对应的空间对象。

查找的另外一种方式是当屏幕上已显示一个属性表时,用户根据属性表的记录内容,用鼠标在属性表中任意点取某一个或某几个记录,图形界面则高亮显示被选取的空间对象,如图 6-24 所示。

(三)结构化查询语言查询

地理信息系统软件通常支持标准的结构化查询语言。标准的结构化查询语言如下:

SELECT	需显示的属性项
FROM	属性表
WHERE	条件
OR	条件
AND	条件

复杂的查询还可以进行嵌套,即 WHERE 的条件中可以进一步嵌套 SELECT 语句。

　　一般的地理信息系统软件都设计了比较好的用户界面，可以交互式选择和输入 SELECT 语句的内容，代替键入完整的 SELECT 语句。输入 SELECT 语句有关的内容和条件以后，系统转化为标准的关系数据库结构化查询语言，由数据库管理系统或高级编程语言执行，查询得到满足条件的空间对象。得到一组空间对象的目标标识符以后，在图形文件中找到并高亮显示被查询的空间地物。

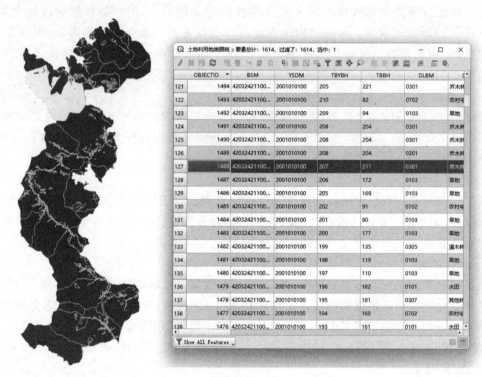

图 6-24　根据属性表记录内容查找

（四）扩展的空间结构化查询语言

　　现有空间数据库解决方案通常都是在传统的关系数据库中引用面向对象技术，将空间实体的复杂性封装到对象中，并对外提供对空间实体进行查询和操作的接口。相应地，扩展的空间结构化查询语言主要通过引入空间数据类型和空间操作算子来扩展结构化查询语言，使用户能够使用结构化查询语言进行空间对象的查询。其中，结构化查询语言多媒体和应用数据包规范（SQL multimedia and application packages，SQL/MM）和 OGC SFA SQL 规范的制定，为地理信息系统使用结构化查询语言进行空间查询提供了标准与规范。但是，各个数据库软件商对标准的支持并不相同，有的还扩展了标准，实现了更多功能。

　　下面的例子是通过扩展的结构化查询语言查询长江流域人口大于 50 万的县或市：

```
SELECT          *
FROM            县或市
WHERE           县或市.人口＞50 万
AND CROSS       (河流.名称＝"长江");
```

思考题

1. 结合实例阐述数据管理技术的发展历程。
2. 从功能及操作角度,说明空间数据与其他数据的区别。
3. 结合实例阐述空间数据的组织方式。
4. 栅格数据如何组织管理?
5. 简述空间数据库的定义及特点。
6. 比较空间数据库管理模式的基本思想及特点。
7. 如何实现空间查询?
8. 为了支持空间查询,空间查询语言对传统的结构化查询语言做了哪些扩展?

第七章　空间信息可视化

地理空间中的信息具有广阔的范畴、丰富的内容和复杂的结构。为了系统而本质地表述、传输和使用地理空间信息，必须把握它们的基本特征，可视化能够全面且本质地把握住地理空间信息的基本特征，便于迅速、形象地传递和接收它们。因此，空间信息从来离不开可视化，可视化技术成为空间信息阅读、理解进而交互作用最重要的工具和手段。

§7-1　可视化的概念

空间信息是指地理空间的信息。可视化是将符号或数据转化为直观的图形、图像的技术，它的过程是一种转换过程，它的目的是将原始数据转化为可显示的图形、图像，并为人们视觉所感知。

一、空间信息基本特征

任何地理空间信息都有其主体，它们是地理的事物或现象，即地理实体或若干实体的集合。空间信息一般具有下列基本特征。

(一)属性特征

属性是指质量和数量特征。例如对于土地信息而言，土地名称、类型、分级编码、土地的宜林宜农性质，或者更具体地对于某一农作物适宜性的程度、肥力状况、土壤的性质等均可视为质量特征，而面积、长度、坡度、坡向、沟谷密度、地表粗糙度等均可视为数量特征。

不同的信息均具有各自的属性特征系列，但也有共同的，如名称、分类分级编码、面积、长度等。

人们对于地理信息的了解、认识和使用，往往是从用途开始的，总是不可避免地与属性相关联，没有无属性的地理信息。

(二)时间特征

地理空间是一个随时间变化的空间，任何空间信息均具有长短不一的生命周期，如蝗虫灾害、沙害、冰河期地貌等。城市地理景观信息是这方面最典型的事例，城市随着建设的发展而日新月异，城市信息的时间特征十分明确，抓住两个时间段的信息，就能迅速获取在这两个时间段内，城市信息的动态变化、发展，各种要素的迁移方向、速度及其他特征。

(三)空间特征

空间特征是区别地理信息与其他一般信息的根本标志。实际上，空间特征与时间特征一样，是任何事物与现象的固有特征，只是一般信息中，空间特征并不起特别重要的作用，例如一个中、小企业的人员信息、低值易耗器材信息、产品生产信息等均是不具有地理信息空间特征的一般信息。可以认为，一般信息增添空间特征时，问题也就骤然复杂起来，一般信息系统也须扩展为地理信息系统。

空间特征主要可分为几何特征、拓扑特征和其他特征。

（1）几何特征是空间特征量方面的表现，如位置（即坐标数值）、形状、大小、方向、远近、内部的几何结构，以及特征点分布、纹理、图案、结构等。这些特性均是多维特性，而且数据量大。

（2）拓扑特征是空间特征质方面的表现，如几何分量点、线、面的数目以及它们之间的关系（欧拉公式），空间图形的连通性、包含性，以及相互之间的毗邻关系等。空间实体本身数据量大、十分复杂，相对而言，空间实体的相互关系就复杂得多，描述它们的数据量也大得多。

以二维空间为例，二维空间中的点、线、面以及相互之间的"位""邻""近""势"关系，与属性数据是有差别的，不是简单的数据或字符所能全面概括和本质地表示的。更进一步，空间的图形和图像的阅读、判别和理解，属于约束性不充分问题，不同的人根据本身的知识和经验，往往有不同的理解。世界上事物的多样性、事物特征的多样性，使空间信息可视化成为地理信息中一个重要而又内容丰富的问题，包括采用最适宜的方法表示各种特性，全面而本质地表示空间信息，正确而本质地获取这些信息，采取合适的途径与它们交互，研究如何掌握和影响它们。

（四）多媒体特征

上述属性特征、时间特征及空间特征都是空间信息某一方面的表现、抽象，当图形、图像、动画、视频、声音生动而形象地表示出地理实体"活"的特征时，它在很大程度上补充了其他特征所不能表现的事物的全面生动的一面。图形、图像、动画、视频、声音等多种形式的媒体，称为多媒体。

二、可视化

可视化本意即转换并可被视觉所感知。计算机图形、图像的概念已出现了几十年，而图形、地图等的出现可以追溯到人类起源的远古时代。为什么近来可视化的概念频繁地出现在计算机科学和地理信息科学中？为什么近来可视化编程、可视化构件、科学计算可视化等新概念又层出不穷？显然，可视化成为一种技术潮流是有其深刻的原因和背景的。

（一）视觉在信息世界中的特殊地位

人类是信息科学的主体。信息是由人来感知、处理和利用的。客观的事物及其运动通过人的视觉、听觉、嗅觉、味觉、触觉被感知，同样的人类实践活动的结果，其实验、资料、成果、经验等也只能被各种感官所感知，从而由人脑进行推理、分析、判断和决策。据估计，人类感知的信息70%以上是通过视觉来获取的。很明显，视觉在信息世界中有一定的特殊地位，具体如下：

（1）视觉有雄厚的生物生理基础，在人脑的 150 亿个神经元中，78%以上与人的视神经活动有关，视觉是人类神经活动中高度进化和发展了的生物生理能力。

（2）视觉的信息传输及接收是平行的，显然，人们一睁眼就可接收视野内的三维世界，而不像听觉仅通过一维串行来传输。

（3）视觉的信息传输、接收速率很高，它是以光速传递到人视网膜上，再通过人的视神经反应来接收的。

（4）视觉的信息传输与接收又是分层次的，对于视图，人们首先可以感受到其最突出、最鲜艳的特征，其次是一般特征，最后可以感受到细微的、局限性的、次要的特征。这样可以根据视觉传输信息的特点把需要突出的信息放在第一层次，次要的放在第二层次。

（5）三维视窗的信息密度可以非常大。

视觉在信息传输和接收上的特点，特别适合表达空间信息的多维特性及数据量大且复杂的特点。俗话说"一图胜千言",正是确切表达了一维串行语言对二维空间信息的传输能力远远比不上图的事实。

(二)科学计算可视化

1. 概念

科学计算可视化是指运用计算机图形学和图像处理技术,将科学计算过程中产生的数据及计算结果转换为图形和图像显示出来,并进行交互处理的理论、方法和技术。它不仅包括科学计算数据的可视化,而且包括工程计算数据的可视化,主要功能是从复杂的多维数据中产生图形,也可以分析和理解存入计算机的图像数据。它涉及计算机图形学、图像处理技术、计算机辅助设计、计算机视觉及人机交互技术等多个领域。它主要是基于计算机科学的应用目的提出的,侧重于复杂数据的计算机图形。

2. 意义

实现科学计算可视化将极大地提高科学计算的速度和质量,实现科学计算工具和环境的进一步现代化。由于它可将计算中的过程和结果用图形和图像直观、形象、整体地表达出来,从而使许多抽象的、难以理解的原理、规律和过程变得更容易理解,使枯燥而冗繁的数据或过程变得生动有趣、更人性化。同时,通过交互手段改变计算的环境和所依据的条件,观察其影响,实现对计算过程的引导和控制。

3. 应用领域

科学计算可视化的应用领域十分宽广,几乎可包括自然科学和工程计算的一切领域,也包括空间信息领域。

(1)地质勘探。寻找矿藏的主要方式是通过地质勘探了解大范围内的地质结构,发现可能的矿藏构造,并且通过测井数据了解局部区域的地层结构,探明矿藏位置及其分布,估计蕴藏量及开采价值。由于地质数据及测井数据的数据量极大且矿藏分布不均匀,无法依据纸面上的数据进行分析,利用可视化技术可以从大量的地质数据和测井数据中构造出感兴趣的等值面、等值线,显示其范围及走向,并用不同色彩、符号及图纹显示出多种参数及其相关关系,从而使专业人员对原始数据做出正确解释,得到矿藏位置及储量大小等重要信息。它可以指导打井作业、节约资金,大大提高寻找矿藏效率。

(2)气象预报。气象直接影响国家经济、工程建设以及亿万人民的生活。气象预报的准确性依赖对大量数据的计算和计算结果的分析。科学计算可视化一方面可将大量的数据转化为图像,显示某个时刻的等压面、等温面、风力大小与方向、云层的位置及运动、暴雨区的位置与强度等,使预报人员对天气做出准确的分析和预报;另一方面根据全球的气象监测数据和计算结果,可将不同时期全球的气温分布、气压分布、雨量分布及风力风向等以图像形式表示出来,从而供预报人员对全球的气象情况及变化趋势进行研究和预测。

(3)计算流体动力学。汽车、船舶、飞机等的外形设计都必须考虑其在气体、流体高速运动的环境中能否正常工作。过去必须将所设计的机体模型放入大型风洞中做流体动力学的物理模拟实验,然后根据实验结果修改设计,再实验修改,直至完成,这种做法设计周期长,资金耗费大。现在可以在计算机系统上建立机体几何模型,并进行风洞流体动力学的模拟计算,为理解和分析流体流动的模拟计算结果,必须利用可视化技术尽快将结果数据动态地显示出来,并对各时刻数据(包括全局的、局部的)进行精确的显示和分析。可视化显示和分析是机体设计的关键步骤。

（4）分子模型构造。分子模型构造是生物工程、化学工程中先进的发展技术。现在科学计算可视化已经是学术界和工业界研究分子结构及相互作用的有力武器，使分子模型构造技术发生了革命性的变化，从过去复杂和昂贵的方法，变成了可控性强、操作简单可靠的有效工具。例如在遗传工程的药物设计中，使用彩色三维立体显示来改进已有药物的分子结构、设计新的药物，以及构造蛋白质和 DNA 等高度复杂的分子结构。

科学计算可视化在其他各方面均有广泛的运用。显然科学计算可视化在学科的广泛程度上包括了空间信息可视化，这是因为从复杂的多维数据中产生图形是空间信息可视化的基本内容，空间数据的显示、空间分析结果的表示、空间数据的时空迁移及每个空间数据处理的过程无一不是这一基本内容。然而空间信息可视化与科学计算可视化毕竟存在不同，显著的不同就是图形符号化的概念。下文先讨论空间信息可视化。

（三）空间信息可视化

可视化在信息世界中具有特殊地位。在人机交互中，视觉是信息传输和接收的主要渠道，尤其对于多维信息，可视化具有独特优点，而空间信息正是多维的。前面所述地质勘探、气象预报也是空间信息可视化的典型事例，但分子模型构造显然不是，因此这两个科学概念的异同必须讨论清楚。粗略而言，科学计算可视化的学科概念更广泛一些，它从分子、原子、汽车、建筑到地球、宇宙，其可视化内容不仅包括空间信息，而且包括频率、强度等科学研究的各项指标，其可视化的要求更加专业、单一，以形象、逼真为最高境界；而空间信息可视化的学科范围是地学环境，其研究对象的大小颗粒是与地理相匹配的，其可视化的内容是地学环境空间中具有环境特性的事物，与之相适应的，其可视化的要求还包括对研究对象的综合抽象，有数字化和符号化的特征过程。因此，从本质上讲两个概念具有不少共同之处和紧密的联系，但在应用范畴和可视化要求上是有差别的，在实现方法和技术上也有一些显著的差别。

空间信息可视化是一个全新的概念，是指运用地图学、计算机图形学和图像处理技术，将地学信息输入、处理、查询、分析以及预测的数据及结果，采用图形符号、图形、图像，并结合图表、文字、表格、视频等可视化形式进行显示并交互处理的理论、方法和技术。

采用听觉、触觉、嗅觉、味觉等多种感知方式可以使空间信息的传递、接收更加形象、具体和逼真，但是暂时看来，有的方式对地理空间信息的意义并不大，如嗅觉、味觉感知方式，而触觉、听觉感知方式也主要起辅助作用。未来空间信息可视化应探索多种感知通道的集成应用和设计，激发人的全感官系统功能，实现物理世界和空间信息的多维度感知。

在上述含义下，空间信息可视化与科学计算可视化的紧密联系和主要差别一目了然。也可以说，空间信息可视化是科学计算可视化在地学领域的特定发展。

三、空间信息可视化的形式

地图是空间信息可视化最主要的形式，也是最古老的形式。在计算机上将空间信息用图形和文本表示出来在计算机图形学出现的同时就出现了。这是空间信息可视化较简单而常用的形式。多媒体技术的产生和发展，使空间信息可视化进入一个崭新的时期。可视化的形式多样，呈现多维化的局面，并在持续发展。空间信息可视化的主要形式如下。

（一）地图

地图是空间信息可视化最主要的形式，包括纸质地图和电子地图。纸质地图是按照一定的数学法则，用特定的图式符号、颜色和文字注记，将地球表面的自然和社会现象，经过一定的制图综合测绘于平面图纸上的图。电子地图,即数字地图,是利用计算机技术,以数字方式存储和查阅的地图。电子地图与纸质地图两者反映的都是客观地理世界,都属于地图产品,在制图过程中都必须遵循一定的制图法则。

(二)三维仿真地图

空间信息可视化在早期受限于计算机二维图形显示技术,对图形显示的算法进行了大量的研究。继二维可视化研究后,三维地理信息系统及空间信息可视化的形式即三维仿真地图成为当前地理信息系统的研究热点,它是基于三维仿真和计算机三维真实图形技术而产生的三维地图。

与传统二维地图的设计不同,三维环境下的制图设计受人眼立体感知的影响,除了采用传统的视觉变量表达空间目标的特征外,还要用色彩、阴影、纹理、透视变换等构造三维影像,这些变量称为图形深度要素。

(三)动态地图

动态地图利用地图动画技术,直观而逼真地显示地理实体运动变化的规律和特点。

1. 特征和作用

动态地图的主要特征是逼真且形象地表现出空间信息时空变化的状态、特点和过程,即运动中的特点。具体而言,动态地图可以在下列几个方面得到应用:

(1)动态模拟,使重要事物变迁过程再现,如地壳演变、冰川形成、人口增长与变化等。

(2)运动模拟,对于运动的地理实体(如人、车、船、机、星等),进行运动状态以及环境的测定和调整。

(3)实时跟踪,在运动的物体上安装定位系统,显示运动物体的运动轨迹,使空中管制、交通监控和疏导等具有可靠的时空信息保证。

2. 表示方法

动态地图表示空间地理实体的运动状态和特点,可采用以下方法及其方法组合:

(1)利用传统的地图符号和颜色等表示方法。采用传统的视觉变量组成动态符号,结合定位图表法、分区统计图表法以及动线法来表示。

(2)采用定义动态视觉变量的动态符号来表示。动态视觉变量的动态参数包括变化时长、速率、次序及节奏等,可设计一组动态符号,在一幅地图上反映运动中物体的质量、数量、时间和空间变化特征。

(3)采用连续快照方法制作多幅或一组地图。采用一系列状态连续的地图来表现空间信息的时空变化,适当地在空间差异中内插足够多的快照,使状态差异由突变改为渐变时,则为地图动画。

(四)虚拟现实

虚拟现实又称灵境技术或人工环境,是指通过头盔式的三维立体显示器、数据手套、三维鼠标、数据衣、立体声耳机等使人完全沉浸其中,并可以操作、控制计算机生成一种特殊的三维图形环境,以实现特殊的目的。虚拟现实是发展到一定水平的计算机技术与思维科学相结合的产物,以视觉为主,也结合听觉、触觉、嗅觉甚至味觉来感知环境,使人们犹如进入真实的地理空间环境并与之交互作用,它为人类认识世界开辟了一条新途径,为空间信息可视化提供了一种新形式。

§7-2　地图符号系统

空间信息可视化对于地学信息而言有多种形式,而其中最重要的一种形式便是地图,它是地学信息的图形符号模型。地图所反映的是地学领域的事物、现象及地学实体,它的空间尺度相对于人类的一般活动是宏观的或相当的。地图虽然反映的是环境空间中地学实体的集合,但它本身是观念的产物,是对客观的一种模拟,即模型。地图不是数学模型,也非物理模型,而是对地学实体集合的质、数、时、空客观特性的全面抽象,并非单一抽象。例如对于"井",单纯的空间抽象只是数学空间的点或面,单纯的质量抽象只是供人、畜饮用的点状水源,而地图上的"井"把质量、数量、时间、空间都统一表达了。抽象程度由人们的认识水平和可视化的主题而定,抽象可以是逐次的、渐进的,正确而适度的抽象反映了地图的科学水平。地图还具有形象、生动的特点,这是由于它采用了彩色图形符号,这是人们传递信息的信号或工具。统一、协调、美观的符号系统反映了地图的艺术水平。也可以说地图是图形符号的空间集合,图形符号是地图的语言。

一、地图语言

地图是一种信息的传输工具。它实现了从制图的地理环境到用图者认识的地理环境的信息传递。其间,地图语言就是地图作为信息传输工具不可缺少的媒介。

在地图语言中,最重要的是地图符号及其系统,被称为图解语言。同文字语言相比,图解语言更形象直观,一目了然,既可显示制图对象的空间结构,又能表示制图对象在空间和时间中的变化。

地图注记也是地图语言的组成部分,它借用自然语言和文字形式来加强地图语言的表现效果,完成空间信息的传递。地图注记实质上也是符号,它与地图符号配合使用,以弥补地图符号的不足。

地图色彩是地图语言的重要内容,除了作为符号外,还有装饰美化地图的功能。

另外,地图上可能出现的"影像"和"装饰图案",虽不属于地图符号的范畴,但也是地图语言中不可缺少的内容。地图的"影像"是空间信息特征的空间框架;"装饰图案"多用于地图的图边装饰,可以增加地图的美感,并且烘托地图的主题。

二、地图的色彩

色彩是地图语言的重要内容。地图上运用色彩可增强地图各要素分类、分级的概念,反映制图对象的质量与数量的多种变化;利用色彩与自然地物景色的象征性,可增强地图的感受力;运用色彩还可简化地图符号的图形差别并减少符号的数量(如用黑、棕、蓝三色实线表示道路、等高线和水涯线);运用色彩又可使地图内容相互重叠并区分为几个"层面",提高了地图的表现力和科学性。

(一)色彩理论

1. 色彩感知理论

人类眼睛能看到的色彩是可见光反射的结果。如图 7-1 所示,可见光是电磁波的一种,其波长范围为 400~760 nm,其中紫色光的波长最短,红色光的波长最长。

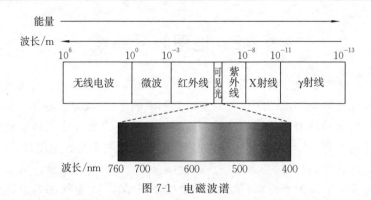

图 7-1　电磁波谱

光学理论上的颜色和物理生理学有关,是由可见光(电磁能)经过周围环境的相互作用后到达人眼,并经过一系列的物理和化学变化转化为人脑所能处理的电脉冲结果,最终形成对色彩的感知。色彩感知的形成是一个复杂的物理和心理相互作用的过程,也就是说,人类对色彩的感知不仅由光的物理性质决定,也受到心理等因素的影响。另外,人类对色彩的感知也会受到周围环境的影响。

色彩感知也是一种心理活动,心理学中有两种主要的色彩感知理论:三原色理论和拮抗理论。三原色理论由托马斯·杨(Thomas Young)于 1801 年提出,该理论认为色彩感知是光线对三种视锥细胞进行刺激的结果。如果只有一种视锥细胞受到刺激,那么人眼就能感知到这种颜色,例如,红光刺激长视锥细胞,使人感知到红色。而对于其他颜色的感知则是对三种视锥细胞进行成比例刺激的结果,例如,黄光会刺激中视锥细胞和长视锥细胞,使人感知到黄色。

拮抗理论由埃瓦尔德·赫林(Ewald Hering)于 1878 年提出,该理论认为,人眼对于色彩的感知基于一个明—暗(黑—白)颜色通道和两种相对的颜色通道(红—绿颜色通道和黄—蓝颜色通道)。每种颜色通道内的颜色相互对立,因此人眼无法感受到同一通道内的混合色(如红—绿混合或黄—蓝混合),但可以感知到不同颜色通道内的混合色(如红—蓝混合、红—黄混合等)。

虽然多年来两种理论的支持者一直在为拥护各自的理论而进行争辩,但客观而言,两种理论都可以很好地解释色彩感知的过程。三原色理论以三种视锥细胞的存在为理论基础,而来自于不同视锥细胞中的信息的组合方式也正是基于拮抗理论,两种理论相互补充,在解释人类色觉的复杂现象中都起到了重要作用。

2. 色觉障碍

色觉障碍分为色盲和色弱两类,色盲是缺乏或完全没有辨色能力,色弱为辨色能力不足。

色盲最常见的原因是遗传导致的三种视锥细胞中的一种或多种发育不正常。由于导致最常见的色盲的基因位于 X 染色体上,因此男性出现色盲的几率比女性更高。除遗传原因外,色盲还可以由眼睛、视神经或大脑特定区域的物理或化学损伤引起。色盲人群中最常见的是红绿色盲,其次是蓝黄色盲和完全色盲。除先天或后天的色觉障碍疾病之外,随着年龄的增长,人对于颜色的辨别能力也会下降。

在进行地图色彩设计时,要考虑色觉障碍者,也就是色盲或色弱患者阅读地图的情况。色觉障碍者的人数有一定的规模,因此弄清色觉障碍的产生原理,并在地图设计时考虑色觉障碍因素,也是地图色彩设计中很重要的一部分。色觉障碍者容易混淆和容易区分的色调可以表示在国际照明委员会(International Commission on Illumination,法文为 Commission Internationale De L'Eclairage,CIE)模型中,在本节 CIE 模型部分会详细说明不同色觉障碍者易混淆的颜色以及相应的配色解决方案。

3. 色彩的感受效果

两种以上的色彩组合在一起时,会因为色彩配合的不同而产生华丽、朴素、强烈、柔和等不同的感受效果。这些能带来不同感受效果的色彩,就形成了不同的色彩风格。以色彩坐标体系(color coordinate system,CCS)为例,色彩的亮度、色调和饱和度的不同组合就形成了不同风格的色彩,如图 7-2 所示。

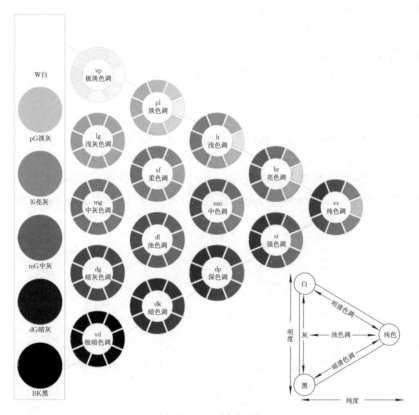

图 7-2　CCS 色调图

根据色彩带给人的视觉感受,地图的色彩风格可以分为以下七类:

(1)清淡型。清淡型风格的色彩视觉感受清淡、素雅,具有低纯度、高亮度色彩特征,在 CCS 色调图上主要分布于 vp 色调处。

(2)中庸清新型。中庸清新型风格的色彩视觉感受清新、明亮、愉快,具有中纯度、高亮度色彩特征,在 CCS 色调图上主要分布于 pl 色调处。

(3)中庸鲜亮型。中庸鲜亮型风格的色彩视觉感受鲜明、亮丽,具有中纯度、中高亮度色彩特征,在 CCS 色调图上主要分布于 lt 色调处。

(4)对比强烈型。对比强烈型风格的色彩视觉感受鲜明、亮丽,对比强烈,具有高纯度、中亮度色彩特征,在 CCS 色调图上主要分布于 br、st、vv 等色调处。

(5)优雅型。优雅型风格的色彩视觉感受优雅、浪漫、柔美,具有中纯度、中高亮度色彩特征,在 CCS 色调图上主要分布于 pl、lg、lt、sf、mo 等色调处。

(6)古典型。古典型风格的色彩视觉感受传统、古典、高贵、厚重,具有中纯度、中亮度色彩特征,在 CCS 色调图上主要分布于 lg、mg、sf、dl、mo、dp 等色调处。

（7）个性化型。个性化型风格的色彩视觉感受范围并不局限在某一处,任何具有新颖、创意的色彩配色方案都可划归为个性化型风格。

（二）色彩量化模型

色彩量化模型是一种抽象的数学模型,描述了利用参数表示颜色的方式,色彩量化模型一般使用三个或四个值来描述颜色。常见的色彩量化模型有 RGB、CMYK、HSV、Munsell、CIE 等。RGB 和 CMYK 模型是面向硬件的,因为前者是基于图形显示器上的红、绿和蓝三色光的组合来定义的,后者是基于印刷品上青色、品红、黄色和黑色墨水的组合来定义的。Munsell 和 HSV 模型是面向用户的,因为它们是基于用户对颜色的感知来定义颜色(如色调、饱和度和亮度)的。CIE 模型不属于上述两类,但它能最"精准"地还原一种颜色,也就是说 CIE 模型是用来创建同种颜色的最佳选择。

1. RGB 模型

RGB 模型是一种基于加色法原理的色彩模型。在 RGB 模型中,颜色是根据每个像元位置的红色、绿色和蓝色的强度来指定的。如图 7-3 所示,RGB 色彩的强度范围可以表示为一个立方体,图中从白色点到黑色点的延伸线上可以看到灰色调的、完全去饱和的颜色,在黑色点周围的是深色,白色点周围的是浅色。而在距"黑白线"越远的地方,颜色越来越饱和,例如在红色点处,红色色调的饱和度最高。

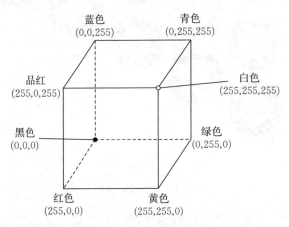

图 7-3　RGB 色彩立方体

RGB 模型的优点是它与图形显示器显示颜色的方法直接相关,因此比较容易理解。但它也有两个主要的缺陷,一是该模型并不包含色调、饱和度、亮度等常规概念;二是 RGB 颜色空间中相同的步长并不对应相同的视觉步长,例如颜色(125,0,0)与颜色(0,0,0)之间的视觉步长并不等于颜色(250,0,0)与颜色(125,0,0)之间的视觉步长。视觉步长即视觉差异,是从人的视觉感知角度衡量两种色彩间的差异。通常低 RGB 值的增量更改比高 RGB 值同样的增量更改在视觉上的差异更小。RGB 模型是最常用的色彩量化模型,因为它的应用时间较长,用户对它也较为熟悉。

2. CMYK 模型

CMYK 模型是当阳光照射到一个物体上时,这个物体将吸收一部分光线,并将剩下的光线进行反射,反射的光线就是人们所看见的物体颜色的减色色彩模式。这也是与 RGB 模型的不同之处。

CMYK 模型针对印刷地图进行设计。由于印刷地图基于光的反射而不是放射来产生颜色，所以 CMYK 模型采用的色彩组合方法是减色法。如图 7-4 所示，减色法的三种基本色彩是青色(C)、品红色(M)和黄色(Y)，但如果只使用这三种颜色进行混合会产生一些问题。例如，使用 C、M、Y 三种颜色混合而成的黑色(B)或灰色色调不够纯净，且使用这三种颜色混合产生黑色或灰色也比较浪费油墨，同时多种油墨的混合也影响视觉效果，所以，在这三种色调的基础上，又加入了黑色，四种色调一起构成了 CMYK 模型。

图 7-4　减色法原理

CMYK 模型是针对印刷的颜色模型。由于图形显示设备与打印设备所采用的颜色模型(RGB 与 CMYK)不同，因此大多数情况下，屏幕中显示的色彩无法在印刷作品中完美呈现。此外，不同的软件、显示设备和打印技术之间的差异，都会导致同一作品产生不同的颜色范围(简称色域)。

3. HSV 模型

与 RGB 模型和 CMYK 模型相比，HSV 模型从地图设计的角度来看更加直观，因为它允许用户直接使用色调(H)、饱和度(S)和亮度(V)三个属性值来定义色彩。如图 7-5 所示，HSV 颜色空间可以表达为一个六棱锥。六棱锥底部的六角形代表 HSV 模型中的色调结构，亮度由锥体顶点到底部逐渐变大，饱和度则由锥体的中心到边缘逐渐变大。

HSV 模型因其概念的直观性在各类软件中得到了广泛应用，但它同样存在一些缺陷。HSV 模型中相同亮度值的颜色在亮度感知上并不相同。例如，在六棱锥的底部，有亮度最高的绿色和红色，但当用户在显示器上创建这两种颜色时，会发现绿色比红色显示得更亮。同样的，具有相同

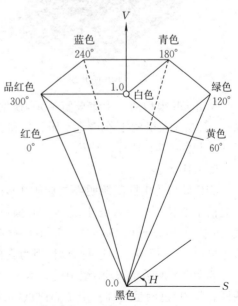

图 7-5　HSV 六棱锥模型

饱和度的不同色调在感知上的饱和度也不相同。此外,HSV 模型具有一个与 RGB 模型同样
的缺陷,就是颜色空间中的相同步长并不等于同样的视觉步长。

4. Munsell 模型

Munsell 模型是面向用户的色彩模型,它出现在计算机发明之前,在 20 世纪初就已经被
提出。Munsell 模型使用色调(H)、亮度(V)和饱和度(C)来指定色彩。如图 7-6 所示,
Munsell 模型的总体结构与 HSV 模型类似,其色调围绕中心呈圆形排列,亮度和饱和度同样
分别从下到上、从内到外增加。但与 HSV 模型相比,Munsell 模型是不对称的。例如,用户如
果把 Munsell 模型拿在手里,会发现最亮的绿色比最亮的红色高度要高,这是因为 Munsell 模
型是基于感知的模型,也就是在感知上,最亮的绿色确实看起来比最亮的红色要更亮。

如图 7-7 所示,Munsell 模型包含 10 个色调,它们被分为 5 个主色调(用一个字母表示,比
如红色 R)和 5 个中间色调(用两个字母表示,比如 RP)。每个主色调又被分为 10 个子色调
(如 1R~10R)。亮度的取值范围为 0~10,数值越大色彩越亮。饱和度的取值范围为 0~16,
数值越大色彩越饱和。由于模型的不对称性,不是每种色调都有亮度和饱和度。Munsell 模
型中的颜色表示为 H V/C,如 5R 5/14 表示一个中亮度和高饱和度的红色,即深红色。

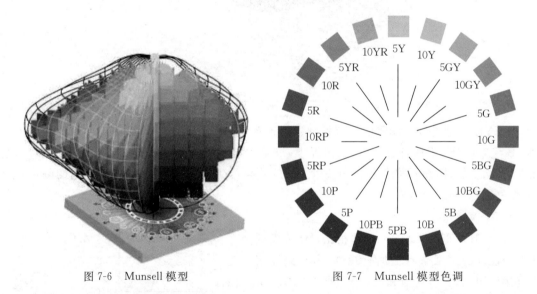

图 7-6　Munsell 模型　　　　　　　　　　图 7-7　Munsell 模型色调

Munsell 模型的一个重要特征是,模型中数值的相同步长代表了相同的感知步长。例如,
颜色 5R 5/5 在视觉上在颜色 5R 2/2 和颜色 5R 8/8 之间。目前介绍的色彩模型中,只有
Munsell 模型具有这样的特征。

5. CIE 模型

CIE 模型是由国际照明委员会于 1931 年所定义的颜色模型。CIE 模型定义了电磁波可
见光谱中波长分布与人类生理感知的颜色之间的定量联系。CIE 模型有几种不同的指定方
式,如 Yxy、L*u*v*(CIELUV)、L*a*b*(CIELAB),这些指定方式都使用三个数字的组合。本
节主要以 Yxy 模型为例进行介绍,因为它构成了其他 CIE 方法的基础。

如图 7-8 所示,Yxy 模型中的 x 和 y 坐标轴定义了一个二维空间,其中色调和饱和度各不
相同。其中,色调是围绕一个中心白点(又称等能量点)排列的,而饱和度则从白点到四周逐渐
增加。模型的 Y 部分与 xy 平面相垂直,代表了色彩的亮度。

　　Yxy 模型的结构与 Munsell 模型的结构类似,色调均通过类似于环状的方式进行排列,不饱和的颜色分布在中间,饱和的颜色分布在外围,亮度也同样以垂直的方式进行排列。但在 CIE 模型中,色调和饱和度并不是简单地与 x 坐标和 y 坐标呈正相关,具体原因要追溯到 CIE 模型的建立方式。

　　大多数颜色可以通过三种原色(通常为红、绿、蓝)的混合来定义。图 7-9 展示了不同波长的可见光需要的原色搭配比例曲线,图中横轴代表混合后颜色(即测试颜色)的波长,纵轴代表获得测试颜色所需的三种颜色的相对大小,这些值称为三刺激值。另外,对 X、Y、Z 的值进行标准化,即

$$x = \frac{X}{X + Y + Z}$$

$$y = \frac{Y}{X + Y + Z}$$

$$z = \frac{Z}{X + Y + Z}$$

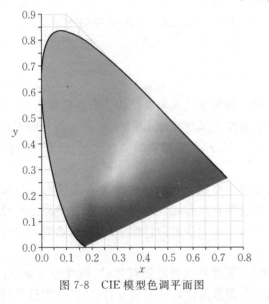

图 7-8　CIE 模型色调平面图

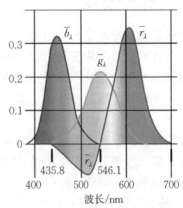

图 7-9　CIE 原色与对应波长
光线的搭配曲线

　　由于 x、y、z 三个比例值的和为 1,所以在 Yxy 系统中,z 值是不必要的,因为 z 可以通过 $1-x-y$ 得到。这样,x 和 y 两个比例值就构成了 Yxy 系统中的两个坐标分量。不难看出,x 和 y 两个分量中不包含亮度信息,因为它们只代表了原色光强度的比例信息,并不包含具体的光强度信息。所以,CIE 又加入了额外的坐标分量 Y,单独存储亮度信息。

　　与 RGB、CMYK、HSV 等模型类似,Yxy 模型也存在视觉上不等距的问题,但另外两个模型 L*a*b* 与 L*u*v* 解决了这一问题。两个模型中的 L* 分量均代表亮度,值范围为 0~100,L* 值越大亮度越大;而 a*、b* 分量与 u*、v* 分量均代表色调,值范围均由负到正,其中 a* 和 b* 的范围一般为 -100~100 或 -128~127,u* 和 v* 的范围一般为 -100~100。在 L*a*b* 模型中,a* 和 b* 分别代表红绿分量和蓝黄分量。L*a*b* 模型与 L*u*v* 模型的分量值均可与 Yxy 模型的分量值进行相互转换。在实际应用中,L*a*b* 更适合打印色彩,而 L*u*v* 更适合屏幕显示色彩。

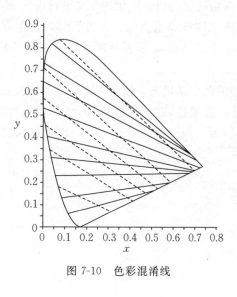

图 7-10　色彩混淆线

CIE 模型可以当作为色觉障碍者进行地图色彩设计的参考。图 7-10 在 CIE 色调图的基础上绘制了甲型色盲者(红色盲)和乙型色盲者(绿色盲)的色彩混淆线,其中实线代表红色盲的色彩混淆线,虚线代表绿色盲的色彩混淆线。相关研究表明,在进行地图色彩设计时,如果色彩沿着混淆线的方向分布,那么相应的色觉障碍者会比较容易混淆这些颜色;相反,如果色彩沿着垂直于混淆线的方向分布,色觉障碍者则可以比较容易地对这些颜色进行区分。而且,虽然色觉障碍者难以区分某些色调,但通常可以区分在亮度上具有差异的颜色。所以,对于某些可能会被混淆的色调,可以通过亮度的变化使其被色觉障碍者所接受,例如,深红色就可以比较容易地与中橙色和浅黄色区分开来。总之,通过对色调和亮度进行调整,设计的地图色彩更容易被色觉障碍者接受。

三、地图的符号

(一)地图符号的定义与功能

地图符号是符号的子集,具有可视性。用一种物质的对象来代替一个抽象的概念,以一种容易理解和便于记忆的形式,将制图对象的抽象概念呈现在地图上,从而使人们对所表示的地理环境产生印象。地图符号包括地图上用于表示各种空间对象的图形记号,以及与其配合使用的注记。

地图符号是一种专用的图解符号,它采用便于空间定位的形式来表示各种物体与现象的性质和关联。地图符号用于记录、转换和传递各种自然和社会现象的知识,在地图上形成客观实际的空间形象。因此,地图符号可以用来表示实际和抽象的目标信息,具有客观和思维的意义,并与被表示的对象有一定的关系。

地图符号的本质可以从地图符号的约定性、等价性以及地图符号的"内涵与外延"等方面来分析。制图者为了传递思想和概念,采用一些图形来代替一些概念,这就是地图符号与所代表概念之间的约定过程,从而使地图符号具有约定性。地图符号,尤其是普通地图的符号,大多都经过长时间的考验,达到了约定俗成的程度。

地图符号有两个基本功能:一是能指出目标种类及其数量和质量特征;二是能确定对象的空间位置和现象的分布。地图符号对于表达地图内容具有重要的作用,是地图区别于其他表示地理环境的图像的一个重要特征。高质量的地图符号是丰富地图内容、增强地图易读性和便于地图编绘的必要前提。

(二)地图符号的分类

随着科学的进步,过去的地图符号分类已经显得片面且不完备了。以往常把地图符号局限于人们目视可见的景物,根据其视点位置将地图符号分为侧视符号和正视符号;根据符号的外形特征将其分为几何符号、线状符号、透视符号、象形符号、艺术符号等;根据符号所表示的对象将其分为水系符号、居民地符号、独立地物符号、道路符号、管线垣栅符号、境界符号、地貌符号和土质与植被符号等;根据地图符号的大小与所表示对象之间的比例关系将其分为依比例尺符号、不依比例尺符号和半依比例尺符号等。

根据约定性原理,采用演绎的方法可将地图符号区分为点状符号、线状符号和面状符号(表 7-1)。

表 7-1 地图符号分类及其与图形变量关系

符号类别	形状	尺寸	方向	密度	亮度
点状符号					
线状符号					
面状符号					

(1)点状符号。当地图符号所指代的概念在抽象意义下可认为是定位于几何上的点时,称为点状符号。这时,符号的大小与地图比例尺无关,且具有定位和方向的特征,例如,控制点、居民点、独立地物、矿产地等符号。

(2)线状符号。当地图符号所指代的概念在抽象意义下可认为是定位于几何上的线时,称为线状符号。线状符号根据比例尺,可分为依比例符号、半依比例符号和不依比例符号。例如,河流、渠道、岸线、道路、航线、等高线、等深线等均为线状符号。但应注意,有一些等值线符号(如人口密度线)尽管几何特征是呈线状的,却并不是线状符号。

(3)面状符号。当地图符号所指代的概念在抽象意义下可认为是定位于几何上的面时,称为面状符号。这时,符号所指代的范围与地图比例尺有关,且不论这种范围是明显的还是隐喻的,是精确的还是模糊的。可用面状符号表示水域的范围、森林的范围、土地利用分类范畴、各种区域范围、动植物和矿藏资源分布范围等。将色彩用于面状符号,对于表示制图对象的面状分布有着极大的实用意义。

地图上使用的象形图案与透视图案,往往被称为艺术符号,这是一种更符合视觉感知效果的符号。这是因为这两种图案与其所表达的实体在结构上具有相似性,这种相似性就决定了它们的关系是明喻的、非约定的形式。

(三)地图符号系统和分类分级编码

空间的事物是错综复杂的,在地图上不可能逐一地表示出它们的个性。通常是先对各种制图对象进行概括(分类、分级)和抽象,然后用抽象的、具有共性的符号表示某类事物。这种具有共性的并进行了分类、分级和抽象的地图符号集合,构成了某种地图符号系统。而与之相配合的分类分级规则,对其进行编码,就是对象的分类分级编码,它与前述数据输入时的分类分级编码相一致。利用地图符号系统,不仅解决了逐一描绘个体的困难,而且也能反映群体特征和本质规律。单个地图符号只具备有限的功能,由符号集合构成的地图符号系统能表达制图对象的空间组合和联系,即能给出单个符号所不能提供的信息。

地图符号系统明显地反映了所表达现象的层次关系,即顾及了将现象按类、亚类、种、属划分为子系统的可能性。很显然,子系统的数量和每一个子系统中地图符号的数量将取决于人们对地球(或其他星球)认识的水平、洞察地理现象的实质的程度、科学的发展和国民经济各部门的划分等。

例如,作为地理内容之一的森林,可以依次被划分为几个层次:第一层次是森林的品种(如针叶林、阔叶林等);第二层次是森林的树种,即将每个品种又细分成若干树种(如将针叶林再分为枞、松、杉等);第三层次是森林的年龄,即将每个树种再细分为幼林和成林等。将这些层次依次用相互联系而又相互区别的地图符号表示,则构成了森林符号系统。

地图符号的逻辑性还可体现在单个符号及由其构成的地图符号系列。例如,用单个竹林符号表示小面积竹林,而由单个竹林符号排列成带状,表示竹林带,由单个竹林符号散列成面状,表示大面积竹林。于是,小面积竹林、竹林带、大面积竹林就构成了竹林符号系统。

(四)地图符号的设计

地图主要是通过图形符号来传递信息的。因此,地图符号的设计质量将直接影响地图信息的传递效果。设计地图符号,除优先考虑地图内容各要素的分类、分级的要求外,还应着重顾及构成地图符号的六个图形变量,即形状、尺寸、方向、亮度、密度和色彩。其中,形状、尺寸和色彩最为重要,被传统的地图符号理论称为地图符号的三个基本要素。下面分别从这三个方面讨论地图符号设计的基本内容,同样的,它们也是制作符号库的设计原理。

1. 符号的形状

从图形角度出发,应使设计的符号图案化和系统化,并充分考虑制图工艺和屏幕可视化的技术要求。

所谓符号图案化,就是要使设计的符号图形,或类似于物体本身的实际形态,或具有象征会意的作用,以便使读图者看到符号就能联想出被描绘的物体或现象。符号图案化的过程,是一个概括抽象和艺术美化的过程。在此过程中,要舍去复杂的物体图形中的细部,突出其重要特征,然后运用艺术的手法,设计出规则、美观的符号图形。图案化的符号图形应具有形象、简单、明显和便于准确定位等特点。

设计地图符号图形,应避免孤立、片面地进行单个符号设计,而应顾及彼此之间的联系,并考虑符号图形与符号含义内在的、有机的联系。也就是说,应使地图内容的分类与分级、主次和大小的变化也相应地反映为符号图形上的变化。

2. 符号的尺寸

设计符号尺寸时,必须注意它与地图用途、比例尺、制图区域特点、读图条件和屏幕分辨率等方面的联系。

此外,设计符号的尺寸,要充分注意与分辨能力、绘图和复制技术能力相适应。可以说,在清楚显示符号结构的情况下,尺寸尽量小。一般来讲,分辨率高,符号尺寸可大一些,结构可复杂些;反之,符号尺寸不能大,结构也应简单。

3. 符号的色彩

在地图符号设计上使用色彩可以简化地图符号的图形差别,减少符号的数量,加强地图各要素分类、分级的概念,有利于提高地图的表现力。

在地图符号的色彩设计中,要注意以下原则:

(1)正确利用色彩的象征意义。在地图符号设计时正确利用色彩的象征意义,有利于加强地图的显示效果,丰富地图内容。例如,在自然地理图上,可用绿色符号或衬底表示植被要素,以反映植被的自然色彩;以蓝色符号并辅以白色表示雪山地貌;等等。

(2)对于符合地图上的主题或主要要素的符号,应施以鲜明、饱和的色彩,而对于基础和次要要素的符号,则宜用浅淡的色彩。通过色彩对比,起到突出主题或主要要素的作用。不同用途的地图符号,其色调也应有所差别。

(3)考虑印刷和经济效果。在地图上使用彩色符号,虽能收到良好的效果,但并非色数越多越好。色数过多,不仅会使读者感到眼花缭乱,降低读图效果,而且还会提高地图的成本,延长成图时间和增大套印误差。因此,可在地图上运用网点、网线的疏密和粗细变化来调整色调。这样既可减少色数,又可使地图色彩丰富,得到省工、省时、节约成本和提高地图表现力的效果。

四、符号库

地图图形符号是在地图上表示各种空间对象的图形记号,又是在有限大小空间中定义了定位基准的有一定结构的特征图形。为便于操作,往往把"有限大小空间"定义为"符号空间",并根据可视化要求(如显示分辨率大小、符号精细程度要求)统一规范其尺寸。符号库即是符号的有序集合。

在此定义下,可根据点、线、面不同符号类型,以及矢量和栅格两种不同显示方式制作符号库。

(一)地图符号库设计的原则

(1)对于国家基本比例尺地图,图形符号的颜色、图形、符号含义与匹配比例尺,应尽可能符合国家规定图式。

(2)专题图部分,尽可能采用国家及相关行业部门的符号标准,有益于标准化、规范化。

(3)新设计符号应遵循图案化及整个符号系统的逻辑性、统一性、准确性、对比性、色彩象征性及制图和印刷可能性等一般原则。

(二)矢量符号库

大多数点、线、面符号都比较容易用矢量形式的坐标来表示,符号空间平面内点的坐标、线宽及绘(或不绘)指令编码的有序集合称为矢量符号数据。

可以采用三种方法来绘制矢量符号,下文讨论用信息块、程序块及综合方法构造符号库。

1. 信息块方法

信息块方法是用人工或程序将要绘制的符号离散成数字信息。通常,一个符号构成一个信息块,绘图时读取并处理该符号的信息块,完成该符号的绘制。

2. 程序块方法

程序块方法对每一类地图符号编一个绘图子程序,并把这些子程序组成符号的程序库,绘图时按符号的编号调用程序库中相应程序,输入相应参数,该程序根据参数及已知数据计算绘图矢量,从而完成地图符号的绘制。这种方法需要对绘图要素进行全面精心的分类,准确地用数学表达式描述各类符号及编程,并且选择合适的参数。

3. 综合方法

综合方法实质上是把信息块方法与程序块方法结合在一起,绘制组合式符号。它把符号分解为折线、圆、矩形、正三角形等各种图素,各种图素的使用采用信息块参数来定义,程序由图素绘制程序组合而成,其综合使用形成了组合符号,功能更强,但结构复杂。例如,折线信息块就如同前述;对于圆的绘制,其参数为圆心 X 坐标、圆心 Y 坐标、半径 r,对于圆弧的绘制则加两个参数 θ_1、θ_2,可把五元组组成信息块;同样绘制矩形有定位点 x、y、高、宽、方向五个参数,又可组成五元组的信息块;如果采用这三种信息块,则符号将由各种折线、圆弧、矩形所组成。

(三)栅格符号库

栅格制图技术途径有两个重要的技术前提。一是分辨率,它与栅格像元的大小相对应,也决定了栅格处理等的一系列基本特性,分辨率的决定是综合平衡的结果,由于计算机软硬件的发展,目前按要求决定分辨率已没有太大困难;另一个是栅格坐标系,过去传统的 Y 轴方向与人们习惯的空间坐标系方向相反,虽然实质一样,但还是不方便,现将其统一于空间坐标系即 Y 轴方向上,这时矢量、栅格坐标系仅存在实数坐标和整数坐标的概念差别,便于统一。

栅格符号库由于栅格绘图特点,一般不采用符号程序块的方法,大都仅采用符号信息块的方法。

五、汉字库

在空间信息可视化过程中,除了用图形符号外,还需要各种包括汉字、外文字母、数字等信息的注记库,简称汉字库。这些注记信息实质上同点状符号是一样的,也分为矢量汉字库和栅格汉字库。

六、色彩库

在信息可视化与视觉设计中,颜色是最重要的元素之一。颜色可以包含相当丰富的信息,适用于对信息编码,即数据信息到颜色的映射。色彩本身也是地图视觉变量中一个很活跃的变量,无论是在地学信息表达的科学性、清晰性方面,还是在可视化的艺术性方面,都与色彩的设计有关。

(一)基本色彩模式

色彩模式是指在色彩设计中,利用色彩三属性(色调、亮度、饱和度)有规律的变化来表达数据规律的表达方式。色彩模式又称为配色方案,基本的色彩模式包含分类色彩、二分色彩、顺序渐变色彩、双向渐变色彩四种。

1. 分类色彩

分类色彩主要应用于表达地图中有质量差异的数据,例如土地利用或土地覆盖数据。如图 7-11 所示,分类色彩使用色调的差异来表达数据性质的不同。分类色彩模式中使用的色彩亮度应相近,因为如果亮度差异较大,用户会认为不同色彩代表的要素有重要性的差异,造成对地图的误读;但色彩亮度也不应完全相等,因为人的视觉系统中负责区分色调的部分敏感度较差,特别是不易识别不同色调的边缘,所以,亮度和饱和度上微小的差异能够使不同的色彩更容易识别。

图 7-11　分类色彩

　　分类色彩有时也需要借助亮度或饱和度差异来突出重点,例如,地图上面积较小的区域,可以通过较大的亮度对比或较高的饱和度来对其进行突出。分类色彩中还可以包含一些定序关系,例如,在土地利用类型中,休耕类型的土地和种植类型的土地可以看作农业活动的不同强度,因此可以用不同亮度的同种色调(如较深和较浅的绿色)来表示。此外,当两种地图要素类别较为相近时,所使用的色调也应相近,例如橙色和红色就可以用来表示相似的类别。总之,分类色彩并不是简单地利用色调的差异,制图者需要根据地图中要素属性的实际情况,在色彩的亮度和饱和度上进行适当的调整。

　　2. 二分色彩

　　二分色彩是用来表示地图中二元变量(如是或否、现在或过去、私有或公共等)的色彩模式。二分色彩可以看作分类色彩或渐变色彩的一种特殊情况。二分色彩模式在色彩上有较多的选择,如果所要表达的两种属性有重要性上的差异,那么可以使用中性色调(黑—白)、单色调或双色调,通过亮度的差异构建两种不同类别的颜色,如图 7-12 所示;而如果属性没有重要性上的差异,那么就可以采用分类色彩的方法,使用两种亮度相近且在色调上有较大差别的色彩。

图 7-12　二分色彩

　　3. 顺序渐变色彩

　　顺序渐变色彩用来表达地图中存在数量上或逻辑上高低关系的属性数据,顺序渐变色彩模式利用色彩的亮度差异来表达数据的相对高低关系。通常,顺序渐变色彩使用浅色来表示低数据值,使用深色来表示高数据值,但也有相反的情况。例如,当地图背景为较深的颜色时,那么就需要用浅色代表高数据值,因为高数据值需要较强的色彩对比。在这种情况下,由于色彩配置与用户的日常认知相反,所以需要用比较明显的图例来说明色彩与数据的匹配情况。总之,无论浅色是表达高数据值还是低数据值,其余颜色的亮度必须与数据值相对应。图 7-13 展示了几种不同的顺序渐变色彩模式。

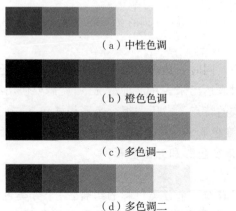

(a) 中性色调

(b) 橙色色调

(c) 多色调一

(d) 多色调二

图 7-13　几种不同的顺序渐变色彩模式

　　最简单的顺序渐变色彩模式如图 7-13(a)所示,直接使用中性色调来表达数据。当所要表达的数据类别较多时,也可以使用黑—白序列,但使用黑—白序列的缺点是,当地图中有黑色的轮廓线时,轮廓线会被最高级别的黑色遮挡,而地图中一些使用白色来表达"无数据"的区域则无法与最低级别的白色区分。

　　图 7-13(b)展示了一种常用的顺序渐变色彩模式,使用橙色色调的亮度变化来表示数据属性,使用这一色彩模式时要注意,色彩不应仅使用亮度差异来进行区分,还应辅以饱和度的变化来增强色彩对比。例如在图 7-13(b)中,最深和最浅的橙色饱和度较低,而中亮度的橙色饱和度较高。但同样要注意,不能仅使用饱和度来区分不同的类别,因为饱和度的对比范围有限。

　　如图 7-13(c)、(d)所示,顺序渐变色彩模式也可以使用多个色调的颜色,但要注意,色调的差异不能超过色彩之间的亮度差异。多色调顺序渐变色彩有较多的色调排列选择,除了图 7-13(c)、(d)中展示的方案,还可以使用黄色—橙色—暗红色、浅黄色—绿色—蓝色—紫色—红色—棕色(暗橙色)等色调排列。

　　4. 双向渐变色彩

　　定量的地图数据中经常会出现"临界值"的情况,例如一组数据的均值、中值、零点等,而要表达临界点两端的数据分布情况需要使用双向渐变色彩模式。如图 7-14 所示,双向渐变色彩模式可以看作两个顺序渐变色彩模式的组合,两个方案最终结合于其中一种方案的浅色调、中性浅色调或过渡色调。使用双向渐变色彩时要注意,绝对值相近的类别使用的色彩亮度也应相近。因此,当数据在临界点两端的分布不均匀时,使用的双向渐变色彩也会不对称,如图 7-14(b)所示。

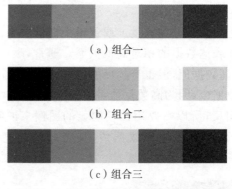

(a)组合一

(b)组合二

(c)组合三

图 7-14　几种不同的双向渐变色彩模式

(二)组合色彩模式

　　专题图设计可使用色彩模式同时表达多个数据属性,例如,某专题图要将"国内生产总值"与"人口数量"这两个属性同时表达出来。在这种情况下,就需要使用组合色彩模式,使地图中使用的色彩兼具不同色彩模式的特点。常用的组合色彩模式包括:分类色彩和二分色彩、分类色彩和顺序渐变色彩、顺序渐变色彩和顺序渐变色彩、双向渐变色彩和顺序渐变色彩、双向渐变色彩和双向渐变色彩、双向渐变色彩和二分色彩。

　　1. 分类色彩和二分色彩

　　分类色彩和二分色彩可以看作两个分类色彩的组合,一个分类色彩通过将其中的色彩亮度整体调高或调低,产生另一个分类色彩,两个分类色彩的组合产生分类色彩和二分色彩。如

图 7-15 所示,专题图使用分类色彩和二分色彩表达了武汉市各区"2017 年房地产投资额是否增加"和"三大产业"两个数据属性。再比如,一幅植被分布图可以使用深色表示公共土地上的植被,用浅色表示私人土地上的植被,这也形成了一种分类色彩和二分色彩。值得注意的是,二分色彩和二分色彩是分类色彩和二分色彩的一种特殊情况,不再单独介绍。

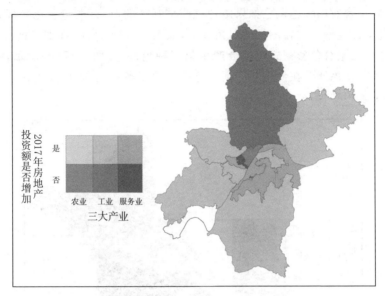

图 7-15　分类色彩和二分色彩示例

2. 分类色彩和顺序渐变色彩

图 7-16 展示了一种分类色彩和顺序渐变色彩,图中利用色调的差异表示了武汉市各区"三大产业",又利用亮度的差异表达了"三大产业增速分类"。与分类色彩和二分色彩类似,二分色彩和顺序渐变色彩同样是分类色彩和顺序渐变色彩的一种特殊情况,不再单独介绍。

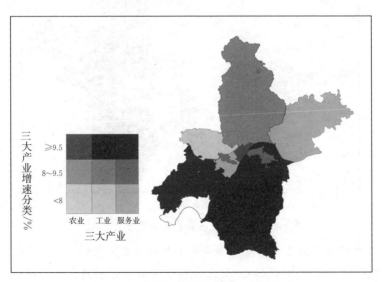

图 7-16　分类色彩和顺序渐变色彩示例

3. 顺序渐变色彩和顺序渐变色彩

在所有的组合色彩模式中,顺序渐变色彩和顺序渐变色彩是最常被用到的一种模式。图 7-17(a)和(b)利用这一色彩模式展示了武汉市各区 2017 年"工业产值"和"农业产值"情况。顺序渐变色彩和顺序渐变色彩可以看作两个不同的顺序渐变色彩中所有颜色的交叉组合,因此组合色彩模式中含有两种色调。如果两种色调是互补的,那么在组合色彩模式中就会产生中性色调,这些中性色调出现在图例的对角线上,如图 7-17(a)所示;而如果这两种色调是减色法中的原色,那么在组合色彩模式中就会产生第三种色调,如图 7-17(b)所示,品红和青色调的混合产生了紫—蓝色调。在使用顺序渐变色彩和顺序渐变色彩时,要确保整体的亮度差异与数据的大小关系相吻合。

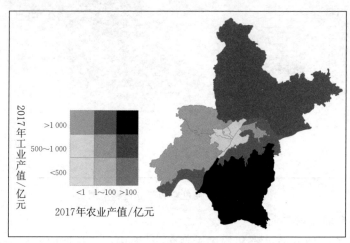

(a)工业和农业一

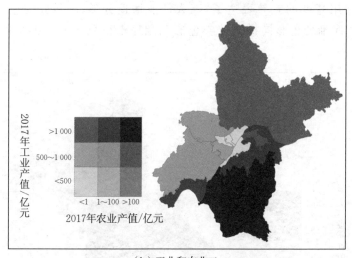

(b)工业和农业二

图 7-17   顺序渐变色彩和顺序渐变色彩示例

4. 双向渐变色彩和二分色彩与双向渐变色彩和顺序渐变色彩

双向渐变色彩和二分色彩与双向渐变色彩和顺序渐变色彩具有相同的色彩感知特征,但依然把它们看作不同的色彩模式,因为前者是定性与定量变量的组合,而后者是两个定量变量

的组合。图 7-18(a)和(b)分别是双向渐变色彩和二分色彩与双向渐变色彩和顺序渐变色彩
的示例,图 7-18(a)展示了"2017 年武汉市生产总值增速百分比与各区增速百分比差值"与"是
否具有第一产业"两个变量,图 7-18(b)展示了武汉市各区"2017 年生产总值增速与第二产业
增速的差"与"2017 年第二产业在生产总值中的占比"两个属性。

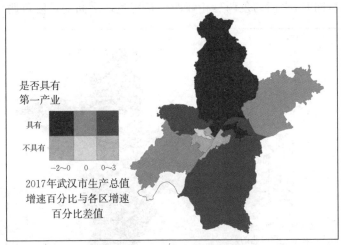

（a）双向渐变色彩和二分色彩

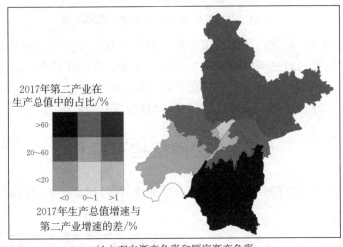

（b）双向渐变色彩和顺序渐变色彩

图 7-18　双向渐变色彩和二分色彩与双向渐变色彩和顺序渐变色彩

　　在这两种色彩模式中,不难注意到二分色彩或顺序渐变色彩的部分(图例中的每一列)色
彩亮度变化较大,而双向渐变色彩的部分(图例中的每一行)色彩亮度变化较小,主要依靠色调
的变化来区分类别。此外,这两种色彩模式与分类色彩和二分色彩、分类色彩和顺序渐变色彩
有些类似,不同之处在于,双向渐变色彩和二分色彩与双向渐变色彩和顺序渐变色彩在亮度上
的变化较大,而且由于这两种模式具备双向渐变色彩模式的特征,所以会出现用于过渡的中性
色调,这是其他色彩模式所不具备的。

　　5. 双向渐变色彩和双向渐变色彩

　　双向渐变色彩和双向渐变色彩是唯一一个不是由两个单独的色彩模式进行简单叠加的组
合色彩模式。图 7-19 展示了一个双向渐变色彩和双向渐变色彩的应用示例,图中展示了武汉

市各区"2017年生产总值增速与第二产业增速的差"和"2017年生产总值增速与第三产业增速的差"两个变量。从图中可以看出,在图例的四个角落的色彩、色调各不相同,并且都使用了较暗的色彩来表示两个变量的极值的组合;而在图例中心则使用了白色或较亮的颜色,来表示两个变量的临界值的组合;其余部分的色彩相对于四个角落的色彩较浅,因为它们包含了其中一个变量的临界值,同时,它们的色调是相邻两个角落色调之间的过渡色调。

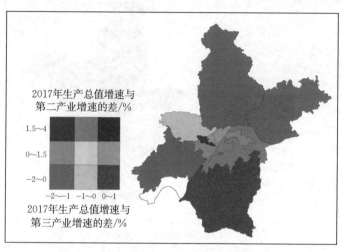

图 7-19　双向渐变色彩和双向渐变色彩示例

双向渐变色彩和双向渐变色彩的组织必须与两个单独的双向渐变色彩的交叉组合不同,因为组合色彩模式需要通过色调的差异来表示两个变量。有同样特点的组合色彩模式还有分类色彩和分类色彩与分类色彩和双向渐变色彩,如果使用这两种组合色彩,那么在垂直方向上(图例中的上和右两条边)需要对色调进行更改,以符合色彩与数据间的逻辑关系。

§7-3　空间数据可视化

空间数据可视化是从空间数据检索、提取、预处理、符号化设计到产品输出的过程,其流程如图 7-20 所示。

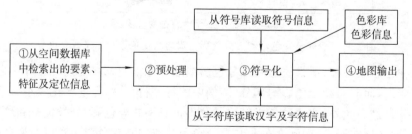

图 7-20　空间数据图形显示流程

一、从空间数据库中检索要素、符号和色彩信息

空间数据可视化是地理信息系统中从数据输入到数据处理再到数据输出全过程都不可缺乏的技术工具,也是地理分析和决策成果展示的必需手段。在这个过程中,数据流是错综复杂

的,其中空间数据库处在核心位置,它统一管理初始数据、基本数据及结果数据。可视化的数据流统一来源于空间数据库,其手段是通过空间数据库进行检索。可以认为空间数据库的数据是"洁净的",具有一定的完整性。节点是匹配的,数据均完成了接边、齐边处理,也具有必需的拓扑数据。或者说,其数据不存在"特别的毛病"。

(1)空间数据按可视化目的检索数据。可视化总是针对一定区域、一定属性组合的地理对象进行的,可视化目的一经确定,其相应区域及要素内容也随之确定。相应地,必须组织属性检索、区域检索、拓扑检索和各种特定检索、组合检索得到全部应表达的地理对象。这种检索最好能在可视化界面下进行,使观察全面,易于查错、编辑及修改。

(2)根据可视化目的,检索对象的质量和数量,并进行分类分级的调整、变更和合并,这是对可视化要素的质量和数量进行概括。当然,在可视化目的所要求的分类分级与空间数据库完全一致的情况下,并不需要此工作。但是由于地理信息系统用途十分广泛,总是完全一致是不可能的,因此这一步不可缺少。

(3)根据变更后的分类分级编码,确定、切换或建立相应符号库,并建立与新的分类分级编码一一对应的映射表,如表 7-2 所示。

表 7-2　分类分级编码与符号库程序块、符号库信息块映射的接口

分类分级编码	符号库程序块入口	符号库信息块地址
HD_1	SUB_1	SB_1
HD_2	SUB_2	SB_2
$\vdots$	$\vdots$	$\vdots$
HD_n	SUB_n	SB_n

二、预处理

数据流从空间数据库获取到符号化之前的阶段,均为数据预处理阶段。它主要解决大量的空间数据的投影变换、数据压缩、光滑处理等问题。

(一)投影变换

当可视化的目的地图投影与空间数据库不同时,就必须进行地图投影变换,把数据具有的空间数据库地图投影转换为目的地图投影。

设空间数据库地图投影为

$$\left.\begin{array}{l} X_1 = f_1(\varphi,\lambda) \\ Y_1 = f_2(\varphi,\lambda) \end{array}\right\} \tag{7-1}$$

而目的地图投影为

$$\left.\begin{array}{l} X_2 = F_1(\varphi,\lambda) \\ Y_2 = F_2(\varphi,\lambda) \end{array}\right\} \tag{7-2}$$

可通过解析法或数值法,求得

$$\left.\begin{array}{l} X_2 = F_3(X_1,Y_1) \\ Y_2 = F_4(X_1,Y_1) \end{array}\right\} \tag{7-3}$$

(二)几何数据的光滑处理

线状实体在电子设备上呈折线和光滑曲线两种符号化效果。而实际上,空间数据库内线

状要素的几何形态一般以离散点方式存储,为正确表达其呈光滑曲线延伸的特征,必须依据该曲线的离散特征点进行光滑处理,达到符号化美观性的要求。一般来讲,此工作与符号化同时进行,但是在概念和数学模型上属于预处理。

曲线光滑处理的基本要求是:曲线中心轴线通过已知序列特征点,且线上各点有连续的一阶导数。可采用大量成熟算法,包括正轴抛物线加权平均法、斜轴抛物线法、五点求导分段三次多项式插值法、三点求导分段三次多项式插值法、张力样条函数法等,每种算法各有其特点。

三、符号化

空间数据符号化的定义为:由空间要素的质量、数量和时空特征决定,在一定数学规则和表达规范约束下构建有限空间内的图形符号模型的过程。

空间数据符号化的实现往往需要借助符号化文件(如 sld)记录各空间要素的符号化操作,包括记录其符号配置、色彩设置和注记字体等信息。地图引擎在地图渲染时,读取符号化文件的符号化规则,并从关联库中加载符号、色彩和字库信息,完成地图绘制。

符号化是数字化的逆过程。数字化是将实体或相应图形符号抽象为空间数据库的质、数、时、空数据,而符号化是将空间数据库内质、数、时、空数据变换为图形符号模型。

符号化根据绘图方式分为矢量符号化和栅格符号化,又按符号库的构造形式分为信息块方法和程序块方法。

§7-4　动态地图

动态地图是指利用可视化技术,集中形象地表示空间信息的时空变化状态和过程的地图形式。动态地图的产生和发展是时空地理信息发展的必要基础和前提。

一、动态地图的特征和作用

动态地图的主要特征是逼真形象地表现出地理信息时空变化的状态、特点和过程,即运动中的特点。它可以用于以下几个方面:

(1)动态模拟,使重要事物变迁过程再现,例如地壳演变、冰河地貌的形成、流水地貌的形成、人口增长与变化等。在这些复杂的动态过程中,动态地图是一个有力的武器,它可以通过提高或降低变化速度、暂停变化仔细观察某一时间断面,改变观察地点和视角,以获取运动过程中的各种信息。

(2)运动模拟,包括运动的地理实体(如人、车、船、机、星)的运行状态测定和调整,以及环境测定和调整。

(3)实时跟踪,在运动物体上安装定位系统,能够显示运动物体各时段的运动轨迹,使空中管制、交通状况监控和疏导等均具有可靠的时空信息保证。

二、动态地图表示方法

动态地图表示地理实体的运动状态和特点,可采用各种方法及组合。

(1)利用传统的地图符号和颜色等表示方法,例如采用传统的视觉变量,即大小、色调、方位、形状、位置、纹理和密度,组成动态符号,结合定位图表法、分区统计图表法以及动线法来表示。图 7-21 采用动线法表示气流运动,展示了海上一个高压中心的气流从不同方向流向一个低压中心的动态过程。这种表示方法在军事专题上应用更广泛,如表达行军、战斗、战役等的动态过程。

(2)采用定义了动态视觉变量的动态符号来表示。基于动态视觉变量,即视觉变量的变化时长、速率、次序及节奏,可设计一组相应的动态符号,并加上相应的电子地图手段,如闪烁、跳跃、色度和亮度变化来反映运动物体的数量、空间和时间变化特征。

(3)采用连续快照法制作多幅或一组地图。采用一系列状态对应的地图来表现时空变化的状态,这一方法在状态表现方面是较为全面的,但对变化表达不够明确,同时数据冗余量较大。

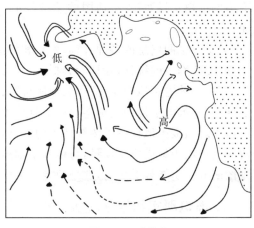

(4)采用地图动画来表示。其制作方法与连续快照法是一样的,只是它适当地在空间差异中内插了足够密度的快照,使状态差异由突变转为渐变。这一方法弥补了连续快照法中变化表达不够明确、时间维上拓扑关系模糊的缺点,是动态地图表现较为丰富的形式,缺点是数据量大。

图 7-21　动线法

三、动态地图的设计

动态地图的设计应着重考虑以下几点:

(1)明确了解动态地图的要求,了解它所表示的时空变化是全面性的还是局部性的要素,它所关注的变化是变化后的状态还是变化的过程。

(2)分析动态地图要求,拟定表达方法,设计动态符号。一般来讲,对于局部性要求,采用变化的动态符号法、分区统计图表法、动线法就能够妥善解决问题;对于全局性的状态性要求,用连续快照法;而对于相当多数的侧重于表现变化过程的动态现象,则要综合采用计算机地图动画、动态符号、闪烁、漫游和其他方法,并结合电子地图等技术方法及分区统计图表法、动线法等。

(3)设计动画地图。动画地图在表达动态的地理要素方面具有全面、形象、明确的特点,但是其制作及使用特别耗工、耗时、耗资源,动画地图应做到少而精,画龙点睛,服务总体。

动态地图是空间信息可视化中一个蓬勃发展的分支,它和时空地理信息有着极为密切的联系。地理信息时空变化的抽象、夸大、取舍、化简等与动态地图的设计和制作直接相关,也是亟待研究的问题。

§7-5　电子地图、虚拟现实和增强现实

一、电子地图

电子地图是数字地图与地理信息系统软件结合的产物,是一种可交互的数字地图,这种交互包括输入、输出、显示、检索和分析。它以电磁材料为存储介质,依托空间信息可视化技术而

再现。结合最新的信息通信技术,电子地图以地图(传统平面地图、三维地图、虚拟现实、增强现实)作为用户界面,以大规模时空数据和运算能力作为支撑,为用户和业务提供更大范围、更多尺度、更多要素的综合分析手段。

电子地图的基本特征如下:

(1)能够全面继承并发展地图科学中对地学信息进行多层次智能综合加工、提炼的优点。

(2)具备很强的空间信息可视化性能,有系统而严密的科学基础、科学而系统的符号系统、强有力的可视化界面,支持地图的动态显示,并可通过动态交互等手段增强读图手段和提高效果。

(3)支持空间信息的多种查询、检索和阅读。

(4)支持基本的统计、计算和分析。

(5)大多数电子地图支持"所见即所得"的编辑和输出,支持电子出版。

(6)大多数电子地图支持多媒体信息技术。

电子地图极大地保留了传统地图的优点,扩展了传统地图的应用场景。总体而言,电子地图更多地适用于集成应用场景,与传统基础地理信息系统软件平台大而全的分析功能相比,电子地图的分析功能相对较弱,这是两者最主要的区别。

二、虚拟现实和增强现实

(一)虚拟现实

虚拟现实技术是计算机硬件、软件、传感技术、人工智能技术、心理学及地理科学发展的结晶。它是通过计算机生成一个逼真的环境世界,人们可以与此虚拟的现实环境进行交互的技术。

从本质上讲,虚拟现实(virtual reality,VR)技术采用一种崭新的人机交互界面,实现对物理现实的仿真。它的出现彻底改变了用户和系统的交互方式,创造了一种完全的、令人信服的幻想式环境,人们不但可以进入计算机所产生的虚拟世界,而且可以通过视觉、听觉、触觉,甚至嗅觉和味觉多维地与该世界沟通。这是一种具有巨大意义和潜力的技术,正在迅速发展中。

1. 虚拟现实硬件类型

虚拟现实的硬件目前并不定型,主要有以下几种:

(1)图像生成器,它的作用是快速进行图形运算。

(2)操纵和控制设备,包括:①实现位置跟踪和控制的鼠标、跟踪球和游戏杆;②数据手套,其手指部分装有传感器;③数据紧身衣;④最新的操纵是通过眼睛和思维,这是通过测定神经系统的微小电流来操作的。

(3)位置跟踪装置,包括:①机械盔甲,提供快速准确的跟踪;②超声波传感器;③光学位置跟踪器;④惯性跟踪器。

(4)立体视觉装置,通过偏光眼镜、屏幕分割或立体镜产生图像的左右视差等手段来产生立体效果。

(5)头盔,可产生立体图像或二维地图。

2. 虚拟现实硬件级别

(1)初级虚拟现实以计算机或低档工作站为硬件基础。

(2)基本虚拟现实是在初级虚拟现实基础上,增加立体观察器,3D、6D鼠标,游戏杆和数据手套等。

（3）高级 3D 是在上述基础上增加图像加速器、帧缓存等，对于计算机则必须增加 3D 加速卡和 3D 音卡。

（4）沉浸式虚拟现实需增加沉浸显示装置，如多个大型投影式显示器，还可以增加触觉、力感和接触反馈等交互设备。

（5）驾驶舱仿真器，这是一个封闭式的虚拟环境，设备个人化并较为昂贵。

（6）分布式交互虚拟环境（distributed interactive virtual environment，DIVE），这是一个基于互联网的多用户协同虚拟环境，采用分布式交互方式，共享性高。

（7）仿真网络（simulation networks，SIMNET）和作战仿真互联网（defense simulation internet）是目前世界上最大的虚拟现实项目，目的是使不同的仿真器可在网络上互联，用于部队的联合训练和演习，如位于德国的坦克仿真器可与位于美国的坦克仿真器一起联合进行军事演习。

上述七种虚拟现实的硬件部分一级比一级复杂，投入也更高。

3．虚拟现实软件系统

软件系统共分两类：一类是工具包，即程序库，往往需要程序员根据具体需要来进行编程；另一类是创作工具，不需要复杂的编程，有较多不同层次的商品软件。

（1）免费虚拟现实程序，这些是虚拟现实系列的入门级产品，代表产品为 Rend386、Multiverse，一般可从互联网上免费下载。

（2）低价虚拟现实程序，代表产品为 Dimensions International 的 Virtual Reality Studio（VRS）。

（3）中档虚拟现实软件包，一般可称为专业软件包，仅要求计算机作为基本硬件，代表产品有 Virtus 的 Virtus Walkthrough、QuickTime VR 以及 Sense8 的 WorldToolkit。

（4）高价虚拟现实软件，是高级虚拟现实产品，需要多种硬件支持，代表产品有 Straylight 公司的虚拟现实产品等。

4．虚拟现实的分类

虚拟现实的类型是根据它的交互性质来区分的，即根据它能实现人的视感、听感、触感、嗅感的真实程度和传感器的质量进行区分，可分为以下几种：

（1）世界之窗，它仅用显示器和音卡来显示虚拟世界，衡量标准是"看起来真实，听着真实，物体的行为真实"。

（2）视频映射，它在世界之窗的基础上把用户的轮廓剪影作为视频输入，与屏幕二维图形合成，屏幕上显示用户身体和虚拟世界的交互过程。

（3）沉浸式系统，沉浸式系统可以把用户的视点和其他感觉，完全沉浸到虚拟世界中，它可以是头盔加其他交互硬件，也可以是多个大型投影仪组成的一个工作站。

（4）遥视、遥作，遥视把用户的感觉和真实世界中的远程传感器、遥测仪连接起来，并用机器人、机械手进行远程操作。实际上，阿波罗登月计划和网络会诊、网络手术已显现了这方面的实际进展。

（5）混合现实，遥视和虚拟现实的结合产生了混合现实和无缝仿真。例如，脑外科手术时，脑外科医生看到的是由真实场景预先得到的扫描图像和实时超声图像组合而成的场景；领航员则在他的头盔或显示屏上既看到电子地图和数据，又看到真实景象。

(二)增强现实

增强现实(augmented reality,AR)是一种利用计算机产生的虚拟信息来扩大用户感知能力的全新的用户界面。增强现实把计算机图形学的元素在用户视野中层层显示,这项技术对于需要依靠移动计算机协助的日常活动极为有用。人们普遍接受的增强现实的定义是Azuma 于 1997 年给出的,即其必须满足以下三个特征:①虚实结合;②三维注册;③实时交互。增强现实技术最主要的作用在于,建立更自然的用户界面,获取真实世界的抽象信息,以及与真实世界中时间、地点相关联的事件信息。

1. 虚实结合

一般利用两种方法实现真实场景和计算机虚拟影像的融合:一是光学透视系统,能够使用户看透真实景象;二是视频透视系统,利用摄影机捕捉现实世界,提供给用户增强的视频影像环境。为了最终使观察者察觉不到真实物体与虚拟物体的区别,增强现实的虚实结合技术近年来也越来越受到人们的关注,其目标是将真实场景和计算机生成的虚拟对象无缝合成。目前大多数研究工作集中在光测度配准上,主要包括恢复真实光照和生成虚拟光照。高质量的渲染技术暂时还不支持实时性,目前正在研究增强现实真实感渲染,以及去除环境中真实对象的技术。

2. 三维注册

三维注册主要是指将计算机产生的虚拟物体与用户周围的真实环境全方位对准。正确、快速、稳健的三维注册方法是增强现实的关键技术之一,实现方法主要分为以下三类:

(1)基于硬件跟踪器的注册技术,包括光学跟踪、电磁感应跟踪、声学跟踪、惯导跟踪等。

(2)基于视觉计算的注册技术。先获取一幅或多幅真实场景图像,利用近景摄影测量的图像匹配和定位技术,反求出观察者的空间位置,从而确定虚拟对象"对齐"的位置和姿势。

(3)混合注册技术,即同时利用多种注册技术。到目前为止,还没有无约束条件的解决方案,为了尽量满足工程要求,结合不同方法的优势至关重要。

3. 实时交互

实时交互是增强现实技术最显著的特点之一。增强现实中物体交互的方式有两类:视觉上的交互和物理上的交互。视觉上的交互内容涉及阴影、遮挡、颜色以及光照等处理技术。物理上的交互内容涉及基于三维注册的硬件跟踪。目前,实现的交互只是单向的,真实物体可以影响虚拟物体,但是虚拟物体不能影响真实物体。

三、虚拟现实与增强现实的意义

虚拟现实与增强现实重构了现实世界之外另一个可循环模拟的世界,这是一个广阔的世界级环境,它是共享的、协同的、分布的。这个环境是虚拟的现实,是真实世界的仿真,因而地理信息的可视化将是第一位的。

世界是不能试验的,大的工程也是不能试验的。其实际运作需要很多时间和经费,而且大的工程无法重新进行,而虚拟现实和增强现实提供了在虚拟的现实世界中进行模拟和实验的可能,并通过迭代运算找出最佳方案。虚拟现实技术的使用前景是无可估量的,意义是极其巨大的,它是影响整个 21 世纪及未来的信息技术。

要制造好一个虚拟现实,就必须对现实世界加深理解,尤其是地球环境,这是不可或缺的。地球科学需要对地学环境进行总结,对浩瀚信息进行综合概括,层次化图形符号的模型化表达是正在迅速发展中虚拟现实的基石和向导。因此,虚拟现实技术的发展,将对地理信息的可视化提出更高、更复杂的要求。

虚拟现实应用于地学领域,产生了虚拟地理环境(virtual geographic environment, VGE)。虚拟地理环境可以简单定义为真实地理环境在计算机中的一种抽象的数字化的逼真表示。虚拟地理环境相对于以数据为中心的地理信息系统而言,其显著特征是以用户为中心,模拟表达地理环境,提供最接近人类自然的交流方式与表达形式,使分布式环境下的多用户能够在虚拟地理环境中共同进行地理空间分析、地学计算、地学可视化、协同设计与决策,从而实现分布式多用户的协同工作。

增强地理环境(augmented geographic environment, AGE)是增强现实和地学领域相结合的结果。与虚拟地理环境所不同的是,增强地理环境只需要对客观世界中人们感兴趣的那部分进行建模、研究,并与其进行各种交互,从而获取地学规律和地学知识,为决策服务。

增强地理环境可划分为户外增强地理环境(outdoor augmented geographic environment, OAGE)和室内增强地理环境(indoor augmented geographic environment, IAGE)。户外增强地理环境是指在户外环境下,在研究对象所在的现场通过将计算机建立的虚拟三维模型直接叠加到由摄像机获取的现场视频图像中,研究者可以借助头盔、显示器等显示设备进行身临其境的观察、信息查询和分析,也可以通过改变三维模型的参数或者应用专业的三维空间分析模型来实时地进行交互、实验、模拟,直至取得满意的效果。而室内增强地理环境则是在实验室内,通过建立相应的虚拟模型进行观察、查询、交互、分析,例如可以在传统的地形图上叠加由计算机生成的逼真的虚拟地物(如起伏的地形、山峰、河流等)。

与传统的地学可视化手段相比,增强地理环境可以作为一个移动的"地学虚拟实验室",通过虚实结合的方式,让地学专家身临其境地进入虚拟地学对象中,充分利用地学专家的各种感官,来观察地学现象、分析地学问题。因此,增强地理环境是人们获取地学知识、研究地学规律的最高发展阶段,也是地学可视化的最高发展阶段,对地学的发展有着非常重要的现实意义和广阔的应用前景。

四、虚拟现实与增强现实技术的应用

虚拟现实技术最先进的应用领域就是军事国防,如用于飞行模拟。飞行员的飞行训练是一件十分昂贵、危险和困难的事,飞行均在高速中进行,在天空中对飞行员的保护又很有限,对飞机的保护几近于零,一个细小的疏忽,就会造成机毁人亡的严重事故。因此,世界上虚拟现实的应用均从飞行模拟开始。飞行员戴上头盔,坐在虚拟现实装备的飞行座舱内,利用由虚拟现实制作的飞行气氛、电子地图及飞行仪表的显示,在虚拟的飞行状态中进行各种训练。这大大提高了飞行员训练密度、强度和质量以及降低了训练的费用。

同时,虚拟现实技术在大型电子沙盘、实景三维城市及数字艺术和数字遗产方面得到了充分应用。在增强现实创造的增强环境中,三维虚拟物体图像能准确地与用户周围的三维环境视图进行配准,同时用户能够以自然的方式与虚拟物体交互。该技术已应用到生活、娱乐、军事、医疗等众多领域。增强现实可视化的第一个应用领域是在工业方面,例如通过透明的显示信息,增强现实技术使埋在地下的光缆变得增强可视,当需要修理时,修理人员可通过增强现实技术获得修理过程的操作程序以及相关修理信息。

思考题

1. 科学计算可视化的意义是什么？
2. 空间信息可视化的形式有哪些？
3. 地图符号是什么？对于地图内容的表达有什么作用？
4. 在设计地图符号时，需要考虑哪些要素？
5. 常用的色彩量化模型有哪些？它们有什么区别？
6. 空间数据可视化需要经历哪些流程？
7. 在进行电子地图设计时，需要考虑哪些因素？
8. 虚拟现实和增强现实分别是什么？它们在地学方面有怎样的应用？

第八章 空间分析

§8-1 空间分析的概念

空间分析是地理信息系统的核心和重要功能之一,是地理信息系统区别于计算机制图系统(具有图形输入、编辑、输出等功能)和数据库管理系统(具有查询、检索、存储、管理数据等功能)的显著特征之一。空间分析不仅使地理信息系统的功能体现在地图制图上,还可以使用户通过与系统交互将地理数据经过分析转换为有用的信息。同时,利用空间分析对原始数据模型进行观察和实验,用户可以获得新的经验和知识,并以此作为空间行为的决策依据。综合而言,空间分析最主要的作用有以下四个方面:①发现空间数据内在的、隐含的空间关系、空间模式和空间规律;②为已有的问题寻找解决方法和答案;③检验和证实已有的论点和假设;④从空间数据中找到满足某些应用的新理论、新观点和普遍性的方法。

一、空间分析的内涵

空间分析是为探索地理空间问题而进行的数据分析与挖掘,空间数据的特殊性和地理现象的复杂性使其与传统分析存在本质差异。空间分析以空间位置(spatial position)、空间形态(spatial form)、空间分布(spatial distribution)、空间关系(spatial relation)和空间演变(spatial evolution)等地理空间特征为基础。空间位置是空间对象最基本的属性,是其他空间特征产生的根源,可分为绝对位置和相对位置。绝对位置可根据地理坐标或平面直角坐标进行描述,相对位置可根据空间对象的相对位置关系进行描述。空间形态是对空间对象几何特征的抽象与表达。线状要素的几何特征包括长度、曲率等,面状要素的几何特征包括面积、周长等。空间分布也称空间格局,指空间对象群体在一定区域内的分布特征,分布密度、分布中心、离散度、聚集度等指标常被用于描述空间分布。空间关系描述了空间对象之间的相互作用和特征关联,主要包括方位、距离、拓扑、空间相关性等关系。空间演变则是将时间概念融入空间对象的研究中,以描述其位置、形态、分布及关系随时间变化的规律。常用的空间分析方法包括叠置分析、缓冲区分析、网络分析、空间插值、地形分析等。

二、空间分析的常用方法

(一)空间数据操作

在地理信息系统中,为进行高层次分析,往往需要查询、定位空间对象,并用一些简单的量测值对地理分布或现象进行描述,如长度、面积、距离、形状等。实际上,空间分析始于空间查询和量算,这是空间分析的定量基础。

1. 空间查询和检索

空间查询和检索用来查询、检索和定位空间对象,包括图形数据的查询、属性数据的查询及空间关系的查询三种方式。空间查询和检索是地理信息系统的基本功能之一,也是进行其他空间分析的基础操作。

2. 空间量算

空间量算主要是用一些简单的量测值来初步描述复杂的地理实体和地理现象。这些量测值包括点、线、面等空间实体对象的重心、长度、面积、体积、距离和形状等指标。

3. 属性数据的统计方法

属性数据与空间数据都是地理信息系统的基本数据类型,所以地理信息系统空间分析必须要有对属性数据的分析方法。属性数据的统计方法主要用于计算一些统计指标,例如属性数据的集中特征数(频率、平均数、数学期望和中位数等),属性数据的离散特征数(极差、离差、方差和变异系数等),还包括属性数据的图形表示分析、属性数据的综合评价分析及属性数据的分等定级分析。

(二)空间关系分析

空间关系复杂多样,与地理位置、空间分布和对象属性等多方面因素有关,这里把空间关系限定为由空间目标几何特征引起或决定的关系,即与空间目标的位置、形状、距离、方位等基本几何特征相关联的空间关系。空间关系分析主要包括叠置分析、缓冲区分析、网络分析等。

1. 叠置分析

叠置分析是地理信息系统空间分析中重要的分析方法之一。地理信息系统使用分层方式来管理数据文件,叠置分析将同一研究区的多个数据层集合为一个整体,对多个数据层进行交、并、差等逻辑运算,得到不同层空间数据的空间关系。叠置分析又包括矢量数据的叠置分析和栅格数据的叠置分析两种。

2. 缓冲区分析

缓冲区分析是地理信息系统空间分析中使用较多的分析方法之一。缓冲区分析就是对一个、一组或一类空间对象按照某个缓冲距离建立其缓冲多边形,然后将原始图层、缓冲区图层相叠加,进而分析两个图层上空间对象的关系的过程。从数学的角度来说,缓冲区就是空间对象的邻域,邻域的大小由邻域半径(即缓冲距离)来确定。

3. 网络分析

网络模型是地理信息系统的一个重要数据模型,交通线路、城市电网、排水网、煤气网等都属于这种数据模型。网络分析是研究和规划一个网络的建立、运行、资源分配、最优路径选择等操作的分析过程。其基本思想就是优化概念,即按照某种操作和相应的限制条件,得到满足当前条件的最佳结果。

(三)空间插值

空间插值是从一组已知的空间数据(可以是离散点的形式,也可以是分区数据的形式)中找到一个函数关系式,使该关系式最好地逼近已知的空间数据,并能根据该函数关系式推求出区域范围内其他任意点或任意分区的值。

(四)数字高程模型分析

数字高程模型是通过有限的地形高程数据实现对地面地形的数字化模拟(即地形表面形态的数字化表达),它是用一组有序数值阵列表示地面高程的实体地面模型,是数字地形模型(digital terrain model,DTM)的一个分支,其他各种地形特征值均可由此派生。

§8-2　叠置分析

一、矢量数据的叠置分析

矢量数据的叠置分析是指在统一的空间参考系条件下,将两层或两层以上的要素图层进行叠置,以产生空间区域的多重属性特征,或建立地理要素之间的空间对应关系,如图 8-1 所示。叠置的直观概念就是将两幅或多幅地图重叠在一起,产生新多边形和新多边形范围内的属性。

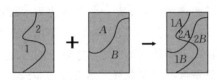

图 8-1　叠置分析

(一)矢量数据叠置的内容

1. 点与多边形的叠置

点与多边形的叠置是确定一幅图(或一个数据层)上的点落在另一幅图(或另一个数据层)的哪个多边形中,这样就可以给相应的点增加新的属性内容。例如,一幅图表示水井的位置,另一幅图表示城市功能分区,两幅图叠置后可得出每个城市功能区(如居住区)有多少水井,也可知道每口水井位于城市的什么功能区。

点与多边形叠置的算法就是判断点是否在多边形内,可用垂线法或转角法实现。

2. 线与多边形的叠置

线与多边形的叠置是把一幅图(或一个数据层)中的多边形的特征加到另一幅图(或另一个数据层)的线上。例如,道路图与境界图叠置,可得到每个行政区中各种等级道路的里程。

线与多边形叠置的算法就是线的多边形裁剪。算法的具体实现可参考有关计算机图形学的内容。

3. 多边形与多边形的叠置

多边形与多边形的叠置是指不同图幅或不同图层的多边形要素之间的叠置,通常分为合成叠置和统计叠置,如图 8-2 所示。合成叠置是指通过叠置形成新多边形,使新多边形具有多重属性,即需进行不同多边形的属性合并。属性合并的方法可以是简单的加、减、乘、除,也可以取平均值、最大最小值,或取逻辑运算的结果等。统计叠置是指确定一个多边形中含有其他多边形的属性类型的面积等,即把其他多边形的属性信息提取到本多边形中来。例如,土壤类型图与城市功能分区图叠置,可得出商业区中具有不稳定土壤结构的地区有哪些。

多边形与多边形叠置算法的核心是多边形对多边形的裁剪。多边形裁剪比较复杂,因为多边形裁剪后仍然是多边形,而且可能是多个多边形。多边形裁剪的基本思想是一条边一条边地裁剪。

如图 8-3 所示,多边形 $A\{A_1,A_2,A_3,A_4,A_5\}$ 对多边形 $B\{B_1,B_2,B_3,B_4,B_5,B_6,B_7,B_8,B_9,B_{10},B_{11},B_{12}\}$ 裁剪,可先用 A_1A_2 及其延长线对多边形 B 裁剪,在 A_1A_2 及其延长线上得到交点 P_1、P_2、P_3、P_4、P_5、P_6,则多边形 B 被多边形 A 的 A_1A_2 裁剪后为$\{B_1,B_2,B_3,B_4,$

$B_5, P_3, P_2, B_7, B_8, P_1, P_4, B_{11}, P_5, P_6$}。当用多边形 A 的每一边顺序对 B 进行裁剪后，就得到了 B 被 A 裁剪后的结果。

但这样构成的被裁剪后的多边形，看似被裁剪为两部分，如图 8-3 所示，多边形 B 被分为多边形{$B_1, B_2, B_3, B_4, B_5, P_3, P_6$} 和多边形{$P_2, B_7, B_8, P_1$} 两部分，但实际上它们仍有所联系，属于一个多边形。当一个多边形被裁剪为几个多边形时，用这种方法就会形成一个边界有重叠的多边形，而非独立的几个多边形，如图 8-3 所示，边{P_3, P_2} 与{P_1, P_4} 具有重叠部分。虽然裁剪结果对多边形的填充算法没有影响，但有时实际使用中仍然要把它分成各自独立的多边形。为此，要对被裁剪的多边形定义方向，在计算出每个多边形之间的交点后，都要判断它是出点还是入点，即是从裁剪多边形中出去还是从外边进来，并建立起出入点的索引表。然后根据被裁剪后多边形的点的顺序，从一个出点出发，找出与之最近的入点，再从这个入点开始，找出从此点开始的内部线，到一个出点结束，并判断多边形是否闭合。若闭合，则已形成一个多边形，继续进行即可；若不闭合，再找与之最近的入点，直到所有的内部线都使用过一次。多边形裁剪的具体细节请参阅计算机图形学的有关内容。

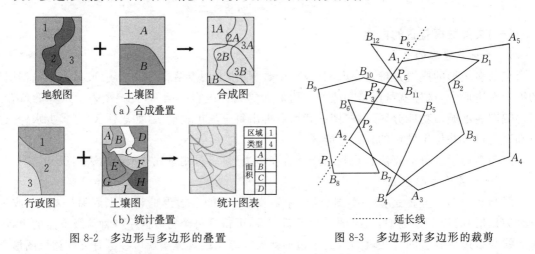

图 8-2　多边形与多边形的叠置　　　　　　图 8-3　多边形对多边形的裁剪

(二)多边形叠置的位置误差

实际应用中进行多边形叠置的往往是不同类型的地图，甚至是不同比例尺的地图，因此，同一条边界的数据往往不同，这时在叠置时就会产生一系列无意义多边形，如图 8-4 所示。而且边界位置越精确，越容易产生无意义多边形。手工方法叠置时可用制图综合来处理无意义多边形，而计算机处理时则比较复杂，常用如下三种方法处理：

(1)对于屏幕上显示多边形叠加的情况，人机交互地把小多边形合并到大多边形中。

(2)确定无意义多边形的面积临界值，把小于临界值的多边形合并到相邻的大多边形中。

(3)先拟合出一条新的边界线，然后进行叠置操作。

无论采用哪种方法来处理无意义多边形，都会产生误差。

二、栅格数据的叠置分析

(一)单层栅格数据的叠置分析

1. 布尔逻辑运算

栅格数据可以按其属性数据的布尔逻辑运算来检索，即这是一个逻辑选择的过程。布尔逻辑运算符为 AND、OR、XOR、NOT,如图 8-5 所示。

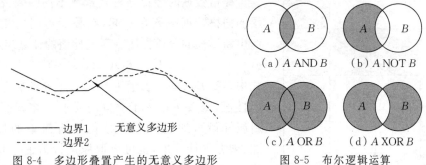

图 8-4 多边形叠置产生的无意义多边形　　图 8-5 布尔逻辑运算

例如,可以用条件$(A \text{ AND } B) \text{ OR } C$进行检索。其中 A 为土壤是黏性的,B 为 pH 值大于 7.0 的,C 为排水不良的。这样就可把栅格数据中土壤结构为黏性的且土壤 pH 值大于 7.0 的,或者排水不良的区域检索出来。

2. 重分类

重分类是将属性数据的类别合并或转换成新类,即对原来数据中的多种属性类型,按照一定的原则进行重新分类,以利于分析。在多数情况下,重分类都是将复杂的类型合并成简单的类型。例如,可以将各种土壤类型重分类为水面和陆地两种。

重分类时必须保证多个相邻接的同一类别的图形单元获得一个相同的名称,并且去掉这些图形单元之间的边,从而形成新的图形单元。如图 8-6 所示。

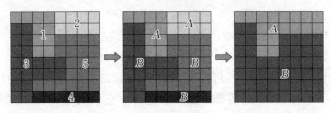

图 8-6 重分类

3. 滤波运算

栅格数据的滤波运算是指通过一个移动的窗口(如 3×3 的像元),对整个栅格数据进行过滤处理,使窗口最中央像元的新值的定义为窗口中像元值的加权平均值。

栅格数据的滤波运算可以将破碎的地物合并和光滑化,以显示总的状态和趋势,也可以通过边缘增强和提取,获取区域的边界。

4. 特征参数计算

对栅格数据可计算区域的周长、面积、重心,以及线的长度、点的坐标等。

在栅格数据中量算面积有其独特的方便之处,只要对栅格进行计数,再乘以栅格的单位面积即可。

在栅格数据中计算距离时,距离有四方向距离、八方向距离、欧氏距离等多种意义。四方向距离通过水平或垂直的相邻像元来定义路径,八方向距离根据每个像元的八个相邻像元来定义路径,在计算欧氏距离时,需将连续的栅格线离散化,再用欧氏距离公式计算。

对图 8-7 中的线,用四方向距离计算的距离为 6,用八方向距离计算的距离为 $2 + 2 \cdot \sqrt{2}$。

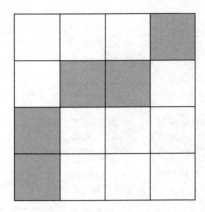

图 8-7　栅格数据距离计算

(二)多层栅格数据的叠置分析

栅格数据的叠置分析是指将不同图幅或不同数据层的栅格数据叠置在一起,在叠置地图的相应位置上产生新属性的分析方法。新属性值的计算表示为

$$U = f(A, B, C, \cdots) \tag{8-1}$$

式中, $A, B, C, \cdots$ 表示第一、二、三等各层上的确定的属性值,函数 f 取决于叠置的要求。多幅图叠置后的新属性值可通过对原属性值进行简单的加、减、乘、除、乘方等计算出,也可以取原属性值的平均值、最大值、最小值,或原属性值之间逻辑运算的结果等,甚至可以由更复杂的方法计算出,如新属性值不仅与对应的原属性值相关,而且与原属性值所在区域的长度、面积、形状等特性相关。

栅格叠置的作用可归纳为:

(1)类型叠置,即通过叠置获取新的类型。例如土壤图与植被图叠置,可分析土壤与植被的关系。

(2)数量统计,即计算某一区域内的类型和面积。例如行政区划图和土壤类型图叠置,可计算出某一行政区划中的土壤类型数,以及各种类型土壤的面积。

(3)动态分析,即通过对同一地区、相同属性、不同时间的栅格数据的叠置,分析由时间引起的变化。

(4)益本分析,即通过对属性和空间的分析,计算成本、价值等。

(5)几何提取,即通过与所需提取的范围的叠置运算,快速地进行范围内信息的提取。

在进行栅格叠置的具体运算时,可以直接在未压缩的栅格矩阵上进行,也可在压缩编码(如游程长度编码、四叉树编码)后的栅格数据上进行。它们之间的差别主要在于算法的复杂性、算法的速度、所占用的计算机内存等。

§8-3　缓冲区分析

一、缓冲区的概念

缓冲区是指为了识别某一地理要素或空间物体对周围地物的影响而在其周围建立的具有一定宽度的带状区域。新建立的带状区域(多边形)就称为缓冲区,应该注意的是,缓冲区并不包括原来的地理要素。

从数学的角度看,缓冲区就是给定一个空间对象或集合,由邻域半径 R 确定其邻域的大小,因此对象 O_i 的缓冲区定义为

$$B_i = \{x \mid d(x, O_i) \leqslant R\} \tag{8-2}$$

式中, i 表示第 i 个对象; x 为缓冲区内的点; B_i 为与 O_i 的距离小于等于 R 的全部点的集合,也就是对象 O_i 的半径为 R 的缓冲区; d 为最小欧氏距离,但也可以为其他定义的距离,如网络距离、时间距离等。

对于对象集合 $O = \{O_i | i = 1, 2, \cdots, n\}$，其半径为 R 的缓冲区是各个对象缓冲区的并集，即

$$B = B_1 \bigcup B_2 \bigcup \cdots \bigcup B_n \tag{8-3}$$

二、矢量数据的缓冲区分析

(一)点缓冲区

建立点缓冲区时，只需要给定缓冲区半径，以点为圆心绘圆即可。

(二)线缓冲区

建立线缓冲区就是生成缓冲区多边形。只需在线的两边按一定的距离(缓冲区半径)绘平行线，并在线的端点处绘半圆，就可连成缓冲区多边形。

对一条线所建立的缓冲区有可能重叠，如图 8-8 所示，这时需把重叠的部分去除。基本思路是，对缓冲区边界求交，并判断每个交点是出点还是入点，以决定交点之间的线段保留或删除，这样就可得到岛状的缓冲区。

（a）输入数据　　　　　　（b）缓冲区操作　　　　（c）重叠处理后的缓冲区

图 8-8　单线缓冲区建立

在对多条线建立缓冲区时，可能会出现缓冲区之间的重叠。这时需把缓冲区内部的线段删除，以合并成连通的缓冲区(图 8-9)。

  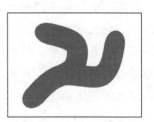

（a）输入数据　　　　　　（b）缓冲区操作　　　　（c）重叠处理后的缓冲区

图 8-9　多线缓冲区建立

(三)面缓冲区

建立面缓冲区时要考虑内外方向配置，在面要素的边界上按一定的距离(缓冲区半径)绘平行线，并闭合形成面缓冲区(图 8-10)。建立缓冲区时，有时根据空间对象特征的不同和研究目的的差异，需要设定不同的缓冲区半径，而且将多尺度缓冲区多边形(图 8-11)联合使用，可以得到更多的隐含空间特征信息。例如，可以根据地物的属性来确定相应的缓冲区半径。其实，在具体操作过程中，缓冲区半径的确定往往是通过查找表或函数形式来实现的。由此可以将缓冲区分析用于解决地学分析问题及工程应用中遇到的复杂空间问题。

 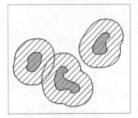 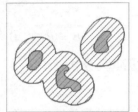 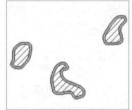

（a）面对象   （b）面缓冲区   （c）合并后的面缓冲区   （d）缓冲半径为负时的面缓冲区

图 8-10   面缓冲区建立

 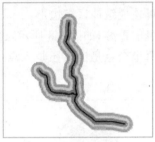 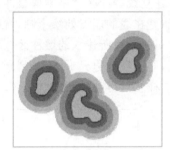

（a）点多重缓冲区   （b）线多重缓冲区   （c）面多重缓冲区

图 8-11   多尺度缓冲区建立

三、栅格数据的缓冲区分析

相对于矢量数据的缓冲区分析，栅格数据的缓冲区分析操作较为简单。在栅格数据中可以将建立缓冲区看作对网格单元（像元）向其周围八个方向进行一定距离的扩展，种子扩展算法是一种典型的建立栅格数据缓冲区的方法。

栅格数据中的每一个网格单元（像元），其周围八个方向都有邻接像元（除了边缘位置的像元），这八个方向为东、南、西、北、东南、西南、西北、东北，如图 8-12（a）所示。该网格单元与前四个方向的最近邻网格单元的距离为 L，L 为网格单元的边长（即像元的分辨率），而与后四个方向的最近邻网格单元的距离为 $\sqrt{2}L$，如图 8-12（b）所示。栅格数据中的点元素的四方向缓冲区和八方向缓冲区如图 8-12（c）、（d）所示。

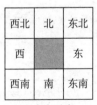 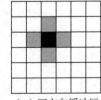 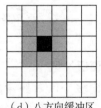

（a）方向示意   （b）距离计算   （c）四方向缓冲区   （d）八方向缓冲区

图 8-12   单个网格单元的缓冲区

建立栅格数据中线状地物的缓冲区，则需要判定线要素所占的网格单元的范围。如果是简单的线要素，即该线要素是单线（线宽仅占一个网格单元），则对组成该线要素的每个网格单元建立缓冲区，对重叠区域进行重新赋值，生成线要素的栅格结构的缓冲区数据层（图 8-13）。

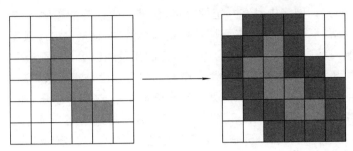

图 8-13　栅格结构中的线的缓冲区

§8-4　网络分析

网络分析,也称网络图分析,是通过研究网络的状态及模拟和分析资源在网络上的流动和分配情况,对网络结构及其资源等的优化问题进行研究的一种空间分析方法。网络分析主要用来解决两类问题:一类是研究由线状实体及连接线状实体的点状实体组成的地理网络的结构,涉及最优路径、路径遍历及连通分量等的求解问题;另一类是研究资源在网络系统中的定位与分配,主要包括资源分配范围或服务范围的确定、最大流与最小费用流等问题。

一、网络分析基础

(一)地理网络的基本结构

1. 链

链是构成网络的骨架,是现实世界中各种线路的抽象和资源传输或通信联络的通道,可以代表公路、铁路、街道、航线、水管、煤气管、输电线、河流等。链包括图形信息和属性信息,链的属性信息包括阻碍强度和资源需求量。链的阻碍强度是指在通过一条链时所需要花费的时间或者费用等,如资源流动的时间、速度。链是有方向的,当资源沿着网络中的不同方向流动时,所受到的阻碍强度可能相同,也可能不同。例如,轮船在河道中沿顺流和逆流两个方向行船所受到的阻碍强度是不同的。链的资源需求量是指沿着网络链可以收集到的或者可以分配给一个中心的资源总量。网络中不同的链有不同的需求量,但一般一条链上只有一个资源需求量。例如,一条街道上居住了 10 个学生,那么这条街道对学校的资源需求量就是 10。

2. 节点

节点是链的端点,又是链的汇合点,可以表示交叉路口、中转站、河流汇合点等,其状态属性除了包括阻碍强度和资源需求量等,还有下面几种特殊的类型:

(1)障碍(barrier),即禁止资源在网络链上流动的点。

(2)拐点(turn),出现在网络链中的分割节点上,状态属性有阻碍强度,如拐弯的时间和限制(如在 8：00～18：00 不允许左拐等)。在地理网络中,拐点对资源的流动有很大影响,资源沿着某一条链流动到有关节点后,既可以原路返回,又可以流向与该节点相连的任意一条链,如果阻碍强度为负数,则表示资源禁止流向特定的弧段。在一些地理信息系统平台(如 ArcGIS、SuperMap)中,节点可以具有转角数据,可以更加细致地模拟资源流动时的转向特性。每个节点可以拥有一个转向表(turn table),每个转向表包括交叉的节点数、转向涉及的弧段数和阻碍强度。

(3)中心(center),即网络中具有一定的容量,能够接受或分配资源的节点所在的位置,如水库、商业中心、电站、学校等,其状态属性包括资源容量(如总量)、阻碍强度(如中心到链的最大距离或时间限制)。资源容量决定了为中心服务的弧段的数量,分配给一个中心的弧段的资源需求量总和不能超过该中心的资源容量。中心的阻碍强度是指沿某一路径到达中心所经历的弧段总阻碍强度的最大值。在资源沿某一路径流向中心或由中心分配出去的过程中,在各弧段和路径的各拐弯处所受到的阻碍强度的总和,不能超过中心所能承受的阻碍强度。在这个过程中,弧段不一定需要将全部资源分配给中心,而是可以选择部分资源,按一定顺序分配给中心,直至达到中心的阻碍强度。

(4)站点(stop),即在路径选择中资源增减的节点,如库房、车站等,其状态属性有两种,即阻碍强度和资源需求量。阻碍强度代表相关的费用、时间等,如在某个库房装卸货物所用时间等。资源需求量指产品数量、学生数、乘客数等。站点的资源需求量为正值时,表示在该站点上增加资源;若为负值,则表示在该站点上减少资源。

(二)图论基础

网络分析是地理信息系统空间分析的重要组成部分。在网络分析中用到的网络模型是数学模型中离散模型的一部分。分析和解决网络模型的有力工具是图论。

图论中的"图"并不是通常意义下的几何图形或物体的形状图,而是一个以抽象的形式来表达确定的事物,以及事物之间具备或不具备某种特定关系的数学系统。

由点集合 V 和点与点之间的连线的集合 E 所组成的集合对 (V,E) 称为图,用 $G(V,E)$ 来表示。V 中的元素称为节点,E 中的元素称为边。节点集合 V 与边集合 E 均为有限的图,称为有限图。本章只讨论有限图。

在图 8-14 中,节点集合 $V=\{A,B,C,D\}$,边集合为 $E=\{e_1,e_2,e_3,e_4,e_5,e_6,e_7,e_8\}$。连接两个节点的边可能不止一条,如 e_1、e_2 都连接 A 和 B。连接同一节点的边称为自圈,如 e_8。如不特别声明,本章不讨论具有自圈和多重边的图。

如果图中的边是有向的,则称为有向图,如图 8-15(a)所示。在无向图中,首尾相接的一串边的集合称为路。在有向图中,顺向的首尾相接的一串有向边的集合称为有向路,通常用顺次的节点或边来表示路或有向路。如图 8-15(b)中,$\{e_1,e_2,e_4\}$ 为一条路,该路也可用 $\{V_1,V_2,V_3,V_5\}$ 来表示。

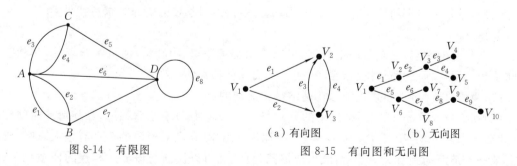

图 8-14　有限图　　　　　　（a）有向图　　　　（b）无向图
　　　　　　　　　　　　　　　图 8-15　有向图和无向图

起点和终点为同一节点的路称为回路(或圈)。如果一个图中,任意两个节点之间都存在一条路,称这种图为连通图。若一个连通图中不存在任何回路,则称为树,如图 8-16 所示。由树的定义,直接得出下列性质:树中任意两个节点之间至多只有一条边;树中边数比节点数少1;树中任意去掉一条边,就变成不连通图;树中任意添一条边,就会构成一个回路。

任意一个连通图,或者是树,或者去掉一些边后形成树,这种树称为这个连通图的生成树。一般来说,一个连通图的生成树可能不止一个。

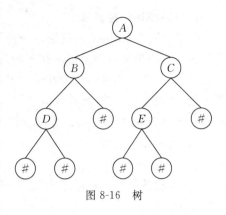

图 8-16　树

如果给图中任意一条边 $e_i (i = 1, 2, 3, \cdots)$ 都赋一个数 $w_i (i = 1, 2, 3, \cdots)$,称这种数为该边的权数。赋予权数的图称为赋权图。有向图的各边赋予权数后,称为加权有向图(也称有向赋权图或带权有向图)。赋权图在实际问题中非常有用。根据不同的实际情况,权数的含义可以各不相同。例如,可用权数代表两地之间的实际距离或行车时间,也可用权数代表某工序所需的加工时间等。

二、最短路径分析

路径问题涉及的网络是固定的道路网络。最短路径问题是在预先规划的道路网络上寻找一个节点到另外一个节点之间最近(或成本最低)的路径,日常生活中常用的地图导航即涉及最短路径问题(图 8-17)。最短路径分析也称最优路径分析,一直是计算机科学、运筹学、交通工程学、地理信息科学等学科的研究热点。这里"最短"包含很多含义,不仅指一般地理意义上的距离最短,还可以是成本最少、耗费时间最短、资源流量(容量)最大、线路利用率最高等标准。很多网络相关问题,如最可靠路径问题、最大容量路径问题、易达性评价问题和各种路径分配问题均可纳入最短路径问题的范畴之中。无论判断标准和实际问题中的约束条件如何变化,其核心实现方法都是最短路径算法。

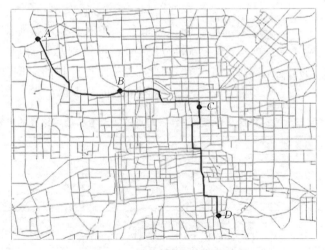

图 8-17　A 点到 D 点的最短路径

地理网络因地理元素属性的不同而表现为同形不同性的网络形式,为了进行最短路径分析,需要将网络转换成加权有向图,即给网络中的弧段赋予权数,权数要根据约束条件确定。若一条弧段的权数表示起始节点和终止节点之间的长度,那么任意两节点间的路径的长度即为这条路径上所有边的长度之和。最短路径问题就是在两节点之间的所有路径中寻求长度最短的路径。

(一)迪杰斯特拉算法

迪杰斯特拉(Dijkstra)算法是一种按路径长度递增的次序产生最短路径的算法,此算法被公认为是解决单源点间最短路径问题最好的算法之一。它的基本思想是:假设每个点都有一对标号(d_J,P_J),其中,d_J为从源点S到点J的最短路径的长度(从顶点到其本身的最短路径是零路,即没有弧的路,其长度等于零),P_J则为从S到J的最短路径中点J的前一点。求解从源点S到点J的最短路径算法也称为标号法或染色法,其基本过程如下:

(1)初始化。设置初始距离为$d_S=0$,P_S为初始最短路径的点集,并标记源点S,记$K=S$,其他所有点设为未标记点。

(2)检验从所有已标记点K到其直接连接的未标记点J的距离,并设置l_{KJ}为从点K到点J的直接连接距离,即

$$d=\min(d_J,d_K+l_{KJ}) \tag{8-4}$$

(3)选取下一个点。从所有未标记点中,选取已标记点到未标记点的距离d_J最小的未标记点I,有

$$d=\min(d_I,d_J) \tag{8-5}$$

式中,d_I为源点S到点I的距离,点I就被选为最短路径中的一点,并设为已标记点。

(4)找到点I的前一点。从已标记点中找到直接连接到点I的点P_I,作为前一点,记为$I=P_I$。

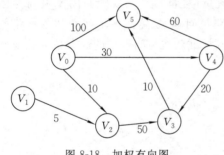

图 8-18 加权有向图

(5)标记点I。如果所有点已标记,则算法完全退出;否则,记$K=I$,重复步骤(2)~(4)。

图 8-18 为加权有向图,运用迪杰斯特拉算法,得到从V_0到其余各顶点的最短路径及运算过程中距离的变化情况,如表 8-1 所示,其中S为求解得到的顶点集合。在求解从源点到某一特定终点的最短路径过程中还可得到从源点到其他各点的最短路径,因此,这一计算过程的时间复杂度是$O(n^2)$,其中n为网络中的节点数。

表 8-1 迪杰斯特拉算法从源点V_0到各终点的距离值和最短路径的求解过程

终点	$i=1$	$i=2$	$i=3$	$i=4$	$i=5$
V_1	∞	∞	∞	∞	∞
V_2	10 (V_0,V_2)				
V_3	∞	60 (V_0,V_2,V_3)	50 (V_0,V_4,V_3)		
V_4	30 (V_0,V_4)	30 (V_0,V_4)			
V_5	100 (V_0,V_5)	100 (V_0,V_5)	90 (V_0,V_4,V_5)	60 (V_0,V_4,V_3,V_5)	
V_j	V_2	V_4	V_3	V_5	
S	(V_0,V_2)	(V_0,V_2,V_3)	(V_0,V_2,V_3,V_4)	(V_0,V_2,V_3,V_4,V_5)	

(二)弗洛伊德算法

弗洛伊德(Floyd)算法能够求得每一对顶点之间的最短路径。其基本思想是:假设求从顶点 V_i 到 V_j 的最短路径,若从 V_i 到 V_j 有弧,则从 V_i 到 V_j 存在一条长度为 d_{ij} 的路径,该路径不一定是最短路径,需要进行 n 次试探。首先判别弧 (V_i,V_1) 和弧 (V_1,V_j) 是否存在,即考虑路径 (V_i,V_1,V_j) 是否存在。如果存在,则比较 (V_i,V_j) 和 (V_i,V_1,V_j) 的路径长度,较短者为从 V_i 到 V_j 的中间顶点的序号不大于 1 的最短路径。假如在路径上再增加一个顶点 V_2,若路径 $(V_i,\cdots,V_2)$ 和路径 $(V_2,\cdots,V_j)$ 分别是当前找到的中间顶点的序号不大于 1 的最短路径,那么后来的路径 $(V_i,\cdots,V_2,\cdots,V_j)$ 就有可能是从 V_i 到 V_j 的中间顶点的序号不大于 2 的最短路径。将它与已经得到的从 V_i 到 V_j 的中间顶点的序号不大于 1 的最短路径相比较,从中选出中间顶点的序号不大于 2 的最短路径,然后增加一个顶点 V_3,继续进行试探。依次类推,在经过 n 次比较后,最后求得的就是从 V_i 到 V_j 的最短路径。按此方法,可同时求得各对顶点间的最短路径。

三、位置与服务区分析

在许多应用中,都需要解决这样的问题:在网络中选定几个供应中心,并将网络的各边和点分配给某中心,使各中心所覆盖范围内每一点到中心的总的加权距离最小。这实际上包括位置选择与服务区分配两个问题,也称定位与分配问题。定位问题是已知需求源的分布,确定在哪里布设供应点最合适的问题。分配问题是已知供应点,确定其为哪些需求源提供服务的问题。定位与分配是常见的定位工具,也是网络设施布局、规划所需的一个优化的分析工具。

(一)定位问题

定位问题又称选址问题,是为了确定一个或多个待建设施的最佳位置,使得设施可以用一种最经济有效的方式为需求方提供服务或者商品。网络分析中的选址问题一般限定设施必须位于某个节点或位于某条线上,或在若干候选地点中选择位置。选址问题种类繁多,实现的方法和技巧也多种多样,不同的地理信息系统在这方面各有特色,其中的最佳位置具有不同的解释,即用什么标准来衡量一个位置的优劣,对定位设施数量的要求也不同。定位问题不仅是一个选址过程,还要将需求点的需求分配到相应的新建设施的服务区中,因此也称为选址与分区。

与选址问题相关的几个概念如下:

(1)资源供给中心,是点数据,用来设置资源供给的相关信息(如资源量、最大阻力值、资源供给中心类型、资源供给中心在网络中所处节点的 ID 等)。

(2)资源量,表示资源供给中心能提供的最大服务量或商品数量。

(3)最大阻力值,用来限制需求点到资源供给中心的花费。如果需求点(弧段或节点)到该资源供给中心的花费大于最大阻力值,则该需求点被过滤掉,即该资源供给中心不能服务该需求点。资源供给中心包括固定中心、可选中心和非中心三个类型。固定中心是指网络中已经存在的、已建成的服务设施(扮演资源供给角色);可选中心是指可以建立服务设施的资源供给中心,即待建服务设施将从这些可选中心中选址;非中心在分析时不予考虑,在实际中可能是不允许建立这项设施或者已经存在其他设施。

(二)分配问题

分配问题在现实生活中体现为,确定设施的服务范围及资源的分配范围等问题,例如资源分配能为城市中每一条街道上的学生确定最近的学校,为水库提供其供水区等。

资源分配是模拟资源如何在中心(学校、消防站、水库等)和周围的网络边(街道、水路等)、节点(交叉路口、汽车中转站等)间流动。在计算设施的服务范围及资源的分配范围时,网络各元素的属性也会对资源的实际分配有很大影响。主要属性包括中心的供应量和最大阻力值、网络边和网络节点的需求量及最大阻力值等,有时也用到拐角的属性。根据中心容量及网络边和节点的需求,将网络边和节点分配给中心,分配沿最短路径进行。当网络元素被分配给某个中心时,该中心拥有的资源量就依据网络元素的需求量而缩减,当中心的资源耗尽时,分配停止,用户可以通过赋予中心的阻碍强度来控制分配的范围。

1. 确定中心服务范围

地理网络的中心服务范围是指一个服务中心在给定的时间或范围内能够到达的区域,如图 8-19 所示。严格定义可表述如下:设 $D = (V, E, c)$ 为给定的有中心的地理网络,V 表示地理网络节点的集合,E 表示地理网络边的集合,c 表示地理网络的一个中心。设中心的阻力值为 c_w,w_{ij} 表示地理网络边 e_{ij} 的费用,r 表示地理网络上任一节点到中心(V_i, V_c)的一条路径,r_{ic} 表示该路径的费用。在不考虑货源量和需求量的情况下,中心服务范围定义为满足下列条件的网络边和网络节点的集合 F,即

$$F = \{V_i \,|\, r_{ic} \leqslant c_w, V_i \in V\} \bigcup \{e_{ij} \,|\, r_{ic} + w_{ij} \leqslant c_w, e_{ij} \in E\} \qquad (8\text{-}6)$$

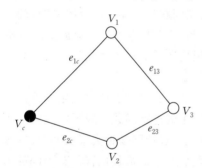

图 8-19　中心服务范围示例

中心的阻力值 c_w 可理解为资源从中心沿某路径分配的总成本最大值,在中心服务范围内从中心出发的任意路径费用不能超过中心的阻力值。例如,要求学生到校的时间不超过 15 min,则学校的阻力值是 15 min,中心的阻力值针对不同的应用具有不同的含义。

确定中心服务范围的基本思想是,依次求出服务成本不超过中心阻力值的路径,组成这些路径的地理网络节点和边的集合构成了该中心的服务范围。具体处理时是运用广度优先搜索算法,将地理网络从中心开始,根据中心阻力值和地理网络边的费用,由近及远依次访问与中心有路径相通且路径成本不超过中心阻力值的节点。确定到达的最短路径,主要步骤为:①根据拓扑关系,计算地理网络的最大邻接节点数;②构造邻接节点矩阵和初始判断矩阵,描述地理网络结构;③应用广度优先搜索算法确定地理网络的中心服务范围。

2. 确定中心资源分配范围

资源分配反映了现实世界网络中资源的供需关系,供代表一定数量的资源或货物,位于中心的设施中,需指对资源的利用。通常用地理网络的中心模拟提供服务的设施,如学校、消防站;被服务的一方用网络边和网络节点模拟,如沿街道居住的学生等。供需关系使在网络中必然存在资源运输或流动,资源或者从供方送到需方,或者由需方到供方索取。供方和需方之间是多对多的关系,如学生可以到许多学校去上学、多个电站可以为同一区域的多个客户提供服务,都存在优化配置的问题。优化的目的在于:一方面,要求供方能够提供足够的资源给需方,如电站要有足够的电能提供给客户;另一方面,对于已建立供需关系的双方,要实现供需成本最低,例如,在学生从家到学校时间最短的情况下,确定哪个学生到哪个学校上学。

资源分配是将地理网络的网络边或网络节点,按照中心的供应量及网络边和网络节点的

需求量,分配给一个中心的过程。确定中心资源的分配范围就是确定地理网络中由哪些网络边和网络节点所组成的区域接受该中心的资源分配,处理时既要考虑网络边和网络节点的需求量,又要考虑中心的供应量,即求出到中心的费用不超过中心最大阻力值,同时网络的总需求量不超过中心货源量的路径。组成这些路径的网络节点和边的集合就构成了该中心资源的分配范围。

资源分配范围的定义可以表述如下:设 $D = (V, E, c)$ 为给定的带中心的地理网络,中心的货源量为 c_s,中心的阻力值为 c_w,d_{ij} 和 w_{ij} 分别表示网络边 e_{ij} 的需求量和费用,r 表示地理网络上任一节点到中心 (V_i, V_c) 的最短路径,r_{ic} 表示该路径的费用,m 表示网络当前的总需求量,则资源分配范围为满足下列条件的网络边和网络节点的集合 P,即

$$P = \{V_i \mid r_{ic} \leqslant c_w, m \leqslant c_s, V_i \in V\} \bigcup \{e_{ij} \mid r_{ic} + w_{ij} \leqslant c_w, m + w_{ij} \leqslant c_s, e_{ij} \in E\}$$
$$(8-7)$$

(三)P 中心定位与分配问题

许多资源分配问题的供应点布设要求满足多种组合条件,如在选择供应点时不仅要求总的加权距离最小,有时还要求总服务范围最大,有时又限定服务范围最大距离不能超过一定的限值等。这些问题都可以分解为多个单目标问题,利用单目标方程即最小目标值法来求解。目标方程是用数学方式表达满足所有需求点到供应点的加权距离最小的条件方程,也称 P 中心定位与分配问题(P-median location problem),是定位与分配问题的基础。

P 中心定位与分配模型最初由 Hakimi 于 1964 年提出,在该模型中,供应点和候选点都位于网络节点上,弧段则表示可到达供应点的通路或连接,使用的距离是网络上的路径长度,特定的优化条件可以是总距离最小、总时间最少或者总费用最少等。根据不同的优化条件,P 中心定位与分配问题可分为不同的类型,其中总的加权距离最小的 P 中心定位与分配问题是最基本的问题,其他问题可通过修改目标方程或约束条件,在该模型基础上进行扩展。

P 中心定位与分配问题是要在 m 个候选点中选择 p 个供应点为 n 个需求点服务,使得为这几个需求点服务的总距离(时间、费用)最小。假设 ω_i 记为需求点 i 的需求量,d_{ij} 记为从候选点 j 到需求点 i 的距离,则 P 中心定位与分配问题可表示为

$$\min\left(\sum_{i=1}^{n} \sum_{j=1}^{m} \alpha_{ij} \cdot \omega_i \cdot d_{ij}\right) \qquad (8-8)$$

并满足

$$\sum_{j=1}^{m} \alpha_{ij} = 1 \qquad (8-9)$$

和

$$\sum_{j=1}^{m}\left(\prod_{i=1}^{n} \alpha_{ij}\right) = p \qquad (8-10)$$

式中,α_{ij} 是分配的指数,$i = 1, 2, \cdots, n$ 且 $p < m \leqslant n$。如果需求点 i 受供应点 j 的服务,则其值为 1,否则为 0,即

$$\alpha_{ij} = \begin{cases} 1 & i \text{ 由 } j \text{ 服务} \\ 0 & \text{其他} \end{cases} \qquad (8-11)$$

上述两个约束条件是为了保证每个需求点仅受一个供应点服务,并且只有 p 个供应点。

因此,所有 P 中心定位与分配问题都具有如下基本特点:①从一组候选点中选取若干特

定点;②所有需求点都分配给与之最近的供应点;③供应点的供应量是一定的,每个供应点都位于其所服务的需求点的中央。

将上述 P 中心定位与分配模型目标方程进行相应修改,可以引申求解其他类型的 P 中心定位与分配问题,即

$$\Delta b_j = \sum_{i=1}^{n} \sum_{j=1}^{m} \alpha_{ij} \cdot e_{ij} \tag{8-12}$$

式中,Δb_j 表示需求点服务的成本。

$$e_{ij} = \omega_i \cdot d_{ij} \tag{8-13}$$

在 P 中心定位与分配问题中,如果希望所有的需求点在给定的理想服务距离 S 内,则仅需对 e_{ij} 做出如下修改

$$e_{ij} = \begin{cases} \omega_i \cdot d_{ij} & d_{ij} \leqslant S \\ P & d_{ij} > S \end{cases} \tag{8-14}$$

式中,P 是一个很大的值。

而对于最大服务范围问题(maximal covering),如果希望需求点是在给定的服务距离 S 内,则对 e_{ij} 做出如下修改

$$e_{ij} = \begin{cases} 0 & d_{ij} \leqslant S \\ \omega_i & d_{ij} > S \end{cases} \tag{8-15}$$

从目标方程可以看出,对给定的服务距离 S 内的需求点的服务,并不会增加总的加权距离,这样该算法尽可能选择供应点以增加服务量,而对服务距离 S 之外的需求点的服务也不受距离的直接影响。

如果需要限定服务范围在给定的最远距离 T 内,则可以设置如下

$$e_{ij} = \begin{cases} 0 & d_{ij} \leqslant S \\ \omega_i & S < d_{ij} \leqslant T \\ P & d_{ij} > T \end{cases} \tag{8-16}$$

式中,P 是一个很大的值。

常用启发式算法来逼近 P 中心定位与分配问题的最佳结果,其中又以交换式算法使用最多。全局和区域性交换式算法(以 Densham-Rushton 算法为例)的步骤如下:

(1)先选 p 个候选点作为起始供应点集,并将所有需求点分配到最近的供应点,计算其目标方程值,即总的加权距离。

(2)作全局性调整:①检验所有的选择的供应点,即选定一个供应点准备删去,它的删去仅引起最小的目标方程值的增加;②从未选入的候选点中,寻找一个候选点来代替①中选择的供应点,其可以最大限度地减少目标方程值;③如果②中选择的供应点所减少的目标方程值大于①中选择的供应点所增加的目标方程值,用②中供应点代替①中供应点,并更新目标方程值,并到①重复检验,否则转入步骤(3)。

(3)对每个供应点依次做出区域性调整:①如果不是固定的供应点,用它的邻近的候选点来代替检验;②如果这一代替可以最大程度地减少目标方程值,则进行这一替换,直到 $p-1$ 个供应点都被检验,并无新的替换为止。

(4)重复步骤(2)和(3),直到两个步骤都无新的替换为止。

这样最后的供应点集即是最终结果。这一算法运用空间邻近相关性的特性,有目的地对

部分相邻或相关的候选点进行比较、检验和取代,避免了很多不必要的计算,大大改善了算法的处理速度。由于启发式算法自身的局限性,此算法还存在一些不足:求得的结果只能接近最佳结果,无法保证其完全准确;算法实现过程中并不能平衡供应点间的负担,也不能限制供应点的容量;初始点集的不同会对最终结果产生一定的影响。

§8-5　空间插值

一、空间插值的类型

空间插值方法可以分为整体插值法和局部插值法两类,表 8-2 为空间插值方法的简单分类。

表 8-2　空间插值方法的简单分类

整体插值方法		局部插值方法	
确定性	随机性	确定性	随机性
边界内插方法、趋势面分析方法	回归插值方法	泰森多边形方法、反距离权重插值方法、样条函数插值方法	克里金插值方法

整体插值方法用研究区所有采样点的数据进行全区特征拟合,局部插值方法仅用邻近的数据点来估计未知点的值。整体插值方法通常不直接用于空间插值,而是用来检测不同于总趋势的最大偏离部分,在去除了宏观地物特征后,可用剩余残差来进行局部插值。整体插值方法将短尺度的、局部的变化看作随机的和非结构的噪声,从而丢失了这一部分信息。局部插值方法恰好能弥补整体插值方法的缺陷,可用于局部异常值,而且不受插值表面上其他点的内插值影响。

(一)整体插值方法

1. 边界内插方法

边界内插方法假设任何重要的变化发生在边界上,边界内的变化是均匀的、同质的,即在各方向都是相同的。这种概念模型经常用于土壤和景观制图,可以通过定义均质的土壤单元、景观图斑来表达其他的土壤、景观特征属性。边界内插方法最简单的统计模型是标准方差分析模型。

2. 趋势面分析方法

某种地理属性在空间的连续变化,可以用一个平滑的数学平面加以描述。思路是先用已知采样点数据拟合出一个平滑的数学平面方程,再根据该方程计算无测量值的点上的数据。这种只根据采样点的属性数据与地理坐标的关系,进行多元回归分析得到平滑的数学平面方程的方法,称为趋势面分析。它的理论假设是,地理坐标 (x, y) 是独立变量,属性值也是独立变量且是正态分布的,同样回归误差也是与位置无关的独立变量。多项式回归分析是描述长距离渐变特征的最简单方法。

3. 回归插值方法

回归插值方法根据样本中的缺失变量和已得到变量构建回归方程,即根据已有的样本数据,对调查中目标变量的缺失值进行估算,构建自变量 x 与目标变量 y 的关系。

(二)局部插值方法

局部插值方法只使用邻近的数据点来估计未知点的值,包括以下几个步骤:

(1)定义一个邻域或搜索范围。

(2)搜索落在此邻域范围的数据点。

(3)选择表达这有限个点的空间变化的数学函数。

(4)为落在规则格网单元上的数据点赋值。重复这个步骤直到格网上的所有点赋值完毕。

使用局部插值方法需要注意的几个方面是:所使用的插值函数,邻域的大小、形状和方向,数据点的个数,数据点的分布方式是规则的还是不规则的。

1. 泰森多边形方法

泰森多边形(Thiessen polygons,又称 Dirichlet 或 Voronoi 多边形)采用了一种极端的边界内插方法,只用最近的单个点进行区域插值。泰森多边形按数据点位置将区域分割成子区域,每个子区域包含一个数据点,各子区域到其内数据点的距离小于任何到其他数据点的距离,并用其内数据点进行赋值。连接所有数据点的连线形成德洛奈(Delaunay)三角形,与不规则三角网具有相同的拓扑结构。

2. 反距离权重插值方法

反距离权重插值方法综合了泰森多边形的邻近点方法和趋势面分析方法的长处。它假设未知点 x_0 处的属性值是在局部邻域内所有数据点的距离加权平均值。反距离权重插值方法是加权移动平均方法的一种。

3. 样条函数插值方法

在计算机用于曲线与数据点拟合以前,绘图员使用一种灵活的曲线规逐段地拟合出平滑的曲线。这种灵活的曲线规绘出的分段曲线称为样条。与样条匹配的数据点称为桩点,绘制曲线时桩点控制曲线的位置。曲线规绘出的曲线在数学上用分段的三次多项式函数来描述,其连接处有连续的一阶和二阶连续导数。

样条函数是数学上与灵活的曲线规对等的一个数学等式,是一个分段函数,一次只与少数点拟合,同时保证曲线段连接处连续。这就意味着样条函数可以修改少数数据点配准而不必重新计算整条曲线。样条函数插值方法与趋势面分析和反距离权重插值方法相比,它保留了局部的变化特征。样条函数插值方法的缺点是:样条内插的误差不能直接估算,同时在实践中要解决样条块的定义以及如何在三维空间中将这些"块"拼成复杂曲面,又不引入原始曲面中没有的异常现象等问题。

4. 克里金插值方法

克里金插值方法被广泛地应用于地下水模拟、土壤制图领域,成为地理信息系统软件地理统计插值的重要组成部分。这种方法充分吸收了地理统计的思想,认为任何在空间连续性变化的属性是非常不规则的,不能用简单的平滑数学函数进行模拟,可以用随机表面给予较恰当的描述。这种连续性变化的空间属性称为区域性变量,可以描述气压、高程及其他连续性变化的描述指标变量。这种应用地理统计方法进行空间插值的方法,被称为克里金(Kriging)插值方法。

二、泰森多边形

荷兰气候学家泰森(Thiessen)提出了一种根据离散分布的气象站的降雨量来计算平均降

雨量的方法,即将所有相邻气象站连成三角形,作这些三角形各边的垂直平分线,于是每个气象站周围的若干垂直平分线便围成一个多边形。用这个多边形所包含的一个唯一气象站的降雨强度来表示这个多边形区域内的降雨强度,并称这个多边形为泰森多边形。如图 8-20 所示,其中虚线构成的多边形就是泰森多边形。泰森多边形每个顶点是每个三角形的外接圆圆心。

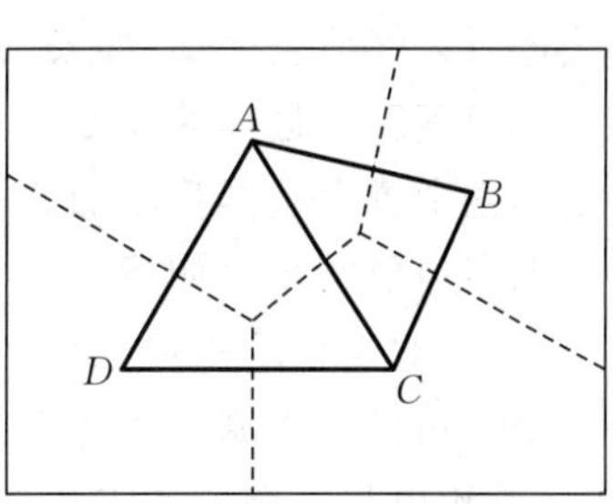

图 8-20　泰森多边形

(一)泰森多边形的定义

泰森多边形的几何定义为:设平面上的一个离散点集 $P = \{P_1, P_2, \cdots, P_n\}$,其中任意两个点都不共位,即 $P_i \neq P_j (i \neq j, i \in \{1,2,\cdots,n\}, j \in \{1,2,\cdots,n\})$,且任意四点不共圆,则任意离散点 P_i 的泰森多边形为

$$T_i = \{x: d(x, P_i) < d(x, P_j) \mid P_i, P_j \in P, P_i \neq P_j\} \tag{8-17}$$

式中,d 为欧氏距离。

由上述定义可知,任意离散点 P_i 的泰森多边形是一个凸多边形,且在特殊情况下可以是一个具有无限边界的凸多边形。从空间划分的角度看,泰森多边形实现了对一个平面的划分,在泰森多边形 T_i 中,任意一个内点到该泰森多边形的离散点 P_i 的距离都小于该点到其他任何离散点 P_j 的距离。这些离散点 P_i 也称为泰森多边形的控制点或质心。

(二)泰森多边形的特性

泰森多边形因其生成过程的特殊性,具有以下一些特性:

(1)每个泰森多边形内仅含有一个离散点数据。

(2)泰森多边形内的点到相应离散点的距离最近。

(3)位于泰森多边形边上的点到其两边离散点的距离相等。

(4)在判断一个离散点与哪些离散点相邻时,可直接根据泰森多边形得出结论,即若泰森多边形是 n 边形,则与 n 个离散点相邻。

泰森多边形是一种由点内插生成面的方法,根据有限的采样点数据生成多个面区域,每个区域内只包含一个采样点,且各个面区域到其内采样点的距离小于各个面区域到其他采样点的距离,那么该区域内其他未知点的最佳值就由该区域内的采样点决定,该方法也称为最近邻点法。地理分析中经常采用泰森多边形进行快速赋值,其中一个隐含的假设是空间中的任何一个未知点的值都可以用距离它最近的已知采样点的值来代替。基于泰森多边形,离散点的性质可以用来描述多边形区域的性质,离散点的数据可以计算泰森多边形区域内的未知数据。实际上,除非有足够多的采样点,否则该假设是不恰当的,不符合空间现象的实际分布特征,如降水、气压、温度等现象是连续变化的,用泰森多边形方法得到的结果变化只发生在边界上,即产生的结果在边界上是突变的,在边界内部则是均质和无变化的,泰森多边形方法的这一缺陷使其较少进行单独的应用。

尽管泰森多边形产生于气候学领域,但其特别适用于专题数据的内插,适用于根据离散点的影响力划分空间范围的情况,以及在缺少连续数据的情况下进行近似替代,可以生成专题与专题之间明显的边界而不会出现不同级别之间的中间现象。很多学者采用区域插值法将泰森多边形分析结果平滑化,使得泰森多边形边界模糊且内部分布从均匀向不均匀转换,整个区域属性值呈梯度变化,相邻区域属性值相差不是太大,符合空间自相关特性。实践表明,采用该方法进行大气质量评估、污染气体分布等应用研究的误差相对较小。

(三)泰森多边形的建立

建立泰森多边形算法的关键是将离散点合理地连成三角网,即构建 Delaunay 三角网。建立泰森多边形的步骤如下:

(1)离散点自动构建三角网,即构建 Delaunay 三角网。对离散点和形成的三角形编号,记录每个三角形是由哪三个离散点构成的。

(2)找出与每个离散点相邻的所有三角形的编号,并记录下来。这只要在已构建的三角网中找出具有一个相同顶点的所有三角形即可。

(3)对与每个离散点相邻的三角形按顺时针或逆时针方向排序,以便下一步连接生成泰森多边形。排序的方法如图 8-21 所示。设离散点为 O,找出以 O 为顶点的一个三角形,设为 A;取三角形 A 除 O 以外的一个顶点,设为 A',则另一个顶点也可找出,即为 F';则下一个三角形必然是以 OF' 为边的,即三角形 F;三角形 F 的另一个顶点为 E',则下个三角形是以 OE' 为边的;如此重复进行,直到回到 OA' 边。

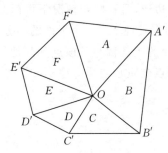

图 8-21　离散点相邻三角形

(4)计算每个三角形的外接圆圆心,并记录。

(5)根据每个离散点的相邻三角形,连接这些相邻三角形的外接圆圆心,即得到泰森多边形。对于三角网边缘的泰森多边形,可作垂直平分线与图廓相交,与图廓一起构成泰森多边形。

基于栅格数据的泰森多边形的建立,一种算法是对栅格数据进行欧氏距离变换,得到灰度图像,而泰森多边形的边一定处于该灰度图像的脊线上,再通过相应的图像运算,提取灰度图像的这些脊线,就得到最终的泰森多边形;另一种算法是以离散点为中心点,同时向周围相邻八方向作栅格扩张运算(一种距离变换),两个相邻离散点扩张运算的交线即为泰森多边形的邻接边,三个相邻离散点扩张运算的交点即为泰森多边形的顶点。

(四)Delaunay 三角网的构建

泰森多边形建立的关键是如何连接已知点构成三角网,Delaunay 三角网是常用的方法之一。Delaunay 三角网生成的通用算法是 Tsai 在 1993 年提出的凸包插值算法,是在 n 维欧氏空间中构造 Delaunay 三角网的一种通用算法,包括凸包生成、凸包三角剖分和离散点内插三个主要步骤。

1. 凸包生成

(1)求出点集中满足 $\min(x-y)$、$\min(x+y)$、$\max(x-y)$、$\max(x+y)$ 的四个点,并按逆时针方向组成一个点的链表。这四个点是离散点中与包含离散点的外接矩形四个角点最近的点。将这四个点构成的多边形作为初始凸包。

(2)对于每个凸包上的点 I,设它的后续点为 J,计算矢量线段 IJ 右侧的所有点到 IJ 的距离,求出距离最大的点 K。

(3)将 K 插入 I、J 之间,并将 K 赋值给 J。

(4)重复步骤(2)、(3),直到点集中没有在线段 IJ 右侧的点为止。

(5)将 J 赋值给 I,J 取其后续点,重复步骤(2)、(3)、(4)。

（6）当凸包中任意相邻两点连线的右侧不存在离散点时,结束点集凸包求取过程。

完成这一步后,形成了包含所有离散点的多边形(凸包),如图 8-22 所示。

2. 凸包三角剖分

在凸包链表中每次寻找一个由相邻两条凸包边组成的三角形,在该三角形的内部和边界上都不包含凸包上的任何其他点。将相邻两条凸包边所夹的顶点去掉后得到新的凸包链表。重复这个过程,直到凸包链表中只剩三个离散点为止。将凸包链表中的最后三个离散点构成一个三角形,结束凸包三角剖分过程。

完成这一步后,凸包中的点构成若干 Delaunay 三角形,如图 8-23 所示。

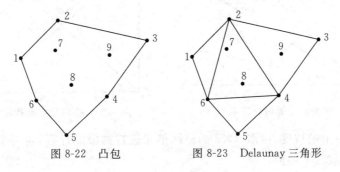

图 8-22　凸包　　　　　图 8-23　Delaunay 三角形

3. 离散点内插

在对凸包进行三角剖分后,对不在凸包上的其余离散点,可采用逐点内插的方法进行剖分。基本过程如下:

（1）找出外接圆包含待插入点的所有三角形,构成插入区域。

（2）删除插入区域内的三角形公共边,形成由三角形顶点构成的多边形。

（3）将插入点与多边形所有顶点相连,构成新的 Delaunay 三角形。

（4）重复步骤(1)、(2)、(3),直到所有非凸包离散点都插入完为止。

完成这一步后,就完成了 Delaunay 三角网的构建,如图 8-24所示。

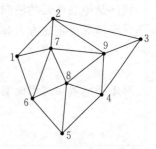

图 8-24　Delaunay 三角网

§8-6　地形分析

一、地形基本参数

(一)坡度

地表单元的坡度就是其法向量 n 与 Z 轴的夹角,如图 8-25 所示。坡度 G 的计算公式为

$$\tan G = \sqrt{(\Delta Z/\Delta x)^2 + (\Delta Z/\Delta y)^2} \tag{8-18}$$

例如,对于格网数字高程模型,如图 8-26 所示,若 Z_a、Z_b、Z_c、Z_d 是一个格网上的四个格网点的高程,u、v 是坡面的垂直高度和水平宽度的比值,d_s 为格网的边长,则格网的坡度为

$$G = \arctan\sqrt{u^2 + v^2} \tag{8-19}$$

$$u = \frac{\sqrt{2}(Z_a - Z_b)}{2d_s} \tag{8-20}$$

$$v = \frac{\sqrt{2}(Z_c - Z_d)}{2d_s} \tag{8-21}$$

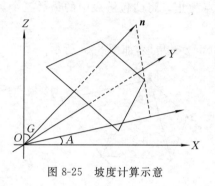

图 8-25　坡度计算示意

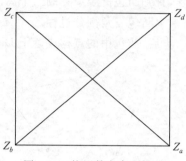

图 8-26　格网数字高程模型

若需求格网点上的坡度,可取 3×3 的格网单元进行类似的计算,也可求出该格网点八个方向上的坡度,再取其平均值。

在计算出各地表单元的坡度后,可对不同的坡度设定不同的灰度级,或绘出等值线,即可得到坡度图。

(二)坡向

坡向是地表单元的法向量在 XOY 平面上的投影与 X 轴之间的夹角,如图 8-25 所示。坡向通常要换算成正北方向起算的角度。坡向 $A(-\pi < A < \pi)$ 的计算公式为

$$\tan A = \frac{\Delta Z / \Delta y}{\Delta Z / \Delta x} \tag{8-22}$$

对于格网数字高程模型,如图 8-26 所示,坡向的计算公式为

$$A = \arctan\left(-\frac{v}{u}\right) \tag{8-23}$$

$$u = \frac{\sqrt{2}(Z_a - Z_b)}{2d_s} \tag{8-24}$$

$$v = \frac{\sqrt{2}(Z_c - Z_d)}{2d_s} \tag{8-25}$$

在计算出每个地表单元的坡向后,可制作坡向图,通常把坡向分为东、南、西、北、东北、西北、东南、西南八类,再加上平地,共九类,并采用不同的色彩显示,即可得到坡向图。

(三)表面距离

由于地面的起伏,投影平面上的路径长度和地表的实际长度往往不相等。根据数字高程模型上的路径计算表面距离,核心是分割路径,逐段计算路径上相邻两个节点间的表面距离,再进行累加求和。

以格网数字高程模型上表面距离的计算为例,如图 8-27(a)所示,路径 L' 由 5 个节点组成,按 L' 与格网的交点对其进行分割得到图 8-27(b)的路径 L。对于 L 中的一段路径 P_1P_2,其表面距离为

$$S_1 = \sqrt{(X_2 - X_1)^2 + (Y_2 - Y_1)^2 + (H_2 - H_1)^2} \tag{8-26}$$

式中，H_1、H_2 为 P_1、P_2 点的高程，可以通过节点所在的格网及其周围格网的高程插值得到。则整条路径的表面距离 S_L 为

$$S_L = \sum_{i=1}^{n-1} S_i \tag{8-27}$$

式中，$i = 1, 2, \cdots, n-1$，其中 n 表示路径分割后的节点数，S_i 表示第 i 段路径的表面距离。

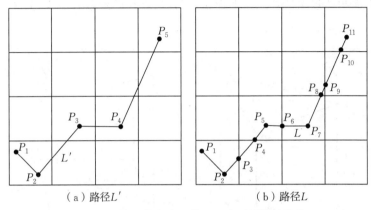

（a）路径 L'　　　　　　　　（b）路径 L

图 8-27　格网数字高程模型上表面距离的计算

图 8-28 为在 ArcGIS 10.3 中使用 ArcToolbox/3D Analyst Tools/Functional Surface/Add Surface Information 工具计算表面距离的案例，其中 PLength 表示平面距离，SLength 表示表面距离。

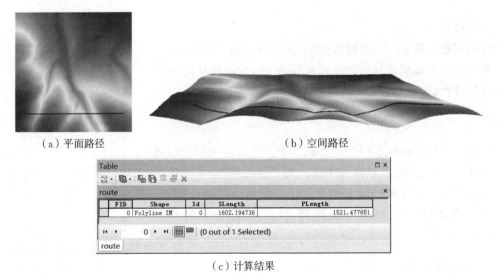

（a）平面路径　　　　　　　　　　　（b）空间路径

（c）计算结果

图 8-28　ArcGIS 中计算表面距离

(四)面积

1. 在不规则三角网上计算表面积

在不规则三角网上计算表面积，即将空间中各个三角形的面积累加求和，如图 8-29 所示。三角形的面积 S 可以由海伦公式计算，即

$$S = \sqrt{p(p-a)(p-b)(p-c)} \tag{8-28}$$

式中，$p = \dfrac{a+b+c}{2}$，a、b、c 表示空间中三角形的三条边的长度，可以通过点的平面坐标和高程计算得出。

2. 在格网数字高程模型上计算表面积

在格网数字高程模型上计算表面积，先将一个格网划分为两个三角形，然后可按在不规则三角网上计算表面积的步骤计算三角形面积，再累加求和得到总表面积，如图 8-30 所示。

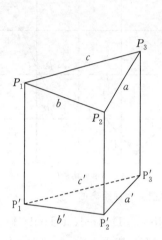

图 8-29　在不规则三角网上
计算表面积

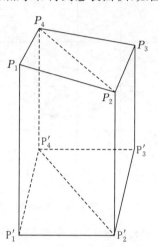

图 8-30　在格网数字高程模型上
计算表面积

(五)体积

在格网数字高程模型上计算体积，先计算出格网面积 S，然后将格网四个角点的高程值的平均值作为 H，按四棱柱的体积公式进行计算，如图 8-31 所示，即

$$V = S \frac{H_1 + H_2 + H_3 + H_4}{4} \tag{8-29}$$

将各个四棱柱的体积相加即得总体积。直接利用正方形格网的计算方法较为简便，但精度不高。为了提高精度，可以将正方形格网对角线连接起来形成两个直角三角形，再按照三棱柱的方式计算体积，计算结果更加精确，但相应地，计算量有所增加。

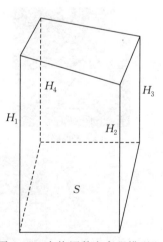

图 8-31　在格网数字高程模型上
计算体积

二、视域分析

视域指的是从一个或多个观察点可以看见的地表范围(图 8-32)。提取视域的过程称为视域分析或可视性分析。视域分析要求有两个输入数据集：一个是含一个或多个观察点的点图层(如一个包含通信塔的图层)，如果用线图层(如一个包含观光路线的图层)，那么观察点就是组成线要素的点(起始点和节点)；另一个是数字高程模型(如高程栅格)或不规则三角网，用于表示地表面。用这两个输入图层，视域分析可提取可视域，如代表通信塔的服务区域或观光

路线上可以欣赏的优美景色。

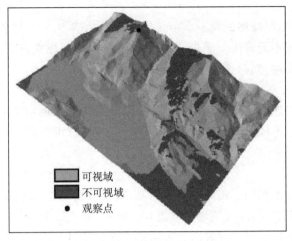

图 8-32 视域

(一)视域分析方法

1. 视线操作

视域分析的基础是视线操作。视线是连接观察点和观察目标的线。观察点和观察目标是根据分析目的定义的,因此,山上的房子既可以是观察点也可以是观察目标。如果观察范围内任意一点地表或目标高于视线,则该目标对于该观察点为不可视的。如果没有地形或目标阻挡视线,则从观察点可以看到目标,即为可视的。地理信息系统不仅可以将目标点判定为可视还是不可视的,还可以用符号显示视线的可视域和不可视域。

图 8-33 表示对不规则三角网数据进行的视域分析,图中可视域用白色表示,不可视域用黑色表示。其中,图 8-33(a)显示了连接观察点和目标点视线的可视域(白色)和不可视域(黑色),图 8-33(b)显示了沿视线的垂直剖面。图中观察点位于河流东部,高程为 994 m。视线的可视部分顺坡向下,穿过高程为 932 m 处的河流,在河流西部顺坡连续向上,直到受到高程 1 028 m 处的山脊线的阻隔,自此开始为不可视域。

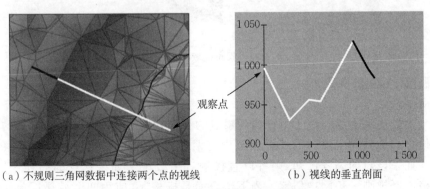

(a) 不规则三角网数据中连接两个点的视线　　(b) 视线的垂直剖面

图 8-33 不规则三角网数据视域分析

2. 基于数字高程模型的视域分析

由高程栅格导出视域包括以下步骤:第一,在观察点和目标位置之间创建视线(如中心像元);第二,沿视线生成一系列中间点,通常,这些中间点选自高程栅格的格网线与视线的交叉点;第三,插值(如线性内插)获得中间点的高程;最后,通过算法检查中间点的高程,并判断目标是否可视。

重复上述操作,将高程栅格的每一个单元作为目标,结果为一个将各单元分别归为可视或不可视的栅格。可采用不同算法来减少计算机处理耗时,如可以在进行视线操作前,通过分析观察点和目标的局部表面,先筛选出不可视的栅格单元。

3. 基于不规则三角网的视域分析

基于不规则三角网地形模型的可视域计算一般通过计算地形中单个三角形面元的可视部分来实现。实际上基于不规则三角网地形模型的可视域计算可以通过将隐藏面消去算法加以改进来实现。

4. 累积视域

不论用高程栅格或不规则三角网作为数据源,视域分析的结果都是显示可视与不可视的二值地图。对一个观察点而言,视域地图取值 0 为可视,取值 1 为不可视。用两个或多个观察点生成的视域地图通常称为累积视域图。表达累积视域图时通常有两种选择(图 8-34)。

第一种是使用计数运算,如图 8-34(a)所示。例如,对于有两个观察点的地图,视域地图可能有三个值:0 表示从两个点都可视,1 表示仅从一个点处可视,2 表示都不可视。换言之,视域地图可能的取值是 $n+1$,其中,n 为观察点数目。

第二种是使用布尔运算,如图 8-34(b)所示。假设用于视域分析的两个观察点被标注为 J 和 K。利用每个观察点产生的视域和联合局部运算,可以把累积视域图的可视部分划分为只有 J 可见、只有 K 可见、J 或 K 可见或者是 J 和 K 都可见。

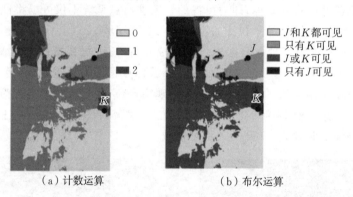

（a）计数运算　　　　　　　　　　（b）布尔运算

图 8-34　累积视域图的表达

(二)视域分析中的参数

1. 观察点

第一个参数是观察点。位于山脊线观察点的视域,比位于狭窄山谷观察点的视域要宽广。地理信息系统软件中涉及的观察点至少有两种情形。第一种情形假设观察点的位置是固定的。如果该点的高程已知,则可以直接输入字段中。如果该点的高程未知,则可以从高程栅格或不规则三角网中估算。当下覆表面是栅格时,使用四个最邻近单元值进行估算;而当下覆表面是不规则三角网时,使用三角形三个顶点的高程值进行估算。第二种情形假设目的是获得最大视域,此时观察点的位置可以移动,则可选择位于视野开阔的高处的观察点。

地理信息系统软件提供了多种工具,帮助确定合适的观察点。等高线和地形晕渲工具可提供研究区地形的全貌。数据查询工具可以将选择范围缩小到某一特定高程范围,如选择离最高高程 100 m 的范围内。数据提取工具可以在某个点,沿一条线,在圆形、矩形或多边形范围内,从高程栅格或不规则三角网等表面提取高程数据。这些提取工具是非常有用的,可以将观察点的选择范围缩小到高海拔的较小区域。

确定观察点的高程后,就要增加观察点的视高。例如,一座森林观察哨通常高度为 15～20 m,将这个高度值作为补偿值加到观察哨的高程上,使以观察哨为观察点的高度大于与它相邻的周边高度,这样就扩大了视域范围(图 8-35)。

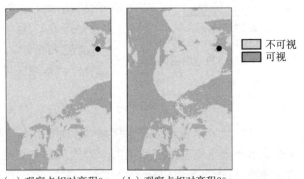

（a）观察点相对高程0 m （b）观察点相对高程20 m

图 8-35　观察点的高度增加 20 m 时可视范围增加的情形

2. 观察方位角

第二个参数是观察方位角,该值限定了观察的水平角度。例如,图 8-36 所用的观察方位角为 0°～180°,默认值是整个 360°范围,这在许多实际情况中是不现实的。要模拟从一个建筑物(住家或办公室)的窗口所看到的视域,用 90°观察方位角(与窗户垂直线呈 45°的两边)比用360°范围更符合现实。

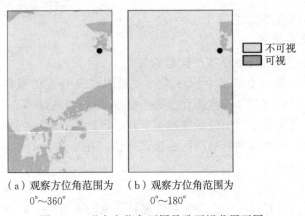

（a）观察方位角范围为　　（b）观察方位角范围为
　　　0°～360°　　　　　　　　0°～180°

图 8-36　观察方位角不同导致可视范围不同

3. 观察半径

观察半径是第三个参数,它设定了生成可视范围的搜索距离。例如,图 8-37 显示了以观察点为中心、半径为 8 000 m 的可视范围。默认的观察距离通常是无限远。搜索半径大小的设定随具体项目而异。

4. 其他参数

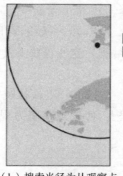

□ 不可视
■ 可视

（a）搜索半径为无限远　（b）搜索半径为从观察点
起8 000 m

图 8-37　搜索半径不同导致可视范围不同

其他参数包括垂直观察角度、地表曲率、树高和建筑高度。垂直观察角度可从地平面以上 90°到地平面以下 90°。地表曲率可以忽略，也可以在生成视域的过程中进行纠正。如果在林区的道路或小路上进行视域分析，树高将是一个重要的影响因子。可将估算的树高加到地表高程，生成林冠高度。与树高类似，数字高程模型中可包含建筑高度和区位（此时称为数字表面模型）以用作城区视域分析。

三、流域分析

流域是指具有共同出水口的地表水流经的集水区域，是常用于水域及其他资源管理和规划的区域单元。流域分析是指用数字高程模型和流向来勾绘河网和流域。图 8-38 中，黑色线条代表流域边界，丘陵地区的流域边界与地形分水岭基本一致。

流域的勾绘可基于区域也可基于点。基于区域的方法是将研究区划分成一系列流域，每个区域对应一个河段。基于点的方法是用所选的点生成流域，选择的点可能是泄流点、水文站或水坝。不管基于区域还是基于点，自动生成流域的方法都始于已填洼数字高程模型，并按一系列步骤进行。

图 8-38　勾绘的流域叠置在三维地面上

（一）基于区域自动生成流域

1. 已填洼数字高程模型

已填洼数字高程模型是指不存在小洼地的数字高程模型。小洼地是指一个或多个栅格单元被周围较高海拔的栅格单元所围绕，因而代表一个内排水区域。尽管有些小洼地是真实的地形，如采石场或冰河壶穴，但是多数情况下小洼地是由数字高程模型生成过程中的数据错误所致。因此，必须从高程栅格中除去这些洼地。常用方法之一是把像元值加高到其周围的最低像元值。在填洼后的平坦地表，自然流水可以畅通无阻地流至地形的边缘。

2. 生成流向栅格

流向栅格显示水流离开每一个已填洼高程栅格单元时的方向。确定流向的方法有单流向或多流向方法。八方向法是广泛使用的单流向方法。ArcGIS 也用此方法，该方法是赋予一个像元的流向指向周边八个像元中的一个像元，该像元的距离权重坡度最大。如图 8-39 所示，首先确定图 8-39(a)中心像元的流向。对于其中四个紧邻的像元，坡度的计算是将中心像元与邻接点的高程差除以 1。对于四个角落的邻接像元，其坡度的计算是用高程差除以 1.414，如图 8-39(b)所示。结果显示，最陡的坡度是从中心像元到其右侧像元，即为流向，如图 8-39(c)所示。

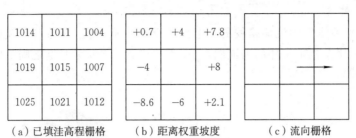

（a）已填注高程栅格　　（b）距离权重坡度　　（c）流向栅格

图 8-39　计算中心像元与其每个邻域像元（共八个）的距离权重坡度

多流向方法允许流向扩散，例如 D 无穷大流向法，该方法首先将中心像元与其周围八个像元连接起来，生成八个三角形，再选择坡度最大的三角形作为流向。三角形相交的两个相邻像元接受的水流与该三角形坡向的密接度成比例。

3. 生成流量累积栅格

流量累积栅格表示区域地形每点的流水积累量（图 8-40）。流量累积栅格记录了每个像元有多少个上游像元将水排给它（不包括被计算的栅格像元本身），最终呈现出如图 8-41 所示的流量累积栅格（流量图）形态，并显示出河道位置。

图 8-40(c)中的两个阴影栅格的流量累积值都是 2。其中，上面的像元接受来自其左边和左下方像元的水流，下面的像元接受来自其左下方像元的水流，它本身已有流量累积值 1。

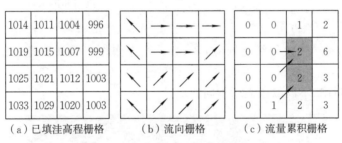

（a）已填注高程栅格　　　（b）流向栅格　　　（c）流量累积栅格

图 8-40　流量累积栅格生成过程

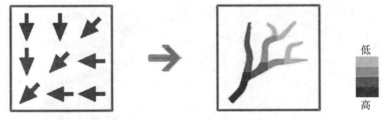

图 8-41　流量累积栅格

流量累积栅格可用两种方式解释：第一，高累积值的像元一般对应河道，而 0 累积值的像元通常是山脊线；第二，如果乘以像元大小，所得像元值等于排水面积。流量累积栅格可以用于派生河网。

4. 生成河网

河网的派生基于河道初始值，初始值表示维持河道水头的排水量，以贡献的像元替代排水量。例如，初始值为 800 意味着排水网络的每个像元至少有 800 个像元的贡献。

5. 生成河流链路

河流链路栅格要求对河流栅格线的每个部分都赋予唯一值,并与流向关联(图 8-42)。因此,河流链路栅格就像基于拓扑的河流图层,交汇点就像节点,交汇点之间的河流区段就像弧段或河段(图 8-43)。

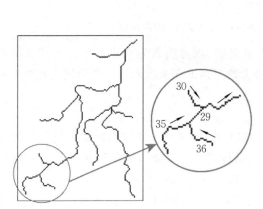 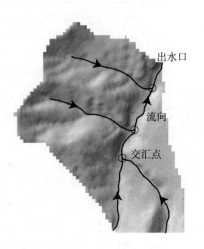

图 8-42　河段赋值与流向及其三个河流链路　　图 8-43　河流链路栅格及河段、交汇点、
流向和出水口

6. 勾绘流域

最后一步是为每个河段勾绘流域(图 8-44)。该操作将流量累积栅格和河流链路栅格作为输入数据。例如,临界值越小,生成的河网密度越大,流域数目越多,但每个流域面积越小。图 8-44 全流域分析中,不同颜色表示不同流域。

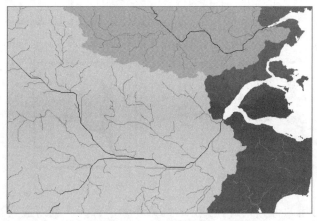

图 8-44　全流域分析

(二)基于点生成流域

一些项目的任务并不是为每个河段生成流域,而是基于感兴趣的点来勾绘特定流域(图 8-45)。这些感兴趣的点可能是河流的水文站、水坝或水质监测站。在流域分析中,这些点称为泄流点或出水口。

基于泄流点的单个流域的勾绘步骤与全流域的勾绘步骤相同。唯一的差别在于,前者用泄流点栅格替代河流链路栅格。然而,泄流点的像元必须位于河流链路的像元上。如果该泄流点不是直接位于河流链路上,该出水口将导致偏小的、不完整的流域。

　　图 8-46 显示了泄流点位置的重要性。该图中的泄流点代表美国地质调查局在某条河流的水文站。在美国地质调查局的网站上,水文站的地理位置以经纬度记录。在绘出的河流链路栅格中,水文站偏离河流约 50 m,如果泄流点(黑色圆点)未被接合到具有高流量累积值的像元(灰色标识),该位置误差将导致该水文站只生成一个小的流域,如图 8-46 所示;若将水文站移到该河流上,将生成一个大的流域。

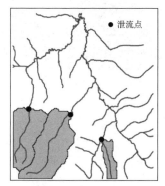

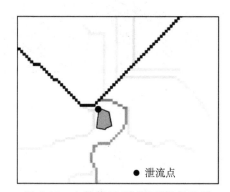

图 8-45　基于点的流域(图中灰色区域)　　　　图 8-46　少数像元(阴影区域)的流域

　　泄流点距离河网的相对位置决定该点的流域大小。如果泄流点位于交汇点,那么从交汇点起的上游流域被合并为泄流点的流域。如果泄流点位于两个交汇点之间,则两个交汇点之间河段的流域分为两部分:一个为泄流点的上游河段,另一个为下游河段(图 8-47)。然后,该流域的上游部分与更上游的流域合并,形成该泄流点的流域。

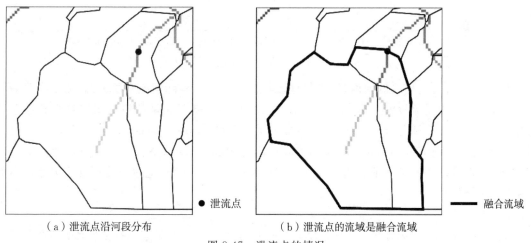

（a）泄流点沿河段分布　　　　　　（b）泄流点的流域是融合流域

图 8-47　泄流点的情况

(三)影响流域分析的因素

流域分析的结果受数字高程模型分辨率、流向及流量累积临界值等因素的影响。

1. 数字高程模型分辨率

较高分辨率的数字高程模型比低分辨率的数字高程模型能更好地定义地图要素,并生成更详细的河网。图 8-48 为不同分辨率的数字高程模型,图 8-49 为根据图 8-48 生成的河网。

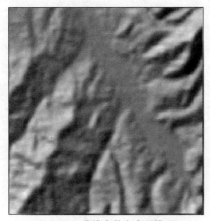

（a）30 m分辨率数字高程模型　（b）10 m分辨率数字高程模型

图 8-48　数字高程模型样例

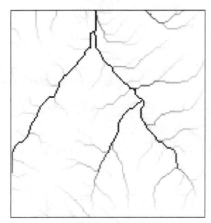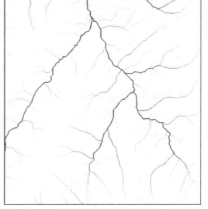

（a）由30 m分辨率数字高程模型生成的河网　（b）由10 m分辨率数字高程模型生成的河网

图 8-49　由数字高程模型生成的河网

由流域分析自动描绘的河网，特别是地表较低的区域与实际情况有所偏离，为了得到更好的匹配，可以使用溪流侵蚀（stream burning）方法，将一个基于矢量的河流图层整合到数字高程模型，以此进行流域分析。例如，为了生成河道一致（hydro enforced）的数字高程模型，可以设定一个由矢量河流分割的从大到小的等高程值连续梯度，以调整矢量河流附近像元的高程值。同样的，可以从归类为地表水的像元高程值中减去一个定值，通过溪流侵蚀将矢量河流转为数字高程模型。

2. 流向

流向栅格表示水流离开每一个栅格单元时的方向，是由已填洼数字高程模型计算得到的。当数字高程模型未进行填洼，其中有内排水区域时，迭代算法可能会导致虚假的排水网络和盆地。

商业地理信息系统软件包（包括 ArcGIS）用的是八方向法，主要是因为其简单，且对于带有汇聚型河流的多山地形能生成较好结果。但是八方向法趋向于沿主方向生成平行河流，它不能充分表示陡坡和山脊线上的发散河流，且不能很好地用于含泛滥平原和湿地的多变地形。例如，图 8-50 中灰色栅格线代表用八方向法生成的河段，细黑线是 1∶24 000 比例尺数字线划图的河段，在边界明确的山谷地区，这两种河段线吻合得较好，但在低洼地区则吻合得不好。

八方向法是单流向方法,另外还存在各种多流向方法,包括 D 无穷大流向法等。针对特定下游区域、流向路径和上坡汇流区(upslope contributing area),八方向法相比于其他方法准确度较低,因为它生成的河流路径较笔直,并且不能沿着山脊和侧坡表达河流模式。低洼区域的河流仍然是蜿蜒曲折的,减少生成的直线河流问题的方法是添加高程噪声(elevation noises)(如 0～5 cm)到数字高程模型上。

3. 流量累积临界值

基于相同的流量累积栅格,与较低临界值相比,较高临界值将产生更稀疏的河网和更少的内河流域。图 8-51 阐述了临界值的影响,图 8-51(a)显示了流量累积栅格,图 8-51(b)是基于临界值为

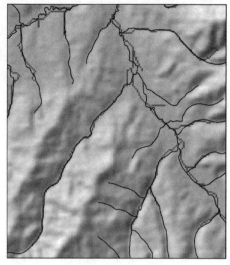

图 8-50 八方向法效果

800 个像元的河网,图 8-51(c)是基于临界值为 300 个像元的河网,图 8-51(d)是基于临界值为 100 个像元的河网。

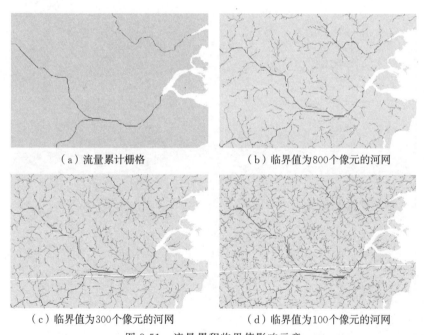

(a)流量累计栅格   (b)临界值为800个像元的河网

(c)临界值为300个像元的河网   (d)临界值为100个像元的河网

图 8-51 流量累积临界值影响示意

思考题

1. 矢量数据和栅格数据的缓冲区建立有什么区别?

2. 在进行待建设施(如超市)选址时,需要考虑哪些因素?

3. 请举例说明地理网络包含哪些基本结构。

4. 泰森多边形有什么特点? 如何建立?

5. 为什么要进行空间插值? 请简述一种空间插值方法。

6. 如何基于数字高程模型判断目标位置是否可视?

7. 请简述生成河段流域的步骤。

第九章　地理信息新技术与应用

　　人类逐渐步入智能时代,各类产业发展也趋向自动化与智能化,人类对时空地理信息服务的需求从静态走向动态,从粗略走向精准,从实体空间走向虚拟网络空间,推动地理信息产业向智能化发展。人工智能、物联网、5G/6G(第五代移动通信技术/第六代移动通信技术)以及云计算等新型技术在地理信息产业的应用,促使地理信息技术得到迅速的发展与革新,也促进地理信息新技术在诸多领域的智能应用,为地理信息产业发展赋能。

　　随着我国经济建设和社会发展不断走向现代化,地理信息技术已经快速走过数字化和信息化,正迈向智能化。地理信息新技术随着智能化时代的到来得到全面发展和创新升级,已经成为新时代中国城市、乡村和关键领域现代化的重要支撑力量。

§9-1　新型地理数据采集

　　地理空间数据采集是地理信息领域重要的一环,其所获取的地理数据是地理信息系统加工处理的原始材料。近年来,随着空间信息技术的革新,人们可以使用更多的手段感知地理空间,这也为地理空间数据采集带来新的技术与方法。新型地理空间数据采集技术与方法可以从多种数据源中获取更为丰富的地理空间信息,满足不同地理空间应用对适用类型数据的需求。本节主要结合倾斜摄影测量、激光雷达测量、地理视频数据采集以及夜光遥感等新型空间数据采集手段,阐述地理信息新技术在空间数据采集方面的发展与应用。

一、倾斜摄影测量

　　倾斜摄影测量技术是近年来兴起的一项新的测量技术。与传统的航空摄影测量手段只能从垂直方向拍摄不同,倾斜摄影测量通过多台传感器从不同的角度进行数据的采集,从而更加真实地反映目标地物的特征。倾斜摄影测量作为新兴的测量技术,可以快速高效地实现地理信息的采集,能够满足人们对地物三维信息采集的需求。目前,倾斜摄影测量技术已经广泛应用于实际的生产实践。

(一)技术原理

　　倾斜摄影测量技术通过在同一飞行平台上搭载由五台相机所组成的倾斜航摄仪,同时从垂直方向和前后左右四个倾斜方向来采集影像,并记录航高、航速、航向和旁向重叠、坐标等参数,如图 9-1 所示。在一个时间段内,传感器连续拍摄若干组影像重叠的相片。对这些相片进行整理与分析,当一个地物能被三张相片记录时,就可以从相片中很好地分析地物的结构与特征。当倾斜摄影测量数据用于三维模型生产时,可以选择清晰的相片作为地物

图 9-1　倾斜摄影测量

模型的纹理参考。倾斜摄影测量数据能够真实反映地物情况,同时通过飞行平台的定位技术,在影像数据中嵌入地理信息,使得倾斜摄影测量数据成为带有空间位置信息的可量测的影像数据,能够同时输出数字表面模型(digital surface model,DSM)、数字正射影像图(digital orthophoto map,DOM)、数字线划图(digital line graph,DLG)等数据成果。倾斜摄影测量数据中包含丰富的影像信息与地理信息,提升了用户体验,极大地扩展了遥感影像的应用领域。

(二)技术优势

倾斜摄影测量从五个不同的角度同时记录目标地物的情况,获取倾斜影像数据,真实反映地物的特征,客观再现地物结构和位置等空间属性。综合来说,倾斜摄影测量主要有以下几方面的技术优势。

1. 突破传统垂直航空摄影测量局限

在传统航空摄影测量中采用单相机垂直摄影来获取正射影像,往往无法采集目标地物侧面的信息,而倾斜摄影测量通过倾斜航摄仪从垂直、倾斜多个不同角度采集带有空间信息的真实影像,更加真实地反映地物的实际情况,使得倾斜摄影测量数据可以更加便捷高效地应用于三维模型构建等工程领域。

2. 高效采集地理空间数据

倾斜摄影测量技术借助飞行平台进行自动化影像拍摄和数据记录。与传统测量手段相比,倾斜摄影测量能够有效节省时间以及人力成本,高效完成测量任务。在实际的生产实践中使用传统手段需要用 1~2 年的中小城市人工建模工作,借助倾斜摄影测量技术只需3~5 个月就可完成。

3. 产出丰富数据成果

倾斜摄影测量数据不仅包含丰富的地物影像信息,还带有空间位置信息,因此可以从倾斜摄影测量数据中生产出数字表面模型、数字正射影像图、数字线划图等数据成果,实现二、三维的数据叠加和展示。倾斜摄影测量可在满足传统航空摄影测量需求的同时获得更多的数据,极大地扩展了应用领域,可以更好地为实际生产实践服务。

(三)典型应用

近几年倾斜摄影测量作为一项迅速发展的新型测量技术,在众多专业领域都得到了应用。

1. 在智慧城市方面的应用

在智慧城市的建设过程中,三维模型是智慧城市基础信息的重要载体。基于倾斜摄影测量技术可以高效采集大范围城市建筑三维信息,并输入自动化专业建模软件中构建城市建筑实景三维模型,直观地为智慧城市的建设提供大范围真实的地理环境。目前,在诸多城市构建智慧城市信息系统的过程中,倾斜摄影测量技术都得到了广泛的应用。

2. 在灾害评估与预防方面的应用

无人机倾斜摄影测量具备灵活、高效等优势,可以飞往难以进行人工测量的场地采集数据。利用无人机倾斜摄影测量可以有效完成灾害多发环境的监测,辅助完成灾害的评估与预防工作。

3. 在自然资源管理方面的应用

倾斜摄影测量可以高效快速获取土地资源信息,实现自然资源精细化管理,极大程度上节省人力物力。同时倾斜摄影测量数据可以与传统测绘数据结合,帮助实现传统数据的更新。

二、激光雷达测量

激光雷达是集激光、卫星定位系统和惯性测量装置（inertial measurement unit，IMU）三种技术于一身的系统，以激光束作为信息载体，可以快速、准确地获取测量点的高精度三维坐标数据，从而生产出数字正射影像图、数字高程模型、数字线划图等数据成果，激光雷达测量具备分辨率高、抗干扰能力强、体积小等优势，在各个领域得到广泛应用，逐渐成为获取地理空间数据的重要手段。

（一）技术原理

激光雷达一般由激光发射机、激光接收机、光束整形和激光扩束装置、光电探测器、回波检测处理电路、计算机控制和信息处理装置及激光器组成。激光雷达工作时，首先由发射机发射一束特定功率的激光束，经过大气传输辐射到目标表面上，反射的回波由接收机接收，再对回波信号进行处理，提取有用信息。通过测量反射、散射回波信号的时间间隔、频率变化、波束所指方向等就可以确定目标的距离、方位和速度等信息，然后结合激光器本身的位置信息和姿态角度信息，准确计算出目标表面回波点的三维坐标。

对地观测激光雷达获取到的离散点云数据经过处理后，可以生成高精度的数字高程模型和数字地面模型。同时，激光雷达对地观测数据的高程纹理、强度、回波次数中包含有丰富的地物信息，通过对数据的分类、分割可获得地表覆盖信息。此外，激光光束与大气中的介质发生相互作用，产生米氏散射、瑞利散射等作用过程，通过计算气溶胶的后向散射系数、消光系数等光学参数，实现大气颗粒物质的含量探测；通过对发射和大气反射激光的频谱分析，反演大气中各种气体浓度和大气温度等信息。

激光雷达测量往往根据载荷平台可以分为机载激光雷达、车载激光雷达、地基激光雷达和星载激光雷达。机载激光雷达以飞行平台为载体，通过对地面进行扫描，记录目标的姿态、位置和反射强度等信息，获取地表的三维信息，并深入加工得到所需空间信息。车载激光雷达又称车载三维激光扫描仪，是一种移动型三维激光扫描系统，可以通过发射和接收激光束，分析激光遇到目标对象后的折返时间，计算出目标对象与车的相对距离，并利用收集的目标对象表面的大量密集点的三维坐标、反射率等信息，快速复建出目标的三维模型及各种图件数据，建立三维点云图，绘制出环境地图，以达到环境感知的目的。地基激光雷达在地面架设，适合小面积范围的测量工作，可用于电网规划、林区监测等方面的工作。星载激光雷达采用卫星平台，运行轨道高、观测视野广，可以触及世界的每一个角落，为全球三维控制点和数字地面模型的获取提供了新的途径。

（二）技术优势

激光雷达测量性能优异，相较于其他测量手段有较大优势，其主要体现在以下几点。

1. 数据密度大、精度高

激光雷达在工作时，激光波束窄，探测次数多，每秒可测量数十万个点，能够产出高密度、高精度的数据成果。高精度激光雷达测量精度可达毫米以下，机载激光雷达测量精度也可达厘米级，这为目标地物还原和建模带来便利。

2. 穿透能力强

激光在障碍物中传播时，可以在多个高程点发生反射，从而得到多次回波数据，通过分析回波数据，得到目标地物的真实信息，这是其他雷达所不具备的优势。特别是得到的地面回波数据,有效克服了植被影响,使精确探测地面真实地形成为可能。

3. 分辨率高

激光雷达在角分辨率、速度分辨率和距离分辨率方面也是其他雷达所不能比拟的。激光雷达能同时追踪两个或两个以上目标,分辨率不会有所下降。激光雷达能够大规模应用也是得益于激光雷达分辨率高的特点。

4. 抗干扰能力强

激光沿直线传播,只在传播路径上存在,传播方向性好、波束窄,难以发现和截获。同时,激光雷达口径小且定向接收,只接收定向区域回波,接收干扰信号的概率极低。

5. 主动式测量

激光雷达探测方式是主动式的,相对于被动式普通雷达,不轻易受地物回波、自然光、太阳高度角的限制和影响,可以全天候作业。

(三)典型应用

1. 在测绘方面的应用

相较于其他测绘手段,激光雷达测量具备更高的精度,通过生产出高密度的激光点云数据,可以更加详细地反映目标地物的位置、形态等信息,能够很好地应用于测绘工作,通过测绘内业得到数字正射影像图、数字高程模型、数字线划图等典型数据产品。激光雷达是非接触式测量,极大地减少了野外作业量,降低了测绘成本。

2. 在三维建模方面的应用

激光雷达测量可以应用于数字城市的三维建模。通过机载激光雷达测量采集大范围城市建筑的点云数据,构建城市三维模型,直观真实地还原城市场景,打造数字城市的基础三维框架,为城市规划与管理提供辅助与支持。

3. 在自动导航方面的应用

激光雷达测量分辨率高、成本低,近年来广泛应用于障碍物判断、路面识别、定位及导航等诸多方面。通过定向或者全向扫描,激光雷达可以快速有效采集周围环境的数据,获取环境信息。结合人工智能相关目标识别算法的应用,可以进行邻近目标的检测与识别,自动规避障碍物,为机器人自动导航、无人驾驶等提供技术支持。

三、地理视频数据采集

视频是一类常见的公共媒体资源,兼具时间与空间双重属性,能够直观地表达与传递空间信息。因此,视频不仅是一类视觉产品,也是一类重要的地理场景。随着地理信息系统的发展,地理信息数据的来源逐渐多样化,视频数据由于其本身的特点也逐渐成为一种普适性地理数据来源。视频信息与地理信息系统的集成成为地理信息领域的研究热点,地理视频数据采集便是其中的一大重点。

(一)地理视频数据

地理视频数据是地理空间数据与视频数据的集成,包含两者的双重特性,具备时空变化快、数据量大、语义复杂和非结构化等特点,可以动态反映物体的实时状态和地理位置。地理视频数据是视频地理信息系统的数据源,视频地理信息系统是能够获取带有时空信息和属性信息的地理视频数据,并在统一的地理参考下实现视频数据空间化、地理视频数据管理与分析、地理视频场景重建、现实与虚拟场景融合等功能的地理信息系统。

在视频地理信息系统中,地理视频数据的产生主要是在视频数据中加入时空信息,使视频数据成为具备时空序列特性的数据。例如,记录采集设备的时空状态,建立视频片段索引,完成视频帧与时空位置的映射;或者利用视频运动目标检测、空间数据变换等技术,建立视频数据与空间位置信息的联系。地理视频数据可以通过手持影视采集器或者车载式影视采集器主动获得,也可以来自视频监控系统、行车记录仪等具备空间位置属性的设备所记录的视频资料。5G/6G 网络和物联网等技术的发展与应用,使得视频数据的生成和传输更加快速高效,为视频数据的获取带来了更多的途径,但地理视频数据采集以及处理所遵循的基本原理大同小异。

(二)视频数据空间化

视频数据空间化是视频地理信息系统最关键的问题,是将视频数据与空间位置信息关联的过程。在不同的地理视频数据采集过程中,视频数据空间化的方法会有所不同。

1. 设备系统集成

对地理视频数据进行针对性采集时,往往使用专门的设备集成系统来实现对视频数据的空间化。集成系统可以分为视频影像采集模块和空间信息采集模块,视频影像采集模块通过摄像头或者其他视频输入工具记录连续的视频数据,而空间信息采集模块使用如卫星信号接收机等具备定位功能的设备采集地物的地理坐标,记录摄像头的位移速度,并同时记录当前视频采集的视频帧数。将获取得到的视频数据与空间数据通过一定的方法实现数据间的融合。

国内外许多研究者对视频数据与空间数据的融合方式进行了探究,其主要可以分为字符叠加方式、占用音频信道方式、同步信息外部关联方式和基于视频容器嵌入方式。字符叠加方式将卫星信息转换为模拟信号,通过同步字符发生器将模拟信号以点阵数据脉冲的方式叠加到视频中实现与图像的融合;占用音频信道方式将空间位置、方位等参数转换为模拟信号,并调制到音频载频中完成与视频的合成;同步信息外部关联方式使用元数据描述视频帧与空间位置的映射关系,并使用插值方式获得所有视频帧的空间位置;基于视频容器嵌入方式将卫星经纬度、方位等信息存储到高级串流格式(advanced streaming format,ASF)脚本命令对象中,利用高级串流格式内部时间轴实现音频、视频和空间信息之间的时域同步并实时自动融合。

2. 视频数据解析

在视频数据解析中,运动目标检测和空间数据变化检测等技术建立了视频数据与空间位置信息之间的联系。其中涉及针对摄像机位置、相机姿态与相机参数以及坐标变换参数的运用与解算。视频数据解析可以用于视频地理场景的三维重建与几何量测,通过多张连续视频帧可以重建场景的三维结构,从而实现在三维空间中的测量。视频数据解析的关键问题在于相机标定,即对相机内外方位元素、图像畸变参数进行求解。目前相机标定方法可分为传统标定方法、主动标定方法和自标定方法三类。传统标定方法精度高,但是算法较复杂;主动标定方法算法的稳健性较好,但是对运动形式约束较多;自标定方法不需要标定物,方法比较灵活,但稳健性差。

(三)典型应用

1. 在道路管理方面的应用

基于地理视频数据的地理信息系统可以很好地应用于道路管理。利用地理视频数据采集方法可以高效快速获取道路基础要素信息,进行道路设施的监测与管理,自动检测道路平整度、路面裂缝、破损等,为道路信息化建设与管理提供服务与支持。

　　2.在监控领域方面的应用

当今,政府和各级管理部门逐步加大了对视频监控技术的应用,监控探头已遍及城市的各重要区域。通过监控探头记录的视频数据,可以提取特定区域的人群特征和运动模式等方面的信息;分析车辆交通状况,为交通应急、实时导航提供技术支持;监测地理环境信息,为国家精细化自然资源管理和加强生态环境保护建设提供支持。

四、夜光遥感

(一)技术概述

夜光遥感是在无云条件下获取地表发射的可见光—近红外电磁波信息。这些信息主要由地表人类活动发出。科学家可以根据夜光遥感数据开展数据挖掘工作,从而发现社会和自然规律。相较于普通遥感卫星影像,夜光遥感影像能够直接反映人类活动,成为监测人类活动的良好数据源。夜光遥感影像主要反映人类城镇夜间灯光,同时也可以监测到石油天然气燃烧、夜间渔船、森林火灾和火山爆发等所发出的光。夜光遥感数据由于其自身的特点,广泛应用于社会经济参量估算、人口估算、城市监测、生态环境评估和公共健康等诸多领域,并获得一定研究成果。

夜光遥感最早起源于20世纪70年代美国国防气象卫星计划的线性扫描业务,其设计初衷是捕捉夜间云层反射的微弱月光,从而获取夜间云层分布信息。科学家意外发现该系统可以在无云的情况下捕捉到夜间城镇的灯光,通过对卫星采集的数据进行处理,研制出夜光遥感数据并被全球科学家广泛运用,促使夜光遥感成为遥感领域一个发展活跃的分支。2011年,新的夜光卫星NPP-VIIRS发射成功,其空间分辨率为500 m左右。近年来,我国也开始发射夜光遥感卫星,"吉林一号"是国内首颗可以获取夜光遥感影像的商业卫星。武汉大学团队研发成功的国内首颗专业夜光遥感卫星"珞珈一号"于2018年发射成功,搭载高灵敏度夜光相机,其精度达到地面分辨率100 m,在理想条件下15天内就能获取一期全球较高分辨率的夜光遥感影像,如图9-2所示。

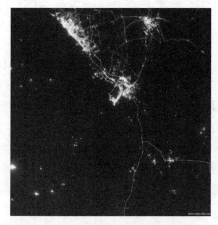

图9-2　珞珈一号传回第一景图像:
阿联酋阿布扎比和迪拜地区的
夜光遥感图像

(二)技术优势

1.夜间灯光数据监测的针对性强

夜间灯光分布与人类活动密切相关,夜光遥感监测是以人类为中心开展的观测,通过独特的视角认知人类活动规律,能够有效免除其他因素的干扰,帮助研究者在不同领域开展针对性研究。

2.夜光遥感影像应用领域广泛

利用夜光遥感技术所采集的夜光遥感影像通过独特的方式反映人类活动,在城市监测、生态环境监测、社会经济参量估算、重大事件评估等诸多方面都能得到应用,应用领域极其广泛。

3.便于时空信息挖掘与分析

针对特定连续时段的夜光遥感影像可以进行时空信息挖掘,分析区域时空变化,为揭示城市变迁、生态环境演化、人类活动规律等提供技术与数据支持。

(三)典型应用

1. 在社会经济参量估算方面的应用

社会经济参量包括国内生产总值、人口、电力消费、温室气体排放、贫困指数、基尼系数等。夜光遥感影像与人类活动存在较高的相关性,且具备时空连续、独立客观等优势,能够很好地应用于上述参量的估算,弥补传统调查方法的缺陷。

夜光遥感影像能够反映一定区域范围内夜间灯光强度,夜间灯光强弱与该地区照明设施建设的相关性较强。往往通过某一地区的夜间灯光强度可以判断该地区的繁荣程度,估算生产总值、人口密度和电力消费的水平,从而为贫困指数、基尼系数等指标的估算提供依据。温室气体排放与人类经济活动密切相关,而经济活动与夜光有较强的相关性,因此夜光能够用来反映碳排放的空间分布并对碳排放进行空间化。

2. 在城市监测方面的应用

夜光遥感影像反映城镇夜间灯光强度,可以用来准确提取和分析建成区范围,并反映空间聚集现象。基于时间序列的夜光遥感影像可以很好地应用于城市变化监测,发掘城市群的时空演化模式,支撑有关城市体系的研究。

3. 在生态环境监测方面的应用

夜光遥感影像可以用来研究生态环境问题。城市扩张带来了土壤侵蚀等一系列生态环境问题,夜光遥感影像可以作为重要数据源之一评估这些问题。另一方面,城镇夜光不仅是经济繁荣的象征,同时也是光污染的来源,可以利用夜光遥感影像监测光污染等方面的问题。

§9-2　物联网和地理信息系统

物联网是在计算机互联网的基础上,利用无线射频识别、无线数据通信等技术,构建出来的一个覆盖世界的网络。在该网络中,物品对象之间可进行互通交流,无须人为干预,通过计算机网络实现万物设备之间的信息互联与资源共享。

一、物联网

(一)物联网的内涵与外延

国内外普遍公认的物联网的概念是美国麻省理工学院自动标识中心的 Ashton 教授于 1999 年在研究射频标签(radio frequency identification,FRID)的时候提出的。物联网的应用领域广泛,涉及的技术宽泛,不同领域的研究者对物联网有不同的理解,对其定义的侧重也有所不同。因此,业界尚未给出一个标准的物联网的定义。多数人对物联网的理解为:物联网即"The Internet of Things",是通过射频识别装置、红外线感应器、卫星定位系统、激光扫描器等信息传感装置,按约定的协议,把物品与互联网相连接,进行信息交换和通信,以实现智能化识别、定位、跟踪、监控和管理的一种网络,最终达到物与物、物与人之间的泛连,是在互联网等传统信息载体网络基础上的延伸和扩展。

随着国家层面的重视,以及社会各行各业的关注与参与,物联网的内涵也在慢慢地发生变化。目前而言,物联网覆盖的范围更加广泛、内涵更加充实,它将无处不在的末端设备和设施连接起来,包括具备"内在智能"的传感器、移动终端、工业系统、楼控系统、家庭智能设施、视频监控系统等,和"外在使能"的对象,如贴上射频标签的各种资产、携带无线终端的个人与车辆等智能化物品或动物等。物联网环境中的传感器和设备,通过各种通信网络实现信息联通、应用集成以及服务上云等应用模式,在内网、专网和互联网环境下,采用适当的信息安全保障机制,提供安全可控乃至个性化的实时在线监测、定位追溯、报警联动、调度指挥、预案管理、远程控制、安全防范、远程维保、在线升级、统计报表、决策支持、领导桌面等管理和服务功能,实现对"万物"的高效、节能、安全、环保的管理、监控、运营一体化。

根据物联网的运行过程,可以在技术架构的层面上将物联网系统分为三个层次:感知层、网络层和应用层。感知层由各种传感器及传感器网关构成,如温度传感器、湿度传感器、压力传感器、二维标签码、射频标签以及摄像头等感知终端。感知层的作用是识别物体、采集信息,类似于人类神经系统的末梢。网络层由各种有线和无线网络系统组成,具体包括计算机终端、各种网络设备等硬件设施,以及网络管理系统、网络通信协议、云计算平台等软件系统。网络层的作用就是传递和处理感知层产生的数据。应用层是物联网和用户(包括人、组织和其他系统)的接口,它与行业需求结合,实现物联网的智能应用。具体来讲,应用层实现信息的存储、数据的挖掘、应用的决策等,涉及海量信息的智能处理、分布式计算、中间件、信息发现等多种技术。物联网系统架构如图 9-3 所示。

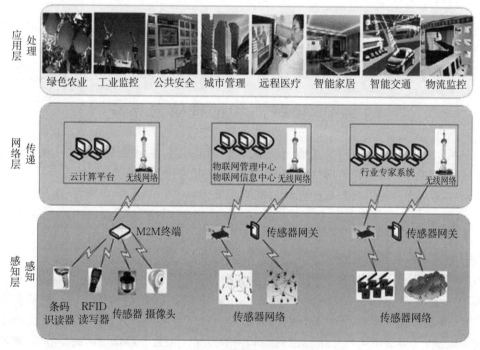

图 9-3 物联网系统架构

(二)物联网应用案例

2015 年前后逐渐兴起的大数据技术和云计算技术,解决了物联网中数据量大和高复杂度计算问题,将原本大多数仍停留在工业应用层面的物联网快速地引入不同的领域。当前,物联网系统已经涉及生活的方方面面。工业、制造业、农业、交通、物流、能源、零售、医疗保健等数十个领域无不有物联网系统的身影,智慧地球、智慧城市、智能家居、智慧园区、智慧医疗、智能垃圾回收等各种具体应用也在各个行业如火如荼地展开。本节从智能家居、智慧城市和智慧工业三方面来讨论物联网的具体应用案例。

1. 智能家居

万物互联时代可以通过多种方式发挥和协调各种物联网设备的作用,智能家居系统是物联网技术的重要应用之一。通过采集各种电器电路和传感器转换相关参数,利用通信网络技术和单片机技术建立一个由家用电器和家庭环境组成的系统,构成一个完整的集家庭内外通信、设备自动控制、家庭安全防范等功能于一体的控制系统,即智能家居系统。

在智能家居环境中,各种家用电器在充当其传统电器角色的同时,还担负着物联网系统中感知层传感器的责任。在传统家用电器工作的同时,红外线传感器、温度传感器、湿度传感器等多种类型的传感器也在智能家居环境中大范围投入使用。在智能家居的基础上又衍生出了大量的更加具体、精细的应用,如智能家居保安、智能家居医疗等。在智能家居保安中,通过摄像头、红外线等多种传感器对家居环境进行实时的监测,实现环境的安全监管。在智能家居医疗中,通过智能手表可以实时测得环境中人员的血压、心跳、血糖等健康参数,并将这些参数实时传入云端处理,有异常时及时向医院发出警报,通过智能家居建立起来的智能家居医疗应用为老人等需要特殊关注的人群提供了一个安全可靠的生活环境。

2. 智慧城市

世界人口正在不断增加,从 1950 年的 7.51 亿增加到 2022 年的 80 亿,人口持续不断地向城市迁移,给城市的公共服务和城市规划带来了更大的压力。面对这种矛盾,城市正在实施由技术和数据驱动的解决方案,以减轻这种增长带来的额外压力。智慧城市正在利用先进技术来简化城市运营。

智慧城市是运用物联网、云计算、大数据、空间地理信息集成等新一代信息技术,促进城市规划、建设、管理和服务智慧化的新理念和新模式。从 2008 年以来,我国智慧城市发展经历了探索期、调整期、突破期和全面发展期等几个阶段。在智慧城市发展的各个阶段中,虽然涉及的服务对象、服务内容非常广泛,但是其核心是利用新一代信息技术提升城市服务质量。智慧城市的整体框架分为发展战略层、技术实施层和目标效用层三大层次。智慧城市以战略定位、建设规则、措施保障、组织合作为指导规则,通过"端—边—云—网—智"的技术架构,实现管理高效、服务便民、产业发展、生态和谐的目标效用,达成新一代信息技术与城市现代化深度融合、迭代演进的新模式、新理念。智慧城市是在物联网系统上发展起来的具体应用,需要其他多种先进的信息通信技术来推动其前进,通过大数据、云计算、人工智能等技术推进城市治理现代化,大城市也可以变得更"聪明"。在未来,智慧城市将从城市数字化发展到数字化城市,使整个城市在数字领域形成"数字巨系统"。

3. 智慧工业

智慧工业的实现基于物联网技术的渗透和应用,并与未来先进制造技术相结合,形成新的智能化的制造体系,智慧工业的关键技术在于物联网技术。智慧工业将具有环境感知能力的各类终端、基于泛在技术的计算模式、移动通信等不断融入工业生产的各个环节,大幅提高制造效率,改善产品质量,降低产品成本和资源消耗,将传统工业提升到智能化的新阶段。

智慧工业是物联网在工业领域的应用,其涉及的具体行业范围较广,有制造业供应链管理、生产过程工艺优化、产品设备监控管理、环保监测及能源管理等具体的应用。物联网致力于实现对工业产品设备的监控管理,通过各种传感器将具体的工业生产环境的参数记录下来,然后与制造技术融合,以此实现对产品设备操作使用、设备故障诊断的远程控制。在制造业供应链管理中,物联网应用于企业原材料采购、库存、销售等环节,通过完善和优化供应链管理体系,提高了供应链效率,降低了成本。在生产过程工艺优化方面,物联网技术的应用提高了生产线过程监测、实时参数采集、生产设备监控、材料消耗监测的能力和水平,生产过程的智能监控、智能控制、智能诊断、智能决策、智能维护水平不断提高。钢铁企业应用各种传感器和通信网络,在生产过程中实现对加工产品的宽度、厚度、温度的实时监控,从而提高了产品质量,优化了生产流程。在环保监测及能源管理中,物联网与环保设备的融合实现了对工业生产过程中产生的各种污染源及污染治理各环节关键指标的实时监控。在重点排污企业排污口安装无线传感设备,不仅可以实时监测企业排污数据,而且可以远程关闭排污口,防止突发性环境污染事故的发生。电信运营商已开始推广基于物联网的污染治理实时监测解决方案。在工业安全生产管理中,把感应器嵌入和装备到矿山设备、油气管道、矿工设备中,可以感知危险环境中工作人员、设备机器、周边环境等的安全状态信息,将现有分散、独立、单一的网络监管平台提升为系统、开放、多元的综合网络监管平台,实现实时感知、准确辨识、快捷响应、有效控制。

二、物联网和地理信息系统

随着5G等数据传输技术的发展,在地理信息系统中,从感知层的传感器数据到网络层的数据处理平台,再到应用层为其他领域提供的具体服务,整个过程以几乎实时的方式展开,且物联网基于其传感器种类丰富、结构灵活、数量繁多的优势,为地理信息系统提供了一个强大的实时数据供应方,为地理信息系统装上了灵活、丰富的触手。

地理信息系统作为一个地理数据的存储、管理、查询、分析、处理、展示系统,其核心功能是围绕地理数据展开的。从数据角度出发,物联网依赖其感知层强大的传感器以及各个客观世界对象的射频标签,搜集物品自身信息(如名称、规格、产地、生产日期等),以及周围环境的温度、湿度、位置等附加信息,这些数据可作为典型的地理信息空间数据。然而物联网的感知层收集到的数据种类多样,既包括一般地理数据又包括图像、音频、视频等多媒体数据。地理信息系统支持处理的数据主要分为矢量数据和栅格数据,多媒体数据没有得到很友好的支持,并不能在地理信息系统中得到有效的管理分析。对于多媒体数据的管理,以空间目标为基本单元,在为该基本单元存储属性数据、空间数据的同时,将图像、视频、文本和模型等多媒体数据关联组织在该空间目标上,实现多媒体数据的管理。将物联网收集到的地理空间数据接入地理信息系统处理,依赖于地理信息系统对地理空间数据的高效处理,可以得到实时的物联网地理信息系统,从而为管理决策提供高效的辅助功能。

从数据传输角度出发,传感器网络依托在一个能够互联互通的网络环境上,接入该网络环境的传感器相互之间通过信息交互而形成一个整体。此外物联网的传感器网络获取到的大量数据最终需要传输到数据中心或者分布式数据库中进行统一管理。地理信息系统处理的数据可以来自本地文件,也可以来自网络环境中的数据库或者数据中心,例如网络地理信息系统(WebGIS)的数据多存放于PostGIS等空间数据库中,对于网络环境中的数据,地理信息系统需要通过网络将数据传输到当前的系统环境中,继而实现对地理空间数据的处理。物联网系统的网络环境和网络地理信息系统的网络环境在实现互联互通之后,可以快速打通不同系统之间的壁垒,且二者都在网络环境中实现了数据传输,这可成为物联网与地理信息系统的一个联通点。

从数据处理角度出发,物联网系统中传感器在持续不断地获取其环境参数,并在此过程中产生大量的数据。如此规模庞大的数据需先进行多源数据融合处理,然后对数据进行有效清洗,通过数据挖掘为各行各业提供有价值的应用参考。在该过程中,多源数据的融合、清洗、挖掘等算法并不是一成不变的,会因为不同的数据类型和行业应用需求而呈现出不同的领域特征。常见的智能家居就是利用物联网技术对室内各种电器传感器的数据进行获取与处理,并参考处理的结果对不同的电器进行调整,得到合适的湿度、温度、照明度等环境条件,从而满足人们的舒适度感受。而使用物联网技术进行身份验证的时候,只需要读取待验证的信息,然后将其与数据库中的记录进行对比判断即可验证结果。对于能够获取地理空间数据的物联网传感器网络,获取到的地理数据需要在物联网系统网络层的数据处理管理平台进行地理空间数据挖掘,在此过程中就需要地理信息系统中空间分析算法的参与。地理信息系统为地理空间数据的管理而生,其在地理空间数据的挖掘中具有得天独厚的优势。

以上从数据内容、数据传输和数据处理三个方面出发,讨论了物联网系统和地理信息系统之间的关联。地理信息系统可以作为一种重要的传感器数据处理系统,而物联网系统的传感器网络可以作为地理信息系统的一种地理空间数据源。二者在一定程度上存在交叉,但是又不完全重合,参考物联网系统的架构,物联网与地理信息系统的结合可以相互借鉴彼此的优势,为各自领域的发展发挥很好的促进作用。

三、物联网与地理信息系统结合的典型案例

在物联网生态系统中搜集到的传感器数据,需要在具体的应用中才能发挥其数据价值,在此过程中需要结合具体的应用背景。地理位置正是提供了一种背景信息,将原始的数据转变成了有用信息,并且该类型的数据直接与我们生活的空间环境相关,从数据中挖掘出来的信息最终可以形成指导实际行动的决策力量。交通、物流等行业中多种类型的传感器产生的数据直接与空间位置存在较高的相关性,在该行业物联网系统的基础上结合地理信息系统的空间管理、计算、分析等能力,可以从更高的层次实现数据对现实生活的价值。

(一)智能公交系统

智能公交系统运用地理信息系统对空间信息的强大处理能力与物联网物物相连的特性,通过采集交通环境中的城市公交车等各类信息,并传递给物联网服务器,把信息数据存储在物联网数据库中,然后使用网络地图服务器加载在线地图信息,并通过异步脚本和可扩展标记语言(asynchronous JavaScript and XML,AJAX)技术实现信息的动态更新。用户通过输入查询条件,点击查询按钮,获得实时信息,实现城市公交信息的可视化表达与各传感器的查询定位,为物联网的综合应用研究提供了新的思路。

面向城市交通公交信息主题的智能公交网络地理信息系统采用主流的浏览器-服务器架构,以减少模块间的耦合性,提高系统适用性。整体架构设计主要分为三层:客户层、服务器层、数据层(图9-4)。

(二)空气污染监测预警系统

空气污染监测预警系统是基于物联网与地理信息系统,通过融合软硬件开发、无线通信和数据处理等技术建设起来的实时监测系统。该系统的传感器分散部署在不同的采样点上,并通过移动互联网将传感器采集到的空气质量数据传送到服务器上,然后利用服务器上地理信息系统的空间数据处理能力对数据进行分析挖掘。通过对大量实时数据的计算与分析,最终定位污染源位置,确定污染物成分,达到空气污染监测预警的目的。

空气污染监测预警系统分为感知层、网络层和应用层,这三层之间通过无线通信和数据交

互紧密相连,构成一个完整的城市空气污染监测预警系统。感知层为物联网的传感器网络,包含安装在城市各位置的传感器,负责采集空气质量信息,接收和发送数据;网络层采用移动互联网通信,负责数据的传输;应用层基于 ArcGIS 展示客户端,基于 ArcGIS JavaScript API 设计实现,其与网络层交互的重点在于对数据库的读取,然后经过 ArcGIS 组件的分析处理,显示污染源的可能位置,并将分析后的结果以可视化的形式呈现给用户。

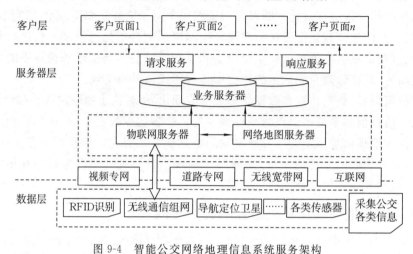

图 9-4 智能公交网络地理信息系统服务架构

§9-3 云计算和地理信息系统

随着互联网新技术的发展,云计算(cloud computing)改变了传统的地理信息计算方法及其在互联网中信息共享的模式。云计算扩展了地理信息系统的基本功能,逐步完善了传统地理信息系统的体系结构,提升了存取海量空间数据的能力,使地理信息系统在服务成本、资源使用方面的效率得到了提高。

一、云计算

(一)云计算的定义和组成

云计算是一种基于互联网的大众参与的计算模式,其计算资源(包括计算能力、存储能力、交互能力等)是动态、可伸缩、被虚拟化的,而且以服务的方式提供。云计算是一种基于互联网模式的计算,是分布式计算和网格计算的进一步延伸和发展。云计算促进了软件之间的资源聚合、信息共享和协同工作,形成面向服务的计算。云计算能够快速处理全球的海量数据,并同时为上千万的用户提供服务。

通常来讲,云计算是一个四层结构,包括硬件层、基础架构层、平台层和应用层。根据用户范围还可以分为公有云、私有云和混合云等。云计算的商业模式也基于这个层次结构分为三类,包括架构即服务(infrastructure as a service,IaaS)、平台即服务(platform as a service,PaaS)和软件即服务(software as a service,SaaS)。

计算资源虚拟化是云计算的核心,计算资源虚拟化在互联网时代迅速发展,用户以更自然的交互方式呈现出个性化服务的强劲需求,无须关心特定应用软件的服务方式,无须关心计算平台的操作系统以及软件环境等底层资源的物理配置与管理,无须关心计算中心的地理位置。这三个"无须关心"构成了软件即服务、平台即服务、架构即服务三个方面。

(二)云计算和地理信息系统的结合

云计算因其动态配置、低功耗、低维护成本等特点,迅速得到了信息产业的青睐。云计算中"云"的含义表示云计算在某些方面具有现实中"云"的特征,即规模大、动态可伸缩、边界模糊、无边界。

云计算的特点可以概括为以下几点:

(1)弹性服务。服务的规模可快速伸缩,以自动适应业务负载的动态变化。

(2)资源池化。资源以共享资源池的方式统一管理。利用虚拟化技术,将资源分享给不同用户,资源的放置、管理与分配策略对用户透明。

(3)按需服务。以服务的形式为用户提供应用程序、数据存储、基础设施等资源,并可以根据用户需求,自动分配资源,而不需要系统管理员干预。

(4)服务可计费。监控用户的资源使用量,并根据资源的使用情况对服务计费。

(5)泛在接入。用户可以利用各种终端设备(如个人电脑、笔记本电脑、智能手机等)随时随地通过互联网访问云计算服务。

随着地理信息领域和移动互联网的不断发展,地理空间数据存在强噪声、多冗余、数据价值密度低、数据来源广泛等特征,地理空间数据在语义上存在不确定性和非结构化的特征。

因此,相较于传统的分布式计算方法,云计算以其超大规模、虚拟化、高可靠性、通用性、高可伸缩性、按需服务的特点,在存储空间、数据的存储与检索、信息的自动化提取以及大数据知识挖掘上,更适应当前发展的趋势。云计算可看作测绘大脑的中枢神经系统,通过服务器、网络操作系统、神经元网络、大数据和基于大数据的人工智能算法为测绘大脑的其他组成部分提供计算能力。

云计算改变了传统地理信息系统的应用方法和建设模式。在地理数据存储方面,传统地理信息系统存储不具有可伸缩性,无法满足海量地理数据在并发情况下的地理信息服务要求,而云计算具有高可靠、高吞吐和可伸缩的新型地理数据存储技术;在地理数据计算方面,传统地理信息系统的地理计算依赖于静态的物理系统,无法满足海量地理数据的高性能计算,而云计算基于虚拟集群设施的可伸缩地理数据计算技术,能满足高性能计算的需求;在地理信息服务方面,传统地理信息系统缺乏统一的平台和地理信息共享机制,导致地理信息资源难以共享,存在"信息孤岛"等问题,而云计算的"松耦合"机制能将数据、功能、服务全共享,同时云服务也具有可聚合、可迁移的特点。

因此,云计算在地理信息系统中应用的关键是:①海量空间数据的搜索、访问、分析和利用;②计算密集型平台的构建;③海量时空数据并发访问和空间云计算资源的弹性调用;④具有时间和空间特性的应用程序的开发。

空间信息云计算是云计算和地理信息系统结合的一个范例,它可为各种时空决策应用提供强大的技术支持,以较低的单位资源使用成本和快速的地理数据处理能力,提供更加灵活的地理信息服务。

图9-5显示了基于空间信息云计算的服务平台框架。传感器网络采集到的各种地理时空数据存储在空间信息云计算数据中心。空间信息云计算数据中心主要包括地理信息计算云和时空数据存储云,提供海量时空数据的存储和计算技术的硬件基础设施。在空间信息云计算

数据中心的支持下,空间信息云计算平台针对云地理计算的特点,实现包括空间信息云计算中间件、虚拟云计算集群、地理资源伸缩、矢量和栅格数据云存储等关键技术,并在此框架下支持开放的地理计算模型研发与部署,实现空间信息云计算应用服务的在线发现与实时组合。通过云安全策略,在 SaaS 层提供各种满足决策需求的数据、制图与可视化和分析计算服务,最终用户通过交互易用的云客户端使用云计算服务和资源。

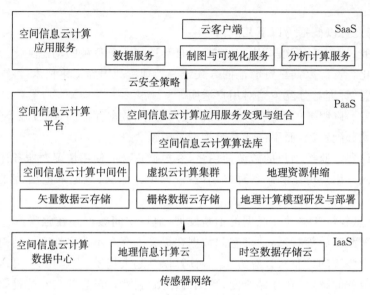

图 9-5　云计算服务平台框架

二、移动地理信息系统

移动地理信息系统是一种集成系统,是地理信息系统、全球导航卫星系统、移动通信、互联网服务、多媒体技术等的集成。移动地理信息系统由移动终端、无线通信网络、地理应用服务器和空间数据库组成,具有卫星数据采集功能、数据显示与分析功能和数据传输功能。目前移动地理信息系统的终端不仅包括手持式接收机和手机,还包括平板电脑、车载式接收机等多种智能终端。移动地理信息系统具有移动性、位置依赖性、稳定性、信息多样性、实时性、终端多样性、网络无缝性、数据多源性和资源限制性等特点,能在多种移动终端通过云平台实现高精度的定位与导航。

近年来,移动地理信息系统逐渐成熟,除了传统的空间定位技术、移动通信技术、数据的组织与管理技术以外,随着导航技术与位置服务的发展,移动地理信息系统的关键技术还包括情景感知技术、底层开发与多平台支持技术、自适应可视化技术等。其中,情景感知技术和自适应可视化技术,使用户在多场景下实现时空位置信息的"可感知、可计算、可控制"。

(一)情景感知

情景感知服务是指利用情景信息向用户提供适合当前情形的信息或服务。它通过自动感知用户当前所处的情景信息(如人物、地点、时间和任务等)自动获取和发现用户需求,建立一种自适应调整机制,提高服务的准确性和可靠性,是协助信息服务系统提高性能和质量的重要支持手段和方法。

情景感知的目的是通过人机交互或传感器提供给计算设备关于人和设备环境等的情景信

息,从而让计算设备与人交互,是获取情景信息并进行信息处理的操作。情景感知服务的关键问题之一是如何准确地获取、描述用户的动态情景信息,而用户的注意力行为能很好地反映其动态情景信息。情景感知技术使移动互联网主动、智能、及时地把最相关的信息推送给用户,而不是由用户主动向移动互联网发起信息请求,再到海量信息中困难地选择自己感兴趣的内容。

在移动环境下,情景信息的获取分为由用户主动输入和通过传感器采集等方式。移动设备的传感器包括加速度传感器、陀螺仪等,开发者可以精准获取移动设备外部环境的状态,如手机姿态数据、方位数据、光照强度、温度等信息。在获取传感器和射频信号等声、光、电、场信息后,将多源信息融合,对情景信息进行有效的组织、表达、挖掘和提炼,从海量数据中感知用户当前的情景,进而触发知识提供感知服务。

在移动地理信息系统中情景感知的特性决定了其在位置服务的应用。在旅游方面,应用情景感知技术的导游助手能实现景点、路线导游;在购物方面,根据顾客的位置进行商品推荐等。随着传感器技术的不断发展,获得的情景信息逐渐丰富,情景感知处理的信息不再局限于用户的位置,还与用户周围的人员与环境有关联。情景感知技术能更好地传递信息,降低对导航终端屏幕的依赖度,减少用户的视觉和认知压力。

(二)自适应可视化

在移动地理信息系统中,移动终端设备包括智能手机、平板电脑等,由于移动设备性能较差、屏幕尺寸较小、交互操作不便等因素,在终端中需要兼顾不同的场景、切换不同的地理信息系统界面,因此自适应可视化的研究较为重要。

从系统的角度自适应是指系统在运行条件和背景下,通过自主、自动地调整软件的组织结构、功能行为来满足变化的要求;对不同类型用户的适应性,是根据用户的背景、交互行为信息来建立用户模型,同时结合知识库使系统自配置,适应用户的个性化需求。自适应可视化需要以用户为目标,以自适应机制为核心,根据用户的背景、需求及交互行为,生成适合用户的地图可视化服务。

现有的移动地理信息系统网络地图有谷歌地图、百度地图、高德地图等,均提供不同地图类型(普通地图、三维地图、卫星影像图)供用户选择。百度地图还提供旅游地图等不同地图风格,高德地图提供不同配色方案,从而适应用户的个性化需求。在导航应用中,网络地图能通过感知外部光线强弱的变化,切换日间模式与夜间模式。

随着虚拟现实和增强现实技术的发展,在移动网络地图中还出现了实景三维地图、全息地图、增强现实+虚拟现实地图等多种新型地图的可视化,能在不同需求和时空维度下为用户提供高沉浸感的交互操作。虚拟现实以其身临其境的视觉感,为用户提供逼真的场景展示;增强现实在虚拟现实的基础上融入真实的场景或要素,将虚拟事物与真实场景相融合,借助文字、图形、语音等信息,强化用户对现实环境的感知与认识,对现实进行扩张和补充。

自适应系统对于不同的用户通过对用户、场景基本信息的获取,以及用户兴趣和偏好的挖掘,利用自适应推理机制建立用户的知识库,对符号、色彩、内容的显示级别进行设计,同时提供自适应的定制功能,并对不同场景下的环境进行捕捉和挖掘,制定满足多样化终端需求的自适应可视化应用。

三、基于位置的服务应用

基于位置的服务(location based service,LBS)也称位置服务,其核心功能是为用户提供当前位置的定位,同时提供当前位置周边的事物信息。基于位置的服务与传统网络服务的一个重要区别是对实体状态的感知性以及对实体变化的适应性,其最大特点是在用户需要的时间、地点和环境下,为用户提供与位置关联的信息,从而更加贴近用户需求。

从技术层面来讲,基于位置的服务是一项集成系统,是地理信息系统、空间定位、移动通信、无线互联网等技术的综合体。基于位置的服务的体系由服务器端、网络基础设施和客户端组成。基于位置的服务技术的基础是高质量获取位置信息,因此移动定位技术和地理空间信息技术是基于位置的服务的核心应用技术。随着物联网技术的发展,基于位置的服务应用伴随着海量特定空间位置信息的常态化获取,面对多用户、多行业及多领域的强烈需求,基于位置的服务应用模式正向跨行业、跨领域、多用户联合的方向发展,服务方式从简单位置服务向位置的深度加工、深度挖掘方向发展。

随着应用场景的日趋复杂、定位技术的种类增加、数据规模迅速扩大,基于位置的服务将在以下方面得到发展。一是无缝化的基于位置的服务技术。随着多种室内导航技术的发展,未来精度高、成本低、普适性好的室内导航定位技术以及室内外无缝导航定位,始终是基于位置的服务有待发展的部分。二是云计算下的基于位置的服务技术。移动终端在网络和设备的限制下,很难对位置进行快速高效的更新,而云计算具有高可靠、高吞吐和可伸缩的新型地理数据存储和计算技术,成为解决该问题的有效途径。

基于位置的服务得到广泛应用的主要原因有定位手段的多样性、通信手段的广泛性、用户终端的多样性。随着室内外高精度定位技术的部分突破与发展,空间位置信息不再局限于室外,而是实现了室内外的一体化无缝衔接。随着物联网、云计算、增强现实等领域的发展,基于位置的服务逐渐与智能家居、智能交通、智慧旅游等新兴领域进行结合,应用的领域和对象不断增加。

基于位置的服务可应用到共享单车中,通过确定用户所在的即时地理位置,为用户提供与位置相关的服务。共享单车企业管理员通过查看某一辆单车的运行轨迹,分析用户是否违规停车,如将单车停到人行道或其他影响交通的位置;共享单车损坏后还可以追溯到某位用户,根据用户协议进行相应处理;也可以因为用户将市区外的共享单车骑回市区内而对其进行奖励。当把位置数据上传到地理信息系统时,还能进行轨迹的聚类分析、停车点的热力分析、本地区交通情况的分析等操作,为工作人员实时监控共享单车的运动轨迹、调度共享单车,为增强用户体验,为决策者实时获得整体运营情况提供了有效的途径。

在快递运输的路径中,基于位置的服务技术能用于包裹的实时监控。在室外驾驶过程中,无论摄像头还是激光雷达均只能获得车辆周围局部信息,只有使用位置信息结合地图数据进行全局规划,才能让车辆按照设定的路线到达指定目的地。获取位置的方法有多种,可以使用导航定位卫星、蜂窝网络、Wi-Fi信号等单一方式或融合方式进行定位。通过将定位数据上传到地理信息系统的服务器中实现快递包裹路径的监控,从而追踪快递的实时信息。

在疫情监控中,基于位置的服务可以显示流行病空间位置分布与实时动态变化情况。疫情成果发布后几乎能覆盖全体用户,对"群防群控"起到很大的推动作用。开发者通过官方发布的疫情数据制作各种专题图,广大居民能看到实时疫情地图与疫情动态变化情况。同时流行病学调查人员也可以快速采集、上传疫情相关信息。卫生防疫专家借助地理信息系统的显示和分析功能,评估疫区的疫情发展情况,利用各种空间分析功能,及时锁定最有可能的传染源,同时尽快隔离牵涉的人员,并封锁危险系数较高的区域。

§9-4　时空大数据和地理信息系统

大数据是信息时代发展的必然趋势,大数据挖掘与知识发现已经成为现代科学技术的前沿发展方向,我们必须认识大数据、适应大数据并应用大数据。在这一时代背景下,地理信息系统提供了实现地理时空大数据一体化存储与管理、整合与分析的理论模式和最优技术平台,能够为地理时空大数据提供快速的数据处理和模型分析,以实现地理时空大数据的挖掘和分析,并最终为各个行业领域提供服务。

一、概念内涵

2016 年,万国商业机器公司(International Business Machines Corporation,IBM)提出大数据应具有 5V 特征,包括数据规模(volume)、数据处理速度(velocity)、数据形式(variety)、数据价值(value)和数据质量(veracity)五个方面。根据 5V 特征,大数据可以概括为:规模和复杂程度常常超出了现有数据库管理软件和传统数据处理技术在可接受的时间内的收集、存储、管理、检索、分析、挖掘和可视化能力的数据集的聚合。大数据的出现极大地丰富了地理信息系统的内容,为地理信息技术和产业带来了前所未有的机遇和挑战。

从信息高速公路到网络空间,再到数字地球、智慧地球的提出,从空天地专业传感器到物联网中无所不在的非专业传感器,数据获取传感器网络形成了庞大的空天地传感器资源,产生了前所未有的时空大数据。时空大数据是大数据与时空数据的融合,是以地球(或其他星体)为对象,基于统一时空基准,其活动与时空和位置直接或间接相关联的大数据。时空大数据揭示了,几乎所有大数据都是在一定的时间和空间中产生的,与位置直接或间接相关联的。从这个意义上讲,大数据本身都是在一定的时间和空间中产生的,大数据本质上就是时空大数据。

时空大数据除具有一般大数据的特征外,还具有六个特征:位置特征、时间特征、属性特征、尺度(分辨率)特征、多源异构特征、多维动态可视化特征。时空大数据主要包括时空基准数据、导航和位置轨迹数据、大地测量和物理测量数据、地图(集)数据、遥感影像数据、与位置相关的空间媒体数据、地名数据及时空数据与大数据融合产生的数据等类型。其中,与位置相关的空间媒体数据是指具有空间特征的、随时间变化的数字化文字、图形图像、声音、视频、影像和动画等媒体数据,包括通信数据、社交网络数据、搜索引擎数据、城市监控摄像头数据等。

二、地理时空大数据技术

时空大数据时代的到来,既带来了机遇,又提出了新的挑战。首先,时空大数据带来了地图学科学范式的变化,将“第四范式”❶应用于地图学,就是今天正在出现的时空大数据时代的

---

❶　“第一范式”指依赖经验证据的科学研究,“第二范式”指理论科学研究,“第三范式”指计算科学研究,“第四范式”指数据科学研究。

地图学,其以时空大数据为研究对象,以互联网、物联网、云计算为新的技术手段,实现自然智能与人工智能的深度对话,通过时空大数据智能综合分析与数据挖掘,提供时空大数据智能服务。其次,时空大数据的出现推动了时空大数据产业的变化,可能形成以时空大数据科学为核心的理论体系,形成以人类自然智能与计算机人工智能深度融合为核心的技术体系和以软件产品、软硬件集成产品与数据产品为核心的产品体系,为智慧城市、生态文明、智能交通与健康服务等领域服务。最后,时空大数据的出现,将使传统地理信息系统由基于简单数据源向基于多源异构复杂数据源进行转移,由地理信息系统向地理信息服务再向时空信息服务进行转移,其功能将由管理型向分析型再向辅助决策型进行转移,由空间分析向时空大数据分析、时空大数据挖掘与知识发现转移,由地图可视化向空间信息可视化再向主题多变性、强交互性和快速性时空大数据可视化进行转移。

无论是民生领域还是军事领域,时空大数据都有着非常广泛的应用,其大大扩展了地理信息系统的应用领域与作用范围,带来革命性的影响。一方面,地理信息系统为时空大数据的存储、管理、分析和可视化等提供了强大的技术支持;另一方面,时空大数据驱动了时空大数据技术的发展。

时空大数据技术是指以地理空间乃至地球空间科学的理论与方法为指导,以大数据技术为手段,实现对数据的存储、管理、处理、分析、建模和可视化等的技术。

(一)存储与管理

根据数据处理的时效性,可将时空大数据分为实时流数据(简称流数据)与历史存档数据(简称存档数据)两大类。

流数据的特点是顺序、快速、大量、持续到达,因而不宜采用文件方式进行存储,需要将其存储到特定的数据库中进行管理。用流数据存储的数据必须具备高并发写入能力、高性能查询计算能力、快速实时动态分析处理能力、横向弹性扩展能力。这四个能力可以作为制定流数据存储技术方案的主要依据,同时还要考虑流数据存储的特点。

存档数据是指以固定周期进行汇总和存储的流数据,包括各种交通轨迹数据、移动通信数据等。存档数据具有产生频率较高、累积数据体量巨大,以及缺少严格的空间数据组织的特点。因此,要求使用不需要进行数据转换,能够直接兼容和对接这种形式的空间位置数据的地理信息系统软件。适用于存档数据的主流的分布式存储系统主要有:分布式文件系统[以 Hadoop 分布式文件系统(Hadoop distributed file system,HDFS)为代表]、分布式数据库(如 HBase、Cassandra、MongoDB 等)、云存储(如亚马逊存储服务 S3、阿里云对象存储服务 OSS 等)。

以上提到的分布式存储系统,可以很好地实现对不同类型的时空大数据的存储,但是仍然需要有效的管理机制对时空大数据进行统一的管理。面对体量巨大的多源异构地理时空大数据,可以尝试构建大数据处理平台,实现对数据的有效存储与管理。

(二)分析与建模

对于空间分析,时空大数据的出现使得越来越多的空间分析功能被开发成为软件模块,以适应多源异构数据随时随地的分析与计算。对于空间建模,时空大数据的出现可以从一定程度上提高模型的精度,为复杂空间过程建模的深入研究提供可能。对于空间优化,时空大数据的丰富来源为复杂优化问题的求解带来了新的机遇。最后,空间分析的应用方式也产生了很大的改变,面对规模庞大的数据,需要一些在线空间分析平台在无须下载的情况下对数据进行处理。

目前已有的空间大数据分析技术主要是指采用分布式计算技术,实现对海量空间数据进行分布式空间计算、空间统计和空间分析的技术。时空大数据中隐藏着很多有价值的信息等待被挖掘,而大数据分析技术能够降低分析难度,辅助研究大数据的空间位置与分布、空间关系与过程等,得到对空间事物较为准确的认知和判断,是挖掘时空大数据中隐含的、有价值信息的一个重要工具。通常,针对流数据,主要考虑的是如何在不断流入的数据集中实现连续的数据接入、分析处理和结果输出,因此需要将分布式计算框架与时空大数据的特点相结合,发展出适用于时空大数据的计算功能与分析技术;针对存档数据,主要考虑的是如何从时空大数据中分析出事物的运行规模或分布模式,进行辅助决策。因此,需要实现对数据的统计分析和模式分析等处理。

综上,时空大数据是目前空间分析研究的重要驱动力,依托时空大数据,空间分析和建模将更多地从复杂多样的实时数据流中获取数据,通过高性能的计算变得更加高效、准时且精确。

(三)可视化

时空大数据可视化技术是将计算机可视化技术、二维地理信息可视化技术、三维地理信息可视化技术等相结合,实现对多源、异构、海量、动态数据的可视化表达。其一方面能够有效地表达数据本身的统计信息或数学信息;另一方面能够有效地表达空间大数据分析的结果。由于时空大数据中含有不精确甚至错误的数据,因此进行时空大数据的可视化表达需要新的技术思路:不直接绘制空间对象本身,而是通过信息提炼和综合,表达出对象的聚合程度、变化趋势和关联关系等。

时空大数据可视化表达方法可以分为图表可视化和图形可视化两种方式,每类图形或图表都可以展现出不同的可视化效果,满足某类特定的需求。图表可视化方式包括直方图、饼图、折线图、散点图和雷达图等;图形可视化方式包括密度图、热力图、矢量矩形格网图、矢量六边形格网图、连线图和矢量多边形专题图等。根据不同的数据和需求,时空大数据可以通过静态或动态、二维或三维的方式进行展示。

近年来,由于数据量持续增长,众多厂商和社区都开发了适用于时空大数据的可视化表达的大数据可视化工具,提供了丰富、直观的图表类型和表达效果。同时,针对时空大数据,也涌现出了多种多样的开源和商业化地理可视化工具。

三、典型的时空大数据

本节针对目前应用较为广泛的几类时空大数据,如手机定位数据、社交网络数据、公共交通轨迹数据等,简要概述其在个体行为模式分析及城市(区域)应用中的研究进展。

(一)手机定位数据

手机定位数据主要由移动通信设备提供,可以通过多种方式获取得到实时、有效的使用者位置信息。目前,手机定位数据被广泛应用于人类行为规律及模式的研究,研究尺度主要集中在个体尺度和城市(群体)尺度两个层面。

从个体尺度来看,手机定位数据主要被用于分析个体移动轨迹和出行规律,以及物理出行和即时通信技术的交互影响;从城市尺度来看,手机定位数据主要被用于进行城市层面的移动分析。城市尺度研究是通过使用移动时空大数据,对城市不同区域的出行规律进行分析,可以简单概括为三类:城市规划与形态学研究、城市热点区域分布研究和城市时空动态建模研究。

总的来说,利用基于位置的移动数据可以从个体的角度出发对宏观的地理问题进行研究。研究结果可以用于分析城市居民的移动行为模式、城市土地利用和交通网络等地理要素之间的关系,服务于城市交通规划、犯罪模式分析及传染病控制等领域,为城市活动系统的优化和各种城市问题的解决提供有效的科学支撑。

(二)社交网络数据

大数据时代,每个人都是互联网信息的生产者,越来越多社交媒体(如微博、微信、豆瓣等)的出现使得社交媒体数据成为与人们关联最密切的时空大数据之一。可以将带有位置信息的社交媒体数据应用于以下方面:用户的情绪分析、异常事件的分析和预测、地点认知以及社交网络分析等。

用户的情绪分析主要是通过分析用户在社交媒体上发布的状态(主要是文本),进一步了解人们的情绪状态。通过情绪分析,可以了解情绪的时空变化特征,解释不同地区人们情绪状态不同的原因(人口、健康、经济、季节与气候等),实时反映不同的社会经济指标,还可以利用额外的情绪波动进行事件的检测等。

异常事件的分析和预测是通过社交媒体数据的实时性,快速发现异常事件并实施应对处理,这类研究目前发展迅速。其中,犯罪行为作为一类特殊事件,也可以利用社交媒体数据进行分析和预测,包括对某类具体犯罪行为的分析和预测,以及对不同时空单元的犯罪率进行预测等。

地点认知主要是通过分析大众自觉上传的社交媒体数据,提取出蕴含的地点感知信息,这类信息可以用于描述不同空间尺度下的空间单元的特征,尤其为人们对城市的主观环境认识提供有效的支持。

社交网络分析主要关注的是用户的好友关系和互动之中蕴含的社交网络及其与地理空间的关系。可以通过时间、空间、社交网络上的共同行为等信息对好友关系进行推断,可以通过时空信息分析潜在的位置泄露问题,还可以分析尺度效应对社交关系网络的影响等。

(三)公共交通轨迹数据

公共交通轨迹数据包括出租车轨迹数据、公交车轨迹数据和地铁轨迹数据等,可以直接反映城市居民的日常出行模式。利用公共交通轨迹数据,不仅可以对个体的行为模式进行挖掘,还可以从宏观上对城市或不同区域居民的行为轨迹进行分析、模拟和有效的预测。

以出租车轨迹数据为例,出租车轨迹数据相关分析应用也分为个体尺度和城市尺度两个层面。个体尺度下,研究者侧重于对乘客出行活动模式、司机驾驶行为模式的分析。近年来,基于群体出行分布模式对拼车服务进行探索,以提高交通出行效率正逐渐成为热门的研究方向。此外,如何基于已有的规律识别和分析城市居民潜在的活动地点和活动语义也越来越为大众所关注。城市尺度下,研究者侧重于从出租车轨迹数据中透视出城市的功能和运行状态。该尺度下的研究主要可以分为城市规划识别与评估、交通状态估计与优化和能耗与污染物排放估算等。通过研究城市内部不同区域的出租车出行轨迹及时空变化,可以揭示城市土地利用分布状况、城市交通状况甚至环境污染等信息,有助于保护城市环境,促进城市内部的协调发展。

§9-5　人工智能和地理信息系统

人工智能(artificial intelligence，AI)，是研究开发用于模拟、延伸和扩展人的智能的理论、方法、技术及应用系统的一门新的技术科学。它是计算机科学的一个分支，它试图了解智能的实质，并生产出一种新的能以与人类智能相似的方式做出反应的智能机器，该领域的研究包括机器人、语音识别、图像识别、自然语言处理和专家系统等。总的来说，人工智能研究的一个主要目标，是使机器能够胜任一些通常需要人类智能才能完成的复杂工作。

人工智能与地理信息系统相结合不但可以解决先前地理信息系统中所面临的问题，还能进一步地促进地理信息系统的发展，推动地理信息系统走向一个新的阶段。

一、深度学习

(一)基本原理

深度学习(deep learning，DL)作为人工智能的代表性技术，已成为大数据等各个领域中最具有突破性发展的新技术。其本质是通过多层非线性变换，从大数据中自动学习统计性特征。深度学习的深层结构使其具有极强的表达能力和学习能力，尤其是对复杂的全局特征和上下文信息的提取，而这是浅层模型难以做到的。

如今已有数种深度学习框架(如卷积神经网络、循环神经网络、递归神经网络、生成式对抗网络等)被应用于计算机视觉、语音识别、自然语言处理、音频识别与生物信息学等领域，并获得了很好甚至超过人类水平的效果。其中卷积神经网络(convolutional neural network，CNN)以其局部感知、权值共享及仿射不变性的优点被广泛应用于计算机视觉领域的相关研究中，是近年来计算机视觉领域和深度学习领域的一个热点研究方向。

(二)主要开发工具

许多公司针对深度学习技术研发了一系列的学习框架，如谷歌公司研发的 TensorFlow，微软公司研发的 CNTK，脸书公司研发的 Torch，由 François Chollet 等人开发并维护的 Keras，分布式深度机器学习社区(Distributed Machine Learning Community，DMLC)研发的 MXNet，以及伯克利视觉学习中心(Berkeley Vision and Learning Center，BVLC)和社区贡献者共同研发的 Caffe 等。这些框架的提出为使用者提供了极大的便利，即用户可以根据需要选择已有的模型，通过训练获取相应的模型参数，或在已有模型的基础上自主增加隐藏层以提高模型精度等，学习框架的出现在提供便利的同时也促进了深度学习的快速发展。目前这些深度学习技术框架主要应用于图像识别分类、手写字识别、语音识别、预测、自然语言处理等方面。

(三)相关数据集

深度学习是用大量的数据来训练模型，通过各种算法从数据中学习如何完成任务，因此数据集的数量及质量对模型的训练成果有着直接的影响。用于深度学习的开放数据集可分为三类：图像处理、自然语言处理及音频处理。主要有 MINIST、MS COCO、ImageNet、Open Images、VisualQA、CIFAR-10、Sentiment140、20 Newsgroups 等。

二、智能地理信息系统

智能地理信息系统即地理信息系统与神经网络、专家系统、遗传算法等人工智能算法的结合,是一个用于支持空间数据进行采集、存储、管理、处理、分析、模拟和可视化的面向用户的计算机软硬件集成系统。

(一)智能化数据采集

利用人工智能技术进行数据采集和自动检测能大幅度减少手工录入的工作量,降低人工成本,同时也能提高数据采集的工作效率及数据的准确性。深度学习等人工智能技术的非结构化信息感知与提取能力,能够补充地理信息系统在各种场景下处理新型数据源的能力,提高地理信息系统在数据获取、处理和制图,以及与用户交互的效率。

(二)智能化地图符号设计

传统手工配图要对众多地图内容要素反复搭配与调整,较为复杂和耗时。智能化地图符号设计,即人工智能配图,基于图像风格迁移思想,使用机器学习算法,对输入的图像风格进行识别和学习,结合面积权重、目标对象类型等信息,将图像风格迁移到目标地图实现自动化配图。主要流程包括提取风格图像关键色、提取当前地图关键色和面积排序匹配。

(三)智能化空间分析

智能化空间分析并非简单地通过检索和查询来提取信息,而是需要具备挖掘数据、发现知识的能力,将人工智能(如深度学习、专家系统等)与地理信息系统的数据分析相结合,给地理信息系统赋予人的思维能力,这将在很大程度上提升地理信息系统数据分析的灵活性,同时结合人工智能的地理信息系统将大步迈进一个新的发展阶段。

人工智能与地理信息系统实际上是一个双向赋能的过程。为解决自然地理空间和社会人文地理空间产生的很多科学难题,需要新方法和新技术(包括人工智能)的支持,不断产生的时空数据(如遥感卫星数据、人口移动位置大数据、车辆运营轨迹数据等)可以支持人工智能模型训练和新算法的研发,地理信息系统软件也可以为机器学习模型标注数据(如土地利用类型、自然灾害后建筑破损信息)的生成提供便捷支持。除此之外,空间可视化和空间分析技术可将空间计算加入人工智能识别结果的进一步分析过程当中,实现对人工智能提取结果的深入挖掘与分析。例如,结合交通路网数据进行最佳路径分析,还原目标车辆的真实运行轨迹,服务于目标车辆的追踪应用等。

目前,智能地理信息系统初步实现了遥感影像、视频等地理信息的二维视觉提取。然而这些应用只聚焦某种具体应用问题,可迁移性和范式性较弱,离通用人工智能(artificial general intelligence,AGI)还较为遥远。同时目前的智能地理信息系统还局限于从现实地理系统向信息地理系统的单向映射,是否有可能通过改变信息地理系统实现对现实地理系统的改造是未来需要进一步研究的方向。

三、典型应用

人工智能技术实现了时空信息在网络中可控、有序、高效的流动。为"智能感知→智能处理→智能服务"的一体化创造了条件。

(一)自动要素识别

如何对遥感影像中的地物信息进行提取一直是研究热点。深度学习通过建立多层神经网络模型对图像的特征进行自动学习,得到抽象的图像特征描述后,根据一定的判别决策函数对输出的系数特征进行对应类别的判定。深度学习凭借提取能力强、实时性快、识别精度高等优点广泛应用于图像地理要素的自动识别。

(二)自动驾驶

自动驾驶是一个涵盖多个功能模块和多种技术的软硬件结合的复杂系统。其是通过自动驾驶系统部分或完全地代替人类驾驶员,实现安全驾驶汽车的应用场景。美国汽车工程师学会(Society of Automotive Engineers,SAE)将自动驾驶分为六级,分别为无自动化、辅助驾驶、部分自动化、有条件自动化、高度自动化和完全自动化。

常规的深度神经网络需要数百万神经元才能够实现控制自动驾驶汽车,而来自麻省理工学院计算机科学与人工智能实验室、维也纳工业大学、奥地利科学技术学院的团队在 2020 年 10 月发表的一项研究成果中仅仅用 19 个类脑神经元就实现了控制自动驾驶汽车,是人工智能技术的一项重大进展。

(三)高精地图

高精地图作为实现汽车自动驾驶的关键基础设施,也称为自动驾驶地图,其不仅是交通资源全时空实时感知的载体,也是交通工具全过程运行管控的依据,在无人驾驶的交互与决策中起着极为重要的作用。高精地图可实现城市交通资源的最优化配置,通过发挥不同交通资源之间的联动作用,从源头上解决城市之间交通资源的供需矛盾,实现高质量出行及"出行即服务"的愿景。

§9-6　实景三维与地理信息系统

实景三维地理信息系统是目前地理信息科学发展的新热点之一。实景三维反映了空间地物与自然环境的原貌,既包含所要关注的目标地物信息,又可以覆盖与之相关的各种自然信息和社会信息。相比于二维地理信息系统,三维地理信息系统对客观世界的表达能给人更真实的感受,它以立体造型技术给用户展现地理空间现象,不仅能够表达空间对象间的平面关系,而且能描述和表达它们之间的垂向关系。

一、概念内涵

现实世界是一个三维空间,人类的认知也是多维、多视角的。随着计算机技术、互联网技术及移动测量技术的发展,人们更倾向于以三维这种更详尽、更直观的方式来展现现实环境。通过将虚拟信息叠加到现实世界中,可以让用户更为直观地理解信息的内容,实现用户与现实世界的交互。

过去人们所说的实景三维通常指的是三维仿真虚拟现实(3D immersive virtual reality,3DIVR)技术,随着计算机技术和地理信息系统技术的发展,实景三维被赋予新的内涵。目前,一个被广泛接受的定义为:实景三维模型是室内外、地(水)上下等各类地物的精准三维几何信息、丰富语义属性、准确空间关系和按需多细节表达的空间数据集,其表达直观,便于分层,可用于各类空间分析和辅助决策,是集数据、结构、功能为一体的三维数据智能表达模型。

目前的实景三维数据主要包括倾斜摄影测量数据、建筑信息模型(building information model,BIM)数据和激光点云数据等。如今多样化的数据格式和呈爆炸式增长的采集手段,为实景三维模型的建立提供更加精细和可靠的三维数据,推动地理信息技术的飞速发展。

二、实景三维建模

实景三维建模是基于图像数据的三维重建,它是从单幅图像或图像序列中反求出物体的三维模型,是相机拍摄照片的逆过程。换而言之,就是利用数字相机,综合运用图像处理技术、数学理论基础从二维图像中提取目标的三维空间信息,最终实现目标的三维重建。

(一)倾斜摄影三维建模

倾斜摄影三维建模一般采用匹配三维建模技术,如图 9-6 所示,即从大重叠度的倾斜影像立体像对中,利用同名点匹配方式,通过数学运算生成三维点云,在此基础上快速构建三维模型。其主要生产流程如下:

图 9-6　倾斜摄影三维建模

(1)获取多视角倾斜影像。

(2)基于多视角倾斜影像构建金字塔,进行密集匹配,提取密集点云。

(3)基于点云构建网格模型几何结构,包括构建不规则三角网、三角网的优化与光滑。

(4)建立三角网与纹理的相互关系,完成实景模型的自动创建与纹理自动关联。

(5)按照成果格式要求输出模型成果。

(二)激光雷达倾斜三维建模

激光雷达(light detection and ranging, LiDAR)倾斜三维建模方法是将获取到的符合要求的倾斜影像和区域点云成果,通过自动化或半自动化手段进行解算合成处理,快速生成三维模型,如图 9-7 所示。其主要生产流程如下:

(1)利用机载激光雷达和倾斜摄影分别获取激光点云和倾斜影像。

(2)对获取的点云进行分类。

(3)将分类后的地面点云数据生成区域数字高程模型。

(4)利用区域数字高程模型对航空摄影影像进行正射纠正,拼接生成区域数字正射影像图。

(5)将完成精细分类的点云和纠正拼接生成的数字正射影像图导入建模软件中,作为建模参考依据,然后编辑建筑物模型轮廓,得到三维模型。

(6)使用配准的倾斜影像进行纹理贴图处理,最终生成整个模型。

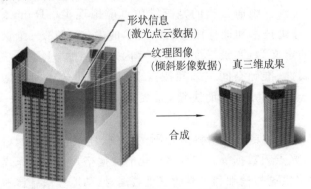

图 9-7　激光雷达倾斜三维建模

(三)模型单体化

实景三维模型只能与影像一样作为底图来进行浏览,不能选取单独的对象进行操作和管理,无法进行深层次的应用。因此需要对三维模型进行单体化建模,实现单独管理,进行对象的选择及查询,提高数据的价值,使最终的模型既"好看"又"实用"。

实景三维模型单体化可分为物理单体化和逻辑单体化两种方式。物理单体化是通过人工重建的方式将地面、建筑、道路及城市部件形成一个可被选中分离的实体,可以附加属性,可以实现查询、统计、分析等功能。目前的单体化软件(如 DPModeler)都是以倾斜影像的空中三角测量加密成果为基础,然后进行建筑边界提取、自动纹理映射及三维场景重构等过程。逻辑单体化是指利用已有的房屋面、道路面等二维矢量数据,通过与三维模型进行叠加、高亮显示,并通过矢量面进行属性信息挂接,从而实现可被单独选中、查询并赋予属性的效果。逻辑单体化三维模型结合 Skyline、SuperMap 等软件,可以较好地实现对单独的对象的交互操作和管理。

在进行单体化的过程中,要遵循三维建模技术标准和轮廓线采集标准,并采取统一规范的命名规则。

三、基本功能

三维场景中的数据信息比较丰富,而且数据量随着场景复杂程度的增加而增加,如何科学合理地组织实景三维场景数据,保证三维场景的动态快速渲染和视觉逼真度,是建设过程模拟中主要研究的问题。目前很多实景三维商业平台软件,如 Skyline、SuperMap、CityMaker,都可以利用海量数据搭建出一个对真实世界进行模拟的三维场景。

(一)三维场景浏览

三维场景浏览指的是观察者在三维空间中依据自己的兴趣,不断移动视点的位置,并采用仰视、俯视及环视等多种方式进行场景展示。浏览方式主要包括两种,一种是交互浏览,另一种是按照预先设置好的路径进行路径浏览。三维场景浏览包括缩放、平移、拖动、旋转、三维信息显示、场景基本设置等功能。

(二)三维信息查询

三维信息查询主要是指用户利用信息查询功能快速得到自己想要的对象,并将查询结果以各种方式展现。用户可以更加全面地把握数据信息概况,充分体现查询服务的高效性、实用性。查询的方式有简单查询和条件查询两种,三维信息查询包括几何信息查询、属性信息查询、统计信息查询等。

(三)三维空间分析

空间分析是地理信息系统的核心功能之一,对空间对象进行三维空间分析和操作是实景三维地理信息系统特有的功能。三维空间分析可以在三维场景中,基于地形、模型、影像等数据,对数据的位置和形态进行空间分析,在真三维场景中展现出更加直观的分析效果。三维空间分析包括三维量测分析、剖面分析、通视分析、可视域分析、天际线分析、土方量分析、地形开挖分析、淹没分析等。

四、虚拟现实和增强现实技术

虚拟现实和增强现实与实景三维结合,在各个领域均出现了一些前沿性的研究与尝试。

(一)虚拟地理环境

虚拟现实和增强现实技术与地理信息科学相结合,可以产生虚拟地理环境(VGE)。目前虚拟地理环境发展成为一种支持地学工作者分析与共享地理过程与空间现象、进行数据的三维可视化表达及多用户协同的分布式虚拟环境系统。虚拟地理环境是实现现实世界模拟分析、让地理数据更好地应用于互联网时代的重要手段。它强调，在线虚拟地理环境是现实世界地理环境在网络上的重构，更强调社会、经济和政治结构的关系互动。

（二）在城市规划领域中的应用

在城市规划方面，利用虚拟现实和增强现实系统取代传统的沙盘与地图，可以更灵活地模拟规划内容，对动态的现象也可以进行模拟显示。在城市规划过程中，虚拟现实和增强现实技术与实景三维结合，不仅具有较好的三维表现能力，又具有虚实结合的特点，它能够在真实的城市场景中整合设计要素，给设计者和方案评估者以直观的感受。城市真实景观和虚拟设计景观交互影响，规划者可以根据虚实结合的综合效果对规划方案不断进行调整、比较，提高城市规划、城市生态建设的科学性，促进城市可持续发展，降低城市发展成本。

（三）在实时导航中的应用

传统的基于二维地图的导航系统，对用户的地理识别能力有着一定的要求，不够直观。而增强现实技术具有虚实结合、实时交互的特点，非常适合在实时导航领域使用。除了室外导航以外，增强现实技术也可以很好地完成室内导航任务，利用增强现实技术并通过 Wi-Fi、蓝牙、射频标签等实现室内定位，可以实时指引用户室内参观，并且不会对用户观察现实世界造成影响。

（四）在旅游业中的应用

虚拟现实技术和增强现实技术在旅游业中的作用也是显而易见的。利用这些技术，不管是当地居民还是观光游客都能根据自身需求调用合适的服务。通过将虚拟信息叠加到真实环境当中，游客可以更详细地了解周围的信息。用户通过与系统互动，可以查看、筛选感兴趣的内容并查看详细信息，从而更加便利地探索未知的区域。

五、实景三维中国

在新型基础测绘的背景下，实景三维中国建设如火如荼。2019 年 2 月，自然资源部召开全国国土测绘工作座谈会，明确提出，要开展实景三维中国建设，并启动全国"十四五"基础测绘规划编制工作，推动在国家测绘基准体系建设与精化、实景三维中国建设等方向，凝练形成大项目、大工程。这些政策与文件的出台为建设实景三维中国提供了充分的政策保障，建立了典型的应用。

（一）场景分级

实景三维中国建设主要由三个层级构成：地形级、城市级、部件级，如图 9-8 所示。

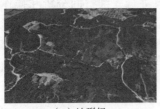

　　（a）地形级　　　　　　　（b）城市级　　　　　　　（c）部件级

图 9-8　不同级别实景三维场景

地形级实景三维场景主要是在高空视角展现山川河流等地形地貌，以及城市、村镇的分布与形态，是省、市级大区域实景三维建设的主要模式。场景中模型的平面和高程精度可按照

《城市测量规范》(CJJ/T 8—2011)1∶2 000 比例尺相关规定执行。该层级的实景三维场景可采用 DEM+DOM 叠加建模、基于高重叠度正射航空摄影数据进行倾斜三维自动化建模、基于倾斜摄影测量数据进行倾斜三维自动化建模等方式进行建设。

　　城市级实景三维场景主要表现一定区域的城市风貌、地形地物。从低空视角观看,能够直观展现居民地、工矿建(构)筑物、交通设施、水系、植被、地貌等。该层级的实景三维场景一般采用倾斜摄影测量方式获取影像数据或激光点云数据,然后使用倾斜三维自动化建模软件进行数据处理,并对自动化生成的三维模型进行初修,消除平静水面等导致的模型结构空洞、变形,以及大型悬浮物等。

　　部件级实景三维场景能够表现建筑物细节、道路标志标线、街头景观小品、市政设施等。从街道车行或者步行视角观看,绿化、街头景观小品等城市景观和道路附属设施等在细节上符合现实世界的视觉感受。该层级一般是在街道级实景三维场景的基础上,对道路、水系、植被、管线和其他模型进行实体化处理得到。

(二)模型优化

　　为构建不同层级的实景三维场景,需要对组成场景的各类模型进行不同精细度的修整,以满足各层级场景对模型细节层次的不同需求,如图 9-9 所示。

　　(1)模型初修。对自动化建模形成的实景三维场景中的地上地下悬浮物、空洞、非道路的地形凸起、分层等进行修整,确保场景整体美观且无大的结构问题。

　　(2)模型精修。在模型初修的基础上进行精细化修整,确保结构完整、空间结构准确,纹理无扭曲、拉花等现象。

　　(3)模型实体化。利用矢量化的方法对模型进行三维结构的重新绘制,并重新映射纹理,实现实景三维模型、场景对现实世界外观、内涵的完整映射。

　　　(a)模型初修　　　　　　　　(b)模型精修　　　　　　　(c)模型实体化

图 9-9　模型优化

§9-7　智慧城市与地理信息系统

　　在物联网、云计算、数字城市相关技术支撑下,城市由数字化向智慧化转型。地理信息系统被称为城市转型的操作系统,为智慧城市建设搭建数据获取平台、数据集成平台、空间仿真与优化平台、城市管理平台、系统工作平台和资源共享平台,提供人类智慧化转型的载体。

一、概念及特征

　　不同领域对智慧城市的认知有所不同。从发展前景和作用角度,智慧城市可以对民生、环保和工商业活动等的各种需求做出智能的响应,为人类创造美好的城市生活;从应用和服务角度,智慧城市是以"智慧技术、智慧产业、智慧人文、智慧服务、智慧管理、智慧生活"等为重要内容的城市发展的新模式;从建设和技术支撑角度,智慧城市可以理解为物联网行业应用的综合性集成,并通过数据的统一集中管理、信息的智能化处理,形成面向城市管理、控制与服务的应用模式。

智慧城市集成人工智能、物联网、云计算、大数据、5G、边缘计算、建筑信息模型、卫星导航定位和区块链技术,具有以下特征:

(1)高速、融合、全面、互联的信息基础设施。

(2)精细、准确、可视、可靠的传感中枢和网络系统。

(3)科学、生态、便捷的城市体系。

(4)虚拟化、个性化和位置化的服务。

(5)高效、安全的信息流通。

(6)对城市事件的快速、高效、智能处置和决策支持能力。

(7)以人为本的可持续发展和创新。

二、智慧城市的地理信息系统框架

面向智慧城市的地理信息系统框架如图 9-10 所示,地理信息系统为智慧城市搭建五个平台。第一,建设数据获取平台。依托城市泛在立体感知网络,对城市物理空间的实体和社会空间的人类活动进行动态实时感知和监测,获取城市现实空间的实时数据。第二,建设数据集成平台。将复杂多源异构的城市时空大数据进行融合。第三,建设空间仿真与优化平台。通过可视化技术将现实城市的实体在信息空间中进行数字重建。第四,搭建城市管理平台。通过空间智能技术对城市运营进行实时监测、分析、模拟、决策、设计和控制。第五,搭建系统工作平台。通过开放式开发框架提供面向城市各项业务的二次开发环境,避免不同业务之间共性化操作的重复性开发工作,并保证数据的统一维护。最后,通过面向不同业务的应用,依托城市物联网,实现对城市运营的自动化高效控制,提升城市的运营效率。

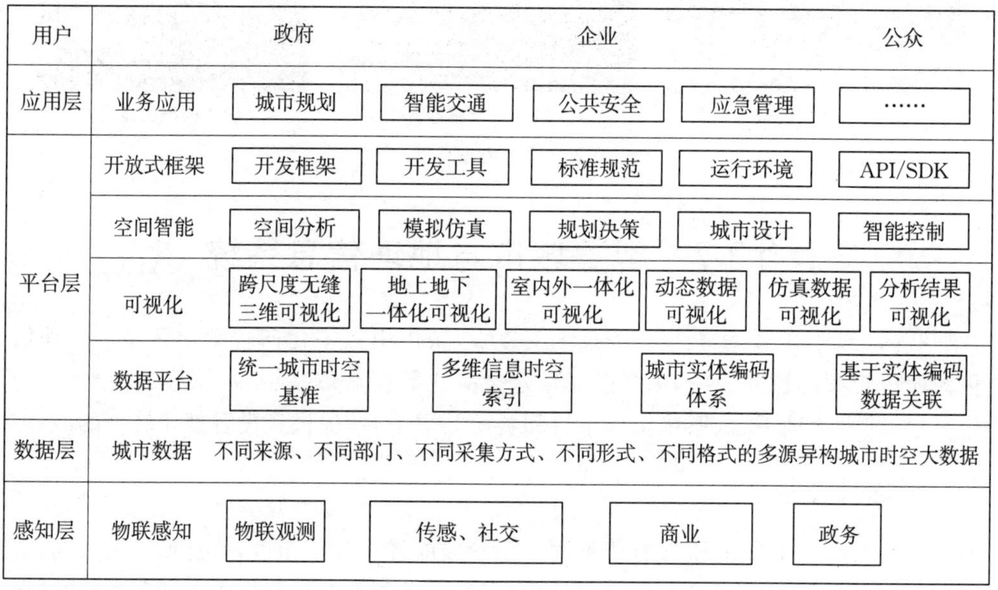

用户		政府		企业		公众
应用层	业务应用	城市规划	智能交通	公共安全	应急管理	……
平台层	开放式框架	开发框架	开发工具	标准规范	运行环境	API/SDK
	空间智能	空间分析	模拟仿真	规划决策	城市设计	智能控制
	可视化	跨尺度无缝三维可视化	地上地下一体化可视化	室内外一体化可视化	动态数据可视化	仿真数据可视化 / 分析结果可视化
	数据平台	统一城市时空基准	多维信息时空索引	城市实体编码体系	基于实体编码数据关联	
数据层	城市数据	不同来源、不同部门、不同采集方式、不同形式、不同格式的多源异构城市时空大数据				
感知层	物联感知	物联观测	传感、社交	商业	政务	

图 9-10　面向智慧城市的地理信息系统框架

　　智能中枢是城市在智慧化进程中的产物,是支撑城市运行生命体征感知、公共资源配置优化、重大事件预测预警、宏观决策指挥的数字化管理设施和开放创新平台。城市智能中枢根据侧重点有不同名称,如侧重展示和指挥的城市指挥中心、侧重跨领域智能决策分析的城市大脑、侧重城市运行体征感知的城市信息化建设的核心。在智慧城市的建设中,地理信息系统作为一个承载各种功能的框架,是一个具有地理空间数据分析功能的城市管理基础,在此框架中嵌入智能中枢后,智慧城市便实现了从静态到动态的转变。

三、数字孪生城市与地理信息系统

　　数字孪生城市是综合利用云计算、大数据、区块链、人工智能、虚拟现实和增强现实等新技术,构建全域感知、万物互联、泛在计算、数据驱动、虚实结合的新型智慧城市。雄安新区提出"坚持数字城市与现实城市同步规划、同步建设",成为首创"数字孪生城市"。未来,随着雄安新区城市规划建设推进,逐步将社会经济活动数据与城市空间数据进行融合,形成与物理空间全要素、全空间、全时相同生共存、虚实交融的"数字孪生城市",实现对城市数据的汇聚、融合和分析,集中为城市决策和行业应用提供服务,满足城市治理和人民福祉提升的需求。

思考题

1. 试列举五种新型地理数据。
2. 简述倾斜摄影测量的技术原理、技术优势和典型应用。
3. 什么是时空大数据,有哪些特点?
4. 阐述云计算的定义与组成。
5. 如何存储和管理时空大数据?
6. 人工智能在地理信息系统中有哪些应用场景,试举例说明。
7. 什么是实景三维地理信息系统,涉及的地理数据有哪几类?
8. 绘出面向智慧城市的地理信息系统框架并进行说明。

参考文献

贲进,李亚路,周成虎,等,2018.三孔六边形全球离散格网系统代数编码方法[J].中国科学(地球科学),48(3):340-352.

常勇,施闯,2007.基于增强现实的空间信息三维可视化及空间分析[J].系统仿真学报,19(9):1991-1995,1999.

陈换新,孙群,刘雅彬,等,2015.空间数据研究的发展及对策[J].测绘工程,24(2):10-14.

陈晋,何春阳,史培军,等,2001.基于变化向量分析的土地利用/覆盖变化动态监测(Ⅰ)——变化阈值的确定方法[J].遥感学报,5(4):259-266,323.

陈军,王东华,商瑶玲,等,2010.国家1:50000数据库更新工程总体设计研究与技术创新[J].测绘学报,39(1):7-10.

陈军,赵仁亮,王东华,2007.基础地理信息动态更新技术体系初探[J].地理信息世界(5):4-9.

陈军,周晓光,2008.基于拓扑联动的增量更新方法研究——以地籍数据库为例[J].测绘学报,37(3):322-329,337.

陈俊,宫鹏,1998.实用地理信息系统:成功地理信息系统的建设与管理[M].北京:科学出版社.

陈科,葛莹,杜艳琴,2009.基于地理数据的增强现实可视化技术探讨[J].测绘通报(7):22-24.

陈述彭,1999."数字地球"战略及其制高点[J].遥感学报,3(4):247-253.

陈述彭,鲁学军,周成虎,1999.地理信息系统导论[M].北京:科学出版社.

陈为,沈则潜,陶煜波,等,2013.数据可视化[M].北京:电子工业出版社.

崔洪波,周再强,李井杰,2012.几种基础地理信息数据更新方法的比较[J].测绘与空间地理信息,35(4):56-58.

崔铁军,2009.地理信息服务导论[M].北京:科学出版社.

崔铁军,2012.地理信息科学基础理论[M].北京:科学出版社.

崔铁军,2016.地理空间数据库原理[M].2版.北京:科学出版社.

崔铁军,等,2017.地理信息系统应用概论[M].北京:科学出版社.

戴国忠,陈为,洪文学,等,2013.信息可视化和可视分析:挑战与机遇——北戴河信息可视化战略研讨会总结报告[J].中国科学(信息科学),43(1):178-184.

杜道生,1998.地理信息标准化(第一讲)地理信息标准化的概述[J].测绘信息与工程(4):49-52.

范志坚,方源敏,汪虹,2007.GIS数据的标准化与数据共享[J].中国建设信息(24):60-62.

冯霞,周勃,2018.我国地理信息产业及标准化现状分析[J].测绘标准化,34(4):4-6.

傅仲良,吴建华,2007.多比例尺空间数据库更新技术研究[J].武汉大学学报(信息科学版),32(12):1115-1118,1146.

龚健雅,1992.GIS中矢量栅格一体化数据结构的研究[J].测绘学报,21(4):259-266.

龚健雅,高文秀,2006.地理信息共享与互操作技术及标准[J].地理信息世界,4(3):18-27.

龚健雅,秦昆,唐雪华,等,2019.地理信息系统基础[M].2版.北京:科学出版社.

郭红操,2013.城镇地籍数据库的建设研究及应用:以贵州省关岭县为例[D].成都:成都理工大学.

郭仁忠,2001.空间分析[M].2版.北京:高等教育出版社.

国家质量监督检验检疫总局,中国国家标准化管理委员会,2008.数字测绘成果质量检查与验收:GB/T 18316—2008[S].北京:中国标准出版社.

何必,李海涛,孙更新,2010.地理信息系统原理教程[M].北京:清华大学出版社.

何春阳,陈晋,陈云浩,等,2001.土地利用/覆盖变化混合动态监测方法研究[J].自然资源学报,16(3):255-262.

何建邦,蒋景瞳,2006.我国地理信息标准化工作的回顾与思考[J].测绘科学,31(3):9-12,3.

胡诚,陈方林,刘俊亮,2003.空间数据共享与互操作技术探讨[J].现代测绘,26(6):31-33.

胡海,游涟,宋丽丽,等,2016.地球格网化剖分及其度量问题[J].测绘学报,45(S1):56-65.

胡鹏,黄杏元,华一新,2002.地理信息系统教程[M].武汉:武汉大学出版社.

胡圣武,王宏涛,2006.模糊地理实体的表示及其性质的研究[J].测绘与空间地理信息,29(2):8-10.

胡圣武,余旭,2016.空间数据不确定性研究进展[J].河南理工大学学报(自然科学版),35(6):815-822.

胡文英,角媛梅,2005.基于ETM+土地利用与土地覆盖遥感信息提取研究[J].云南地理环境研究,17(6):36-39.

华一新,2001.地理信息系统原理与技术[M].北京:解放军出版社.

黄文嘉,2011.基于变化影像块的遥感数据增量更新方法研究[D].长沙:中南大学.

蒋捷,陈军,2000.基础地理信息数据库更新的若干思考[J].测绘通报(5):1-3.

李爱华,2008.基于遥感影像认知理解的干旱半干旱地区土地利用/覆盖自动分类方法研究[D].兰州:兰州大学.

李德仁,龚健雅,边馥苓,1993.地理信息系统导论[M].北京:测绘出版社.

李海欧,2013.矢量地表覆盖数据增量更新方法研究[D].长沙:中南大学.

李建松,唐雪华,2015.地理信息系统原理[M].2版.武汉:武汉大学出版社.

李爽,张二勋,2003.基于决策树的遥感影像分类方法研究[J].地域研究与开发,22(1):17-21.

李文博,孙翊,2015.国内外地理信息标准化进展研究[J].标准科学(8):43-47.

李小林,2004.GIS标准化综述[J].地理信息世界,2(5):11-15.

李小文,曹春香,常超一,2007.地理学第一定律与时空邻近度的提出[J].自然杂志,29(2):69-71.

李小文,王祎婷,2013.定量遥感尺度效应刍议[J].地理学报,68(9):1163-1169.

李新通,何建邦,2003.GIS互操作与OGC规范[J].地理信息世界,1(5):23-28.

李月臣,陈晋,宫鹏,等,2005.基于NDVI时间序列数据的土地覆盖变化检测指标设计[J].应用基础与工程科学学报,13(3):261-275.

李志林,林庆,2003.数字高程模型[M].2版.武汉:武汉大学出版社.

林宗坚,2000.用航空航天影像更新地形图地物要素的栅格化方法[J].中国工程科学,2(4):43-47.

刘建军,2015.国家基础地理信息数据库建设与更新[J].测绘通报(10):1-3,19.

刘建军,赵仁亮,张元杰,等,2014.国家1:50000地形数据库重点要素动态更新[J].地理信息世界,21(1):37-40.

刘礼,于强,2007.分层分类与监督分类相结合的遥感分类法研究[J].林业调查规划,32(4):37-39,44.

刘明亮,唐先明,刘纪远,等,2001.基于1km格网的空间数据尺度效应研究[J].遥感学报,5(3):183-190,243-244.

刘伟强,胡静,夏德深,2002.基于核空间的多光谱遥感图像分类方法[J].国土资源遥感,14(3):44-47,57.

刘鹰,张继贤,林宗坚,1999.土地利用动态遥感监测中变化信息提取方法的研究[J].遥感信息,14(4):21-24,28.

马驰,2012.地理信息系统原理与应用[M].武汉:武汉大学出版社.

莫登奎,2006.中高分辨率遥感影像分割与信息提取研究[D].长沙:中南林业科技大学.

商瑶玲,王东华,刘建军,等,2012.国家基础地理信息数据库质量控制技术体系建立与应用[J].地理信息世界,10(1):13-17.

史文中,2015.空间数据与空间分析不确定性原理[M].2版.北京:科学出版社.

苏世亮,李霖,翁敏,2019.空间数据分析[M].北京:科学出版社.

孙家抦,2009.遥感原理与应用[M].2版.武汉:武汉大学出版社.

孙家广,等,1998.计算机图形学[M].3版.北京:清华大学出版社.

汤国安,2019.地理信息系统教程[M].2版.北京:高等教育出版社.

汤国安,刘学军,闾国年,等,2007.地理信息系统教程[M].北京:高等教育出版社.

汤国安,赵牡丹,杨昕,等,2019.地理信息系统[M].2版.北京:科学出版社.

万剑华,安聪荣,李连伟,2013.地理信息系统基础教程[M].2版.东营:中国石油大学出版社.

万义良,2015.空间数据质量检查与评估理论研究[D].武汉:武汉大学.

万幼川,宋杨,2005.基于高分辨率遥感影像分类的地图更新方法[J].武汉大学学报(信息科学版),30(2):105-109.

王东华,2006.国家1∶50000基础地理数据库建库的技术研究与实践[J].地理信息世界,13(4):4-5.

王东华,刘建军,商瑶玲,等,2013.国家1∶50000基础地理信息数据库动态更新[J].测绘通报(7):1-4.

王广杰,何政伟,张新海,等,2008.线性参考系统与动态分段技术在公路GIS中的应用研究[J].测绘科学,33(3):181-183.

王海龙,杨雄里,1996.低钙对鲫鱼视网膜中视杆、视锥信号向水平细胞传递的不同作用[J].生理学报,48(2):113-124.

王莉莉,2007.基于遥感影像与矢量图的土地利用图斑变化检测方法研究[D].西安:长安大学.

王全科,刘岳,丁琳,1999.三维地图可视化系统的建立及其应用[C]//王家耀.地理信息系统与电子地图技术的进展论文集.长沙:湖南地图出版社.

王全科,刘岳,张忠,1999.一体化地图制图信息系统的建立及其应用[J].地理研究,18(1):59-65.

王伟,应申,李程鹏,等,2016.城镇化建设的地理数据组块式增量更新[J].武汉大学学报(信息科学版),41(11):1537-1543.

王圆圆,李京,2004.遥感影像土地利用/覆盖分类方法研究综述[J].遥感信息,19(1):53-59.

邬伦,刘瑜,张晶,等,2001.地理信息系统——原理、方法和应用[M].北京:科学出版社.

吴波,朱勤东,高海燕,等,2009.面向对象影像分类中基于最大化互信息的特征选择[J].国土资源遥感,21(3):30-34.

武芳,王泽根,蔡忠亮,等,2017.空间数据库原理[M].武汉:武汉大学出版社.

徐丰,牛继强,2014.空间数据多尺度表达的不确定性分析模型[M].武汉:武汉大学出版社.

徐冠华,2002.徐冠华部长在国产地理信息系统软件2001年测评新闻发布会上的讲话[J].中国图象图形学报,7(2):2-3.

徐艳芳,2011a.色彩管理原理与应用[M].北京:印刷工业出版社.

徐艳芳,2011b.站在21世纪的门槛上[M].济南:山东人民出版社.

许晖,2015.地理信息互操作及其标准化[J].测绘标准化,31(2):1-4.

许晖,陈衡军,2014.国际地理信息标准化概述及思考[J].测绘标准化,30(3):1-4.

许晖,武晓莉,兀伟,2019.国际标准组织在联合国全球地理空间信息管理倡议下开展的工作[J].测绘标准化,35(3):5-11.

杨慧,2013.空间分析与建模[M].北京:清华大学出版社.

杨小晴,2011.基于增量信息的地表覆盖数据更新方法研究[D].长沙:中南大学.

杨雄里,1996.视觉的神经机制[M].上海:上海科学技术出版社.

应申,李霖,闫浩文,等,2006.地理信息科学中的尺度分析[J].测绘科学,31(3):18-19,22.

张成才,秦昆,卢艳,等,2004.GIS空间分析理论与方法[M].武汉:武汉大学出版社.

张振龙,曾志远,李硕,等,2005.遥感变化检测方法研究综述[J].遥感信息,20(5):64-66,59.

张正栋,邱国锋,郑春燕,等,2005.地理信息系统原理、应用与工程[M].武汉:武汉大学出版社.

赵萍,冯学智,林广发,2003.SPOT卫星影像居民地信息自动提取的决策树方法研究[J].遥感学报,7(4):309-315,340.

赵英时,等,2013.遥感应用分析原理与方法[M].2版.北京:科学出版社.

周成虎,欧阳,马廷,2009.地理格网模型研究进展[J].地理科学进展,28(5):657-662.

周晓光,2005. 基于拓扑关系的地籍数据库增量更新方法研究[D]. 长沙:中南大学.

周晓光,陈军,朱建军,等,2006. 基于事件的时空数据库增量更新[J]. 中国图象图形学报,11(10):1431-1438.

ANSELIN L,1989. What is special about spatial data? Alternative perspectives on spatial data analysis[J]. Regional Science and Urban Economics, 19(3): 407-421.

AZUMA R T,1997. A survey of augmented reality[J]. Presence: Teleoperators and Virtual Environments,6 (4):355-385.

BADARD T,1999. On the automatic retrieval of updates in geographic databases based on geographic data matching tools[J]. Comité Français de Cartographie, 1999 (162): 34-40.

BAILEY T C, GATRELL A C, 1995. Interactive spatial data analysis[M]. Essex: Longman Scientific & Technical.

BIRREN F, CLELAND T M, 1969. A grammar of color: a basic treatise on the color system of Albert H. Munsell [M]. New York: Van Nostrand Reinhold.

BREWER C A, 1994. Chapter 7-color use guidelines for mapping and visualization[J]. Modern Cartography Series, 2:123-147.

BREWER C A,MACEACHREN A M,PICKLE L W,et al,1997. Mapping mortality:evaluating color schemes for choropleth maps[J]. Annals of the Association of American Geographers,87(3):411-438.

CHANG K T ,2016. 地理信息系统导论[M]. 陈健飞,等,译. 北京:科学出版社.

CHEN J, JIANG J, 2000. An event-based approach to spatio-temporal data modeling in land subdivision systems[J]. GeoInformatica,4(4):387-402.

EGENHOFER M J, 1989. A formal definition of binary topological relationships [C]//International Conference on Foundations of Data Organization and Algorithms. Berlin,Heidelberg:Springer:457-472.

FALOUTSOS C,ROSEMAN S,1989. Fractals for secondary key retrieval[C]//Proceedings of the 8th ACM SIGACT-SIGMOD-SIGART Symposium on Principles of Database Systems. New York:ACM:247-252.

GOODCHILD M F,1987. Towards an enumeration and classification of GIS functions[C]//Proceedings of International GIS Symposium. New York:Association for Computing Machinery:67-77.

GOODCHILD M F, 1992. Geographical information science [J]. International Journal of Geographical Information Systems,6(1):31-45.

GOODCHILD M F, 1994. Criteria for evaluation of global grid models for environmental monitoring and analysis[J]. Handout from NCGIA Initiative, 15:94-97.

GOODCHILD M F, 2000. Discrete global grids for digital earth[C]//International Conference on Discrete Global Grids. Santa Barbara:NCGIA:26-28.

GUTTMAN A,1984. R-trees:a dynamic index structure for spatial searching[C]//Proceedings of the 1984 ACM SIGMOD International Conference on Management of Data. New York:ACM:47-57.

HAINING R,1980. Intraregional estimation of central place population parameters[J]. Journal of Regional Science,20(3):365-375.

JENSEN J R, LULLA K, 1987. Introductory digital image processing: a remote sensing perspective[J]. Geocarto International Remote Sensing and Biomes,2(1):65-67.

JOHNSON R D,KASISCHKE E S,1998. Change vector analysis:a technique for the multispectral monitoring of land cover and condition[J]. International Journal of Remote Sensing,19(3):411-426.

KUEHNI R G,2002. The early development of the Munsell system[J]. Color Research and Application,27 (1):20-27.

OPENSHAW S, 1984. The modifiable areal unit problem: concepts and techniques in modern geography[M]. Norwich: Geo Books.

O'SULLIVAN D,UNWIN D,2003. Geographic information analysis[M]. Hoboken：John Wiley & Sons.

RIPLEY B D,1981. Spatial Statistics：Ripley/Spatial Statistics[M]. Hoboken：John Wiley & Sons.

ROBINSON A H, MORRISON J L, MUEHRCKE P C,et al,1995. Elements of cartography[M]. 6th ed. Hoboken：John Wiley & Sons.

SHAHSHAHANI B M,LANDGREBE D A,1994. The effect of unlabeled samples in reducing the small sample size problem and mitigating the Hughes phenomenon[J]. IEEE Transactions on Geoscience and Remote Sensing,32(5)：1087-1095.

SHASHI S,SANJAY C,2004. 空间数据库[M]. 谢昆青,马修军,杨冬青,译. 北京：机械工业出版社.

SINGH A,1989. Review article digital change detection techniques using remotely-sensed data[J]. International Journal of Remote Sensing,10(6)：989-1003.

TOBLER W R, 1970. A computer movie simulating urban growth in the Detroit region [J]. Economic Geography,46(sup1)：234-240.

TOMLIN C D,1994. Map algebra：one perspective[J]. Landscape and Urban Planning,30(1/2)：3-12.

UNWIN D,1981. Introductory spatial analysis[M]. New York：Methuen.

VAPNIK V N,2000. The nature of statistical learning theory[M]. 2nd ed. New York：Springer.

WILLERS J L,JENKINS J N,LADNER W L,et al,2005. Site-specific approaches to cotton insect control：sampling and remote sensing analysis techniques[J]. Precision Agriculture,6(5)：431-452.

WYSZECKI G,STILES W,2000. Color science：concepts and method, quantitative data and formulae[M]. Hoboken：John Wiley & Sons.

附录 地图样例

图 例

★ 北京　　　首都

○ 天津　　　省级行政中心

——————未定——　　国界

———————————　　省、自治区、
　　　　　　　　直辖市界

-------------　　特别行政区界

1 : 30 000 000

自然资源部 监制

附图 1 中国地图

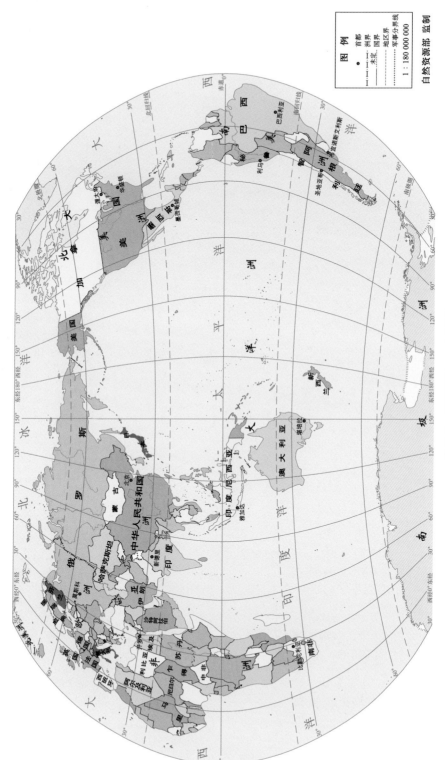

附图 2 世界地图——国家名

图 例

● 首都
———— 洲界
————— 国界
-·-·- 地区界
·········· 军事分界线

未定 国界

1∶180 000 000

自然资源部 监制

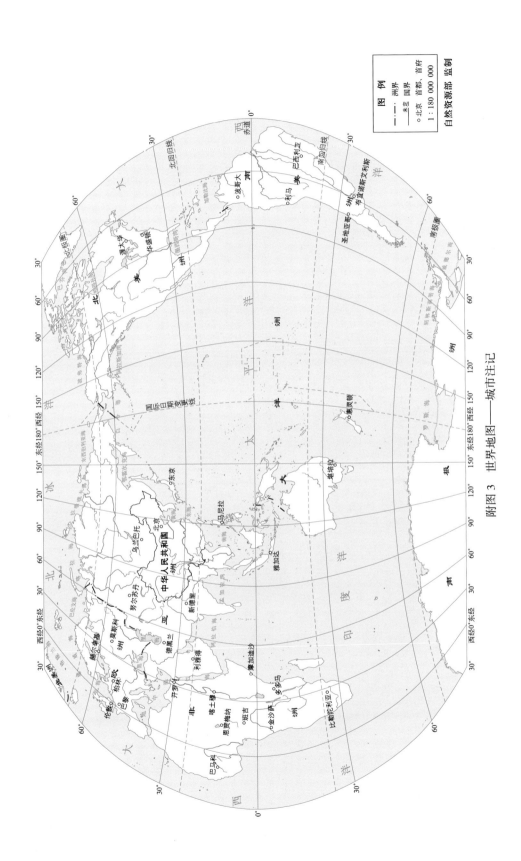

图例

—·—· 洲界

—— 国界

未定国界

○ 北京 首都、首府

1：180 000 000

自然资源部 监制

附图 3　世界地图——城市注记

海洋沉积厚度与沉积物分布

1:220 000 000

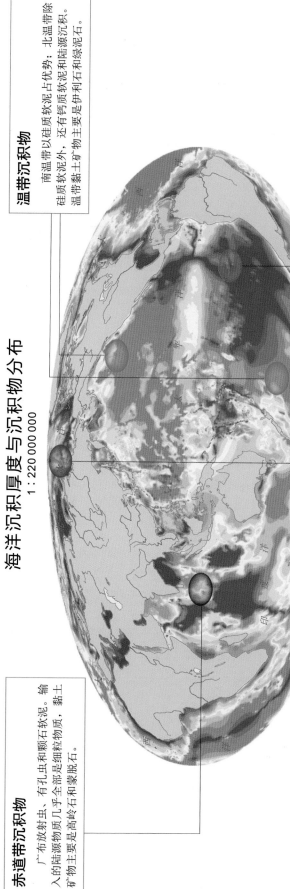

温带沉积物

南温带以硅质软泥占优势；北温带除硅质软泥外，还有钙质软泥和陆源沉积。温带黏土矿物主要是伊利石和绿泥石。

热带沉积物

以钙质软泥和深海黏土为主。陆源输入主要是风成物质，由于风力带入较多火山灰，形成沸石沉积，铁锰结核常见。

赤道带沉积物

广布放射虫、有孔虫和颗石软泥。输入的陆源物质几乎全部是细粒物质，黏土矿物主要是高岭石和蒙脱石。

寒带沉积物

南寒带以冰川沉积为主；北寒带、格陵兰岛附近为冰山沉积，北冰洋附近多海冰沉积。其他沉积类型少见。

海洋沉积厚度
/m

0 40 50 80 120 180 250 400 600 850 1250 1750 2500 3500 5000 7000

附图 4 海洋沉积厚度与沉积物分布

来源：《世界航海地图集》

海洋生物多样性

1 : 200 000 000

海洋生物多样性指数   ■ <1.0   ■ 1.0～2.1   ■ 2.1～3.2   ■ 3.2～4.3   ■ 4.3～5.4   ■ 5.4～6.5   ■ ≥6.5

附图 5   海洋生物多样性

来源：《世界航海地图集》

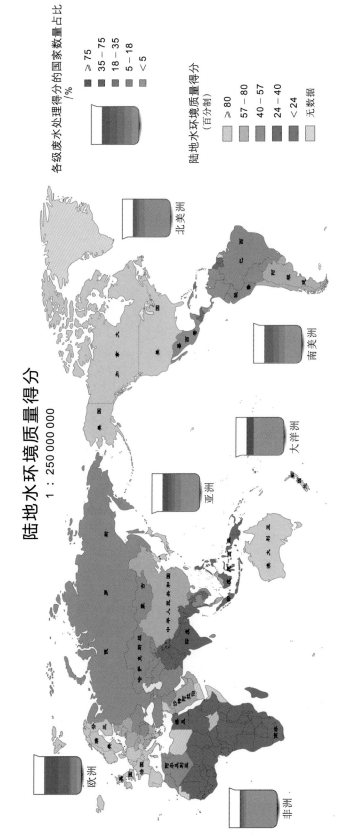

陆地水环境质量得分

1 : 250 000 000

各级废水处理得分的国家数量占比
/%

- ≥ 75
- 35－75
- 18－35
- 5－18
- < 5

陆地水环境质量得分
（百分制）

- ≥ 80
- 57－80
- 40－57
- 24－40
- < 24
- 无数据

北美洲

南美洲

大洋洲

亚洲

欧洲

非洲

附图 6　陆地水环境质量得分

来源：《世界航海地图集》

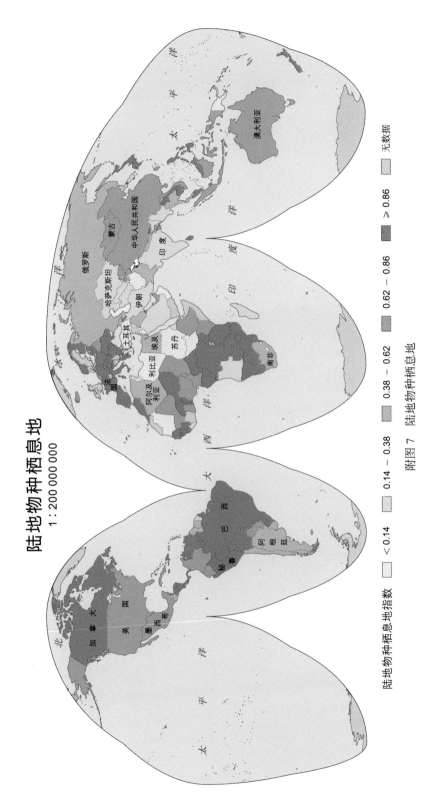

陆地物种栖息地
1 : 200 000 000

太 平 洋

澳大利亚

印 度 洋

蒙古

俄罗斯

中华人民共和国

印 度

哈萨克斯坦

伊朗

土耳其

埃及

苏丹

利比亚

阿尔及
利亚

南非

法
国

北 冰 洋

大 西 洋

巴 西

阿根廷

秘鲁

加 拿 大

美 国

墨 西 哥

太 平 洋

大 西 洋

陆地物种栖息地指数 ☐ <0.14 ☐ 0.14 - 0.38 ☐ 0.38 - 0.62 ☐ 0.62 - 0.86 ■ ≥ 0.86 ☐ 无数据

附图 7　陆地物种栖息地

来源：《世界航海地图集》

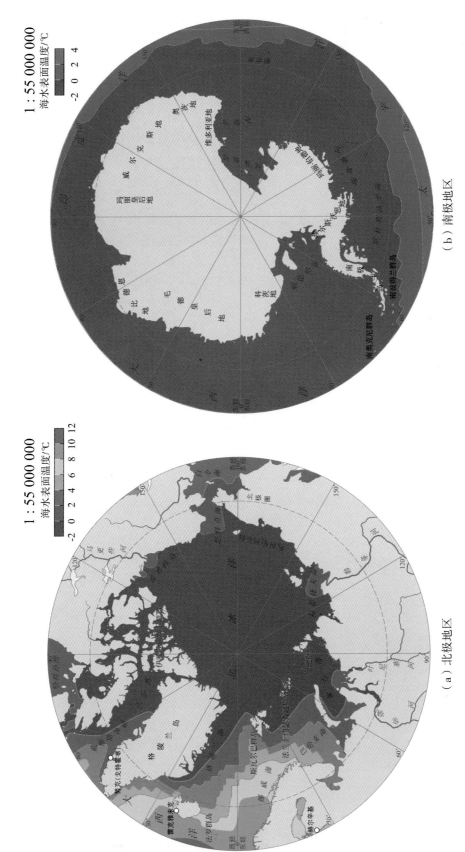

附图 8　南北极地区年平均海水表面温度

来源：《世界航海地图集》

（a）北极地区

（b）南极地区

1:55 000 000

海水表面温度/℃

-2 0 2 4 6 8 10 12

1:55 000 000

海水表面温度/℃

-2 0 2 4